동물 상식을 뒤집는 책

동물 상식을 뒤집는 책

존 로이드 · 존 미친슨 지음 | 테드 드완 그림 | 전대호 옮김

해나무

추천 서문

스티븐 프라이(배우, 작가, 〈QI〉의 진행자)

동물은 맛있는 시리얼과도 같은 프로그램 〈참 재미있네Quite Interesting (QI)〉(영국 BBC 텔레비전에서 2003년 11월 이래로 방영되고 있는 퀴즈 쇼. ―옮긴이)에 들어 있는 곡식이요, 우리의 옷장에 들어 있는 기본 의상이요, 우리의 끝내주게 멋진 작위수여의 기준이다. 만일 당신이 동물의 세계에 넋을 잃고 재미를 느끼고 경악할 줄 모른다면, 〈QI〉는 당신에게 쓸모가 없고 당연히 당신도 우리에게 쓸모가 없다.

동물은 다음과 같은 공통점을 가지고 있다. 인간과 달리 동물은 평생 매일 매시간 매분을 자기 자신으로 사는 것 같다. 청개구리는 (적어도 우리가 확신할 수 있는 한에서는) 아침에 일어나면서 지난밤에 자기가 나쁜 청개구리였다는 죄책감을 느끼지 않으며 왈라비이거나 각다귀이기를 바라지도 않는다. 녀석은 청개구리이기를 즐기고 청개구리 노릇을 탁월하게 해낸다. 우리 인간은, 글쎄올시다. 우리는 결코 만족하지 못하고 항상 죄책감을 느끼며, 자연이 우리에게 요구하는 호모사피엔스 노릇을 잘 해내는 때가 드물다.

동물에게서 배울 점이 많다. 당연히 동물에 관해 많이 배워야 하지만, 훨씬 훨씬 더 많이 우리 자신에 대해서 배워야 한다. 우리의 한계, 하나의 동물 종으로서 우리의 외로운 유별남과 위대함을 말이다. 우리가 보답 없는 열정으로 쥐며느리, 딱따구리, 오소리에게 관심을 기울인다는 사실은 칭찬받을 만하다. 나는 우리가 지구에서의 역할과 관련해 죄책감을 느껴야 한다거나 (자)의식이 강하다는 것에 열등감을 느껴야 한다는 현대적 사상에 동의할 수 없다. 이런 사상은 새롭고 심지어 신성한 옷을 차려 입은 창세기와도 같다. 옛 종교와 새 정설은 둘 다 우리가 지구를 돌보고 지구의 운명에 '도덕적' 책임을 져야 한다고 주장한다. 좋은 말이다. 하지만 나는 마멋이나 모기가 그러하듯이 내가 탄생의 죄를 범한 것에 대해 변명하지 않겠다. 마멋과 모기는 인간이 일으킨 모든 전쟁보다 더 많은 죽음과 격변을 가져왔다.

결국 우리 모두는, 존재에 어떤 복잡하고 헤아릴 수 없는 목적이 있건 간에, 생명의 발생에 관한 어떤 이론에 동의하건 간에, 동물계에서 일어나는 기이하고 극단적인 일들을 완벽하게 설명할 수 없다는 사실을 직시해야 한다. 고정되고 예측 가능한 법칙에 따라 일어나는 일은 자연에 없는 것 같다. 곤충이 지닌 페니스의 개수도 정해져 있지 않고, 닭이 하나의 머리만 가져야 하는 것도 아니지 않는가. 나는 앨런 데이비스(〈QI〉에 고정 패널로 출연하는 인물—옮긴이)가 한줌의 머리카락과 표정이 풍부한 손과 커다란 갈색 눈 한 쌍만으로 모든 동물을 의인화하고 있다는 씁쓸한 사실을 상기하지 않을 수 없다.

앞발

앨런 데이비스(코미디언, 작가, 〈QI〉 고정 패널)

동물에 대한 나의 무지는 전설적이다. 나는 개 두 마리를 아주 잘 안다. 한 마리는 아버지의 개이고, 다른 한 마리는 의붓어머니의 개이다. 두 마리는 모두 멍청하다. 나는 누이의 고양이도 아주 잘 안다. 실은 1993년에 2주 동안 돌봐달라고 누이에게 맡긴 내 고양이라서 그렇다. 나는 금붕어 두 마리를 키우는데, 한 놈은 TV시리즈 〈빅브라더〉에 나온 브라이언 도링(리얼리티 쇼 〈빅브라더〉 2편의 최종 승리자—옮긴이)의 이름을 따서 브라이언이고, 다른 놈은 잉글랜드 서남부 출신의 전설적인 유물론자 히피 코미디언이며 다양한 동물을 키우는 빌 베일리의 이름을 따서 빌이다. 빌은 빌이 (상당한 비용을 들여) 자기 정원의 연못을 6미터 위로 옮기는 공사를 할 때 내 연못에 두라면서 준 놈이다.

금붕어 빌과 브라이언은 사이가 참 좋다. 방송인 빌과 브라이언은 내가 아는 한 만난 적이 없다. 그들의 관계가 어떨지는 추측만 해볼 수 있다. 처음에는 서로에게 우호적이겠지만 만약 같은 이름의 금붕어들처럼 5년 동안 가로세로 2미터의 연못에서 함께 지내라고 하면 아마 난색을 표할 것 같다. 나는 그 금붕어들의 성별을 모르지만, 녀석들이 암컷과 수컷이라고 해도 아기를 갖지는 못할 것이다. 알을 낳는 즉시 먹어치울 테니까 말이다. 야생에서 물고기는 알을 어디에 낳았는지 잊어버리기 때문에 꼬마 물고기도 싸워볼 기회가 있다. 그러나 갇힌 상태에서는 알을 낳고 수정시킨 어미가 그 사실을 깡그리 잊은 채 새끼와 마주칠 수밖에 없다. 어미가 술에 취해서 알을 낳고 수정해서가 아니라 본래 금붕어의 기억이 짧기로 유명해서 그렇다. 그런데 혹시 이것은 〈QI〉를 만드는 자들이 나를 망신시키려고 믿게 만든 현대적인 신화가 아닐까? 그럴지도 모른다.

나는 동물을 먹지 않기 때문에 동물에 대한 무지가 더욱 심하다. 물론 유년기에는 줄곧 고기를 먹었고, 특히 양고기가 매우 맛있었다는 것을 기억한다. 어느 날 〈QI〉를 녹화하다가 제러미 클락슨이 내게 불쌍하다는 듯한 어투로 이렇게 말했다. "당신은 채식주의자라면서요?" 〈QI〉의 제작자이며 노련한 전문가인 존 로이드는 내가 새우는 먹어도 포유류는 절대로 먹지 않는다는 이야기를 듣고 고개를 저으며 "괴상하네" 하고 읊조렸다.

나는 내가 왜 포유류를 먹지 않는지 모른다. 그저 그럴 필요가 없다고 느끼는 것 같다. 물고기는 먹는다. 왜냐하면 물고기는 우리가 있기 훨씬 전부터 있었고 우리가 없어진 다음에도 오랫동안 있을 것이기 때문이다. 아니, 이건 아니다. 내가 물고기를 먹는 이유는, 물고기가 차가운 피를 지녔고 동물과 유사한 신경계가 없어서 고통을 느끼지 못하기 때문이다. 하지만 이것이 참말인지 누가 알겠는가? 나는 내 멋대로 해산물을 먹는데, 그건 식당에서 적당한 채식주의자 음식을 찾기가 힘들기 때문이다. 인도 식당이나 태국 식당, 베트남 식당에서는 다르다. 그래서 그 아시아 요리들은 나를 정말 흥겹게 한다. 아무것도 죽이지 않고 만드는 맛있는 음식.

당연히 안타까운 일이지만, 아시아의 여러 곳에서는 개를 먹는다. 나는 개를 좋아한다. 비록 내가 아는 개 두 마리는 다 멍청하지만.

들어가는 말

존 미친슨, 존 로이드

동물은 우리가 모르는 것들을 안다. 당연한 말이라고 생각하는 사람도 있겠지만 이 책에서는 누가 모르는지를 정확히 밝히는 것이 중요하다. 당신의 발치에서 기지개를 켜는 동물이라도 좋다. 잠시만 동물과 함께 있어보라. 그러면 당신은 세상을 다르게 보게 될 것이다. 동물의 눈을 들여다보면서 녀석이 무슨 생각을 할까 생각해보라. 물론 아무 생각도 나지 않을 수 있지만, 그 시도는 매우 매력적이다. 우리가 다른 무엇을 발견하더라도, 아무리 우주의 작동 원리에 대한 이해에 접근하더라도 고양이로 사는 게 어떤 느낌인지를 절대로 알지 못할 것이다. 개미나 불가사리로 사는 게 어떤 느낌인지는 더더욱 모를 것이다.

일찍이 동물은 신이나 날씨나 다른 인간을 비롯한 그 어떤 것보다 더 강력하게 우리의 상상력에 불을 지폈다. 동굴의 벽에 그림을 그릴 수 있다는 것을 발견한 최초의 순간부터 우리는 동물에 관해 그림을 그리고 글을 쓰고 생각해왔다. 수렵채집자들의 마술적인 의식儀式, 그들이 창조한 신화와 치료법은 모두 동물계와의 긴 대화, 동물의 능력을 빌리기 위한 대화이다. 동물의 능력—독수리의 시력, 영양의 속력, 사자의 힘—은 근원적인 초능력이었다. 대부분의 동물은 지금도 지칠 줄 모르고 수천 년 동안 뽐내온 솜씨를 그대로 발휘한다. 동물 종으로서 우리는 갓난아기에 가깝다.

이 책에 영감을 준 것은 중세의 동물우화였다. 그 우화는 성경 다음으로 유명하고 영향력이 컸다. 거기에는 놀랍게도 족제비의 눈으로 본 족제비가 등장한다. 죽은 소에서 벌들이 태어나고, 염소의 피는 다이아몬드를 녹일 정도로 뜨겁다. 또한 실제 동물에 관한 신화와 뒤섞인 채로 전설적인 짐승—켄타우로스, 유니콘, 용, 만티코어—에 관한 '구체적인' 정보가 들어 있다. 자연에 대한 실제 관찰에 근거를 둔 사실이 동물우화에 들어 있는 경우는 드물다. 그러나 아무도 그 점을 문제 삼지 않았던 것 같다. 그 이야기는 놓치기 아까울 정도로 훌륭했고, 아무튼 진짜 핵심은 인간에게 어떻게 살아야 할지를 가르치는 것이었다.

우리의 마음을 사로잡은 것은 흔히 실망스런 동물원과 달리 독자를 실망시키지 않을 동물을 모아놓는다는 발상이었다. 동물학적 사실에 근거를 둔 현대적인 동물우화! 따지고 보면, 버뮤다까지 헤엄쳐 갔다 오는 유럽뱀장어, 잘라진 다음에도 한 달 동안 기어 다니는 문어의 다리, 벌의 목구멍 속에 살 정도로 작은 진드기, 백 년 동안 휴면할 수 있으며 다리가 8개인 물곰(완보동물)은 놀랍게도 진짜 있는 놈들이긴 하지만, 동물우화 작가의 가장 과격한 상상보다 훨씬 더 이국적이다.

이 책에는 100가지 동물이 실려 있다. 어떤 놈은 익숙한 동물이고, 어떤 놈은 확실히 낯선 동물이지만, 모두 다 예외 없이 참 재미있다. 우리는 책의 제목을 '동물의 공학'이라고 붙일 수도 있었다. 디자인과 일러스트레이션을 맡은 테드 드완은 공학을 공부했다. 그의 멋진 그

동물과 참된 인간 사이를 잇는 미지의 연결고리는 우리 자신일 가능성이 매우 높다. —콘라트 로렌츠(오스트리아의 동물학자 겸 동물심리학자)

림은 동물의 행동방식 못지않게 작동방식도 환상적임을 보여준다. 하지만 이 책은 기계 제작을 위한 지침서가 아니다. 동물에 관한 참고서도 아니고 동물의 권리에 관한 논쟁서도 아니다. 이 책은 특별한 동물원, 앉아서 즐기는 사파리이다. 단 하나의 진실, 곧 '자연적'이라는 말이 무의미하다는 진실을 가르쳐주는 우화집이다. 먹이 활동, 생식 또는 단순한 생존을 위한 동물의 전략은 너무나 다양하고 지독할 정도로 엽기적이어서 끝내 당신은 정말 어떤 일이라도 가능하다는 믿음을 갖게 될 것이다.

바로 그것이 핵심이다. 동물은 우리를 유쾌하게 해준다. 동물은 우리의 후원이나 변론을 필요로 하지 않는다. 그러나 동물을 상세하게 공부하고 나면 동물이 우리의 존중을 받을 자격이 있다고 느끼지 않을 수 없다. 위대한 미국의 자연주의자 헨리 베스턴은 이렇게 썼다. "그들은 우리의 세계보다 더 오래되고 완벽한 세계에서 더할 나위 없이 완벽하게 움직인다. 우리가 잃었거나 한 번도 얻은 적이 없는 폭넓은 감각을 가지고서 우리가 절대로 듣지 못할 목소리로 살아간다. 그들은 우리의 동료도 부하도 아니다. 그들은 시간과 생명의 망 속에 우리 족속과 함께 엮여 있는 다른 족속들이다."

자, 이제 이 특별한 동물원을 슬슬 탐색해보자.

차례

- 추천 서문 5
- 앞발 7
- 들어가는 말 10

1장 기이하고 불가사의한

고양이 귀여운 킬러 19 | 곰 먹고 자고 먹고 자고 하는 놈 22 | 도롱뇽 눈을 재생시키는 비법을 아는 놈 25 | 도마뱀 유쾌한 파충류 28 | 매미 수를 세는 곤충 31 | 맥 고대 숲 속의 말 34 | 미국너구리 뚱뚱한 뉴요커 37 | 바닷가재 헤엄치는 메뚜기 40 | 뱀장어 프로이트도 혀를 내두른 수수께끼 43 | 빈투롱 내 팝콘 냄새를 맡아봐 46 | 아르마딜로 모든 포유류 중에서 가장 축복받은 놈 49 | 오리너구리 전기 수달 52 | 천산갑 신성한 솔방울 55 | 캥거루 껑충껑충 뛰는 사막의 소 58 | 포사 소녀는 소년이 되고, 소년은 소녀가 되고 61 | 해삼 바다 밑의 청소부 64 | 호애친 반은 새, 반은 소 67

2장 전문가와 기술자

개미 화학물질의 꼭두각시 73 | 거미 세계적인 그물 장인 76 | 딱정벌레 곤충 중의 곤충 79 | 벌거숭이두더지쥐 이빨을 지닌 흰개미 82 | 비버 기술자 겸 잠수부 겸 약사 85 | 오소리 숲 속의 귀족 88 | 원숭이 사회생활을 하는 어설픈 재주꾼 91 | 진주조개 자연의 보석 기술자 94

3장 감각의 제왕

거머리 무는 기압계 99 | 기린 큰 머리, 고약한 냄새 102 | 나비 개량형 나방 105 | 돌고래 제발 우리를 그냥 놔둬 108 | 딱따구리 소리를 듣는 혀 111 | 말코손바닥사슴 나무껍질을 벗기는 늘어진 입술 114 | 메기 헤엄치는 혀 117 | 바다코끼리 요란하게 빨아먹는 무례한 녀석 120 | 바다표범 회색 잠수함 123 | 박쥐 엄청나게 다양하고 시끄럽고 단정한 놈 126 | 뱀 행복한 포식자 129 | 벌 누구... 시더라? 132 | 불가사리 뇌가 없고 발이 영리한 놈 135 | 상어 알고 보면 연약한 녀석 138 | 수리 모든 능력을 갖추고 모든 것을 먹는다 141 | 올빼미 멍청하고 치명적인 놈 144 | 전갈 형광을 내는 자객 147 | 코끼리 발끝으로 걷는 거대한 햄스터 150

4장 순식간에 늘어나는 놈

꿈틀벌레 구불 꼬물 꿈틀 155 | 벼룩 스프링을 장착한 섹스의 신 158 | 비둘기 저평가된 예리한 눈 161 | 빗해파리 어여쁜 속눈썹을 지닌 구스베리 164 | 생쥐 잡초 같은 생명력 167 | 완보동물 웬만해서는 안 죽는 곰 170 | 이 친밀한 제보자 173 | 쥐 사랑하기가 아주, 아주 어려운 놈 176 | 진드기 보이지 않는 하숙생 179 | 토끼 걷잡을 수 없이 늘어나는 놈 182 | 파리 정액의 제왕 185

5장 가족적인, 너무나 가족적인

거위(기러기) 영리하고 건방져 191 | 산미치광이 지저분하고 율동적이야 194 | 알바트로스(신천옹) 쉬지 않고 십 년 동안 나는 놈 197 | 쥐며느리 뒤뜰의 새우 200 | 펭귄 희고 검은 배 203 | 흰개미 가족의 가치 206

6장 독하고 치명적인 킬러

개구리 유독성 파라독스 211 | 두꺼비 두꺼비 폭발의 수수께끼 214 | 말벌 당분과 종이 217 | 사자 사하라 이남의 게으름뱅이 220 | 사탕수수두꺼비 외래종의 침공 223 | 상자해파리 스물네 개의 눈이 달린 위(胃) 226 | 치타 사바나의 교수형 집행자 229 | 코모도왕도마뱀 사악하고 큰 입 232 | 하이에나 여성이 지배한다 235

7장 나를 길들여줘

개 유능한 늑대 241 | 당나귀 천연 비아그라의 원천 244 | 돼지 다른 가축들보다 더 유능한 녀석 247 | 말 메이드 인 아메리카 250 | 소 들판의 공장 253 | 양 감사의 표시 256 | 여우 영리하지만 매정하지 않아 259 | 염소 농부의 친구 262 | 페럿 춤추는 우울증 치료제 265

8장 목소리로 대화를

고래 놀라운 소리꾼 271 | 고릴라 걷는 유인원 274 | 긴팔원숭이 말하는 유인원 277 | 벌새 아주 작은 천재 280 | 앵무새 활발한 이야기꾼 283 | 인간 이야기를 지어내는 유인원 286 | 침팬지 사람과 가장 닮은 유인원 289

9장 은둔자 혹은 외톨이

가시두더지 가시 돋친 개미핥기가 아닌 놈 295 | 두더지 모든 것을 보는 코 298 | 땅돼지 오래되고 기이하고 나름 뛰어난 놈 301 | 문어 대단한 팔 304 | 아귀 바다 밑에서 정말 황량하게 사는 놈 307 | 옛도마뱀 세눈박이 외톨이 310 | 주머니고양이 오스트레일리아의 귀여운 킬러 313

10장 제발 그냥 놔둬

고슴도치 사라져가는 잔디밭의 장난꾸러기 319 | 두루미 가장 늙었고, 가장 키가 크고, 가장 시끄럽고, 가장 높이 나는 새 322 | 들소 50년 동안 7천 만 마리가 살해되다 325 | 바다소 느리고 유혹적인 녀석 328 | 산호 바다의 골격 331 | 코끼리거북 크고 느긋한 식량창고 334 | 코알라 귀여운 최하위 초식동물 337 | 큰뇌조 멍청한 투덜이 340

- 꼬리 343
- 옮긴이의 말 무정부주의 동물원 345

1장

기이하고
불가사의한

The Book of Animal Ignorance

Cat

고양이

귀여운 킬러

고양이는 무엇일까? 애들도 다 안다. 그러나 가장 친숙한 동물 중 하나인 고양이는 이루 말할 수 없이 불가사의한 놈이다. 녀석은 무엇을 노리고 있을까? 무엇을 원할까? 고양이는 전혀 아무것도 안 하면서 하루 24시간의 85퍼센트를 보낸다. 먹기, 마시기, 죽이기, 배설하기, 짝짓기에 쓰는 시간은 평생의 4퍼센트에 불과하다. 나머지 10퍼센트는 돌아다니는 데 쓴다. 그 외의 모든 시간에 고양이는 자거나 그냥 앉아 있다. 녀석은 약 3500년 전 고대 이집트인에 의해 마지막으로 길들여진 동물이라고 한다. 그러나 고양이가 자기 나름의 이유로 자기 나름의 시점에 우리를 길들였다고 해야 옳다. 오늘날 미국에서 고양이를 키우는 사람 중에서 의도적으로 집 밖으로 나가 고양이를 구해온 사람은 25퍼센트에 불과하다. 75퍼센트는 고양이가 제 발로 찾아온 경우이다. 고양이를 키운다고 주장하는 사람의 수가 존재하는 고양이의 수보다 훨씬 많다는 연구 결과도 있다. 여러분의 고양이가 잠시 사라질

거의 모든 고양이가 지닌 어떤 기생충은 인간의 뇌에 장기적이며 돌이킬 수 없는 악영향을 끼친다고 여겨진다. 톡소플라스마 곤디 Toxoplasma gondii라는 그 기생충은 남성을 시무룩하고 칠칠치 못한 외톨이로 만들고 여성을 쾌락 위주의 난잡한 성생활로 이끌 수도 있다. 이미 영국 인구의 절반이 그 기생충에 감염되었다는 데…….

때가 있을 것이다. 그럴 때 녀석은 사냥하러 돌아다니는 것이 아니라 옆집에 차려진 먹이를 먹는 중이거나 창틀에 앉아 여러 '주인' 중 한 명과 함께 자는 중이다. 고양이는 하루에 생쥐 다섯 마리 분량의 먹이를 먹어야 한다. 그런데 고양이에게 무제한으로 먹이를 주면 한 번에 겨우 생쥐 한 마리 분량만 먹는다. 여러분의 고양이가 하루에 다섯 끼를 먹는가? 당연히 그렇지 않다. 녀석은 다른 집에서도 먹는다.

고양이는 인기가 좋은데, 자기의 본모습을 면밀히 감추는 습성을 지녔다는 점도 인기 비결 중 하나이다. 하지만 항상 감추지는 못한다. 녀석은 대략 전체 시간의 절반 동안만 본모습을 감춘다. 고양이는 자기 영역의 경계 곳곳에 악취를 풍기는 거시기 더미를 쌓아두어 '들어오지 마시오' 표지로 이용한다. 점잖게 표현한다면 '꺼져!' 표지라고 할 수 있겠다.

눈을 가린 고양이

우유와 고양이 먹이와 중앙난방은 모두 고양이에게 해롭다. 우유는 설사를 일으키고, 고양이 먹이는 잇몸을 부패하게 만든다. 중앙난방은 일 년 내내 털갈이를 하게 만드는데, 그러면 제 털을 핥다가 삼켜 소화관이 막히게 된다.

미국에 사는 고양이 약 7500만 마리는 매년 새 10억 마리와 설치류 50억 마리를 죽인다. 17세기까지만 해도 사람들은 교황의 허수아비 속에 산 고양이를 집어넣고 태우는 놀이를 즐겼다. 그때 울려 퍼지는 음향 효과는 개신교도의 마음에 들었지만 고양이의 마음에는 들지 않았다. 고양이는 청각이 극도로 예민해서 심지어 박쥐의 초음파까지 들을 수 있다.

고양이를 키우는 사람이라면 다 아는 다음의 사실이 연구에 의해 증명되었다. 고양이는 지구에 사는 모든 생물 가운데 인간 다음으로 성격의 다양성이 크다. 또 영리하다. 아주 영리하다. 특히 괴롭힘을 당하면 아주 영리해진다. 주인이 수백 킬로미터 떨어진 곳에 버린 고양이가 집을 찾아왔다는 이야기가 수도 없이 많다. 고양이가 지도를 볼 줄 아는 것일까? 그럴지도 모른다. 최근의 실험에서 드러났듯이, 녀석이 시간을 아는 것은 확실하다. 고대 이집트인은 고양이를 신으로 숭배했다. 의도적이든 아니든 고양이를 죽이는 것은 중대 범죄였다. 고양이가 죽으면 주인은 으레 눈썹을 면도했다. 누가 생각해낸 풍습일까? 당연히 고양이다. 고양이는 눈썹이 없다.

Bear

곰

먹고 자고 먹고 자고 하는 놈

영어로 수곰과 암곰을 'boar(수퇘지)'와 'sow(암퇘지)'라고도 부르지만, 생물학적으로 곰과 돼지의 관계는 코알라와 곰의 관계 또는 판다와 고양이의 관계처럼 그다지 가깝지 않다. 계통적으로 곰과 가장 가까운 친척은 개이다. 물론 곰과 돼지는 아무거나 먹는다는 공통점이 있기는 하다. 대부분의 곰은 식물과 과일을 오물거릴 때나 붉은사슴의 뒷다리를 우적거릴 때나 똑같이 행복하다. 하지만 곰은 식성이 까다로울 수도 있다. 큰곰은 정말 배가 고플 때가 아니면 연어를 통째로 먹지 않는다. 대개는 영양이 풍부한 뇌와 껍질과 알만 먹는다. 심지어 육식만 하는 북극곰은 치약을 즐겨 먹는 이상한 식성이 있다. 북극곰이 북극 관광 캠프를 습격해 텐트를 무너뜨리고 장비를 짓밟으며 오로지 콜게이트 치약만 찾아다녔다는 보고가 있다.

곰은 잠을 자며 버틸 7개월을 대비해서 먹고 지방을 축적하면서 대부분의 날을 보낸다. 과학적으로 볼 때 곰의 잠은 동면hibernation이 아니라 무기력 상태torpor이다. 왜냐하면 녀석의 체온과 호흡 및 물질대사 속도가 거의 변하지 않기 때문이다. 이 기간 내내 곰은 먹지도 마시지도 않으며, 오줌도 똥도 누지 않는다. 발생하는 요소는 재활용해 단

> **북극곰은 희지 않다. 녀석의 피부는 검고 털은 반투명하다. 녀석이 희게 보이는 것은 빛이 깨끗한 털에서 산란되기 때문이다.**

백질의 재료로 쓰고 항문은 '태핏'이라는 바닥재와 털과 배설물의 혼합물로 틀어막는다. 심지어 암컷은 그렇게 자면서 새끼를 낳는다. 새끼는 아주 작고 미숙하며 비슷한 덩치의 포유류 새끼보다 몸무게가 10배 가볍다. 그래서 곰의 젖은 다른 육식동물의 젖보다 영양이 훨씬 풍부하고, 새끼는 빨리 자란다. 갓 난 불곰은 젖을 빨면서 큰 소리로 콧노래를 흥얼거려 어미의 젖 분비를 촉진한다. 한 배에 난 새끼 각각은 아비가 다를 확률이 높다. 예상하겠지만 암곰은 교미 후에 같은 파트너와 거의 또는 전혀 접촉하지 않는다.

곰은 방해를 받지 않는다면 똑같은 자세로 무려 한 달 동안 잘 수 있다. 인간을 비롯한 다른 포유류는 오랫동안 누워 있으면 골다공증에 걸린다. 그러나 곰은 칼슘을 뼛속으로 재순환시키기 때문에 나중에 깨어날 때도 잠들기 시작할 때와 똑같이 튼튼하다.

혹시라도 누가 북극곰의 간을 내밀며 먹으라고 하거든 이를 악물고 사양해라. 북극곰의 간 450그램에 들어 있는 비타민A를 다 먹으면 당신은 죽는다. 그보다 적게 먹으면 뭐 죽지는 않는데, 머리가 아프고 시야가 흐려지고 머리카락이 빠지고 졸음이 오고 설사가 나고 간과 비장이 커진다.

곰을 만났을 때의 대처방안으로 캐나다의 유콘 주 정부가 내놓은 공식적인 제안 중 '곰의 사적인 영역에 몰려가면 위험할 수 있다'는 말은 맞는 것 같다. 큰곰은 영어로 'brown bear'(갈색 곰)이지만 검을 수 있고, 흑곰이 갈색일 수 있다. 그래서 헷갈리는데, 유감스럽게도 큰곰과 흑곰의 차이는 중요하다. 큰곰을 만나면 죽은 척 해야 한다. 그러나 썩은 고기를 좋아하는 흑곰 앞에서 그러면, 녀석은 당신을 먹기 시작할 것이다. 하지만 너무 염려할 필요는 없다. 미국에서 곰의 앞발에 맞아 죽을 확률보다 뱀에 물려 죽을 확률이 25배, 벌에 쏘여 죽을 확률이 180배, 동료 인간에게 맞거나 찔리거나 총상을 당해서 죽을 확률이 9만 배나 높다.

곰의 쇼핑 목록

미국 대부분의 지역에서 흑곰은 최상위 육식동물이지만 녀석의 먹이는 90퍼센트가 식물성이다.

S a l a m a n d e r

도롱뇽

눈을 재생시키는 비법을 아는 놈

양서류인 도롱뇽은 500종에 이르는데 모양과 크기가 가지각색이다. 중국장수도롱뇽*Andrias davidianus*은 최대 길이가 1.8미터에 무게가 32킬로그램가량이다. 반면에 길이가 1.3센티미터 정도 되는 토리우스도롱뇽*Thorius*은 육지 척추동물 중에서 가장 작을 뿐만 아니라 제대로 된 눈을 지닌 가장 작은 동물이다.

세상에서 가장 강력한 근육

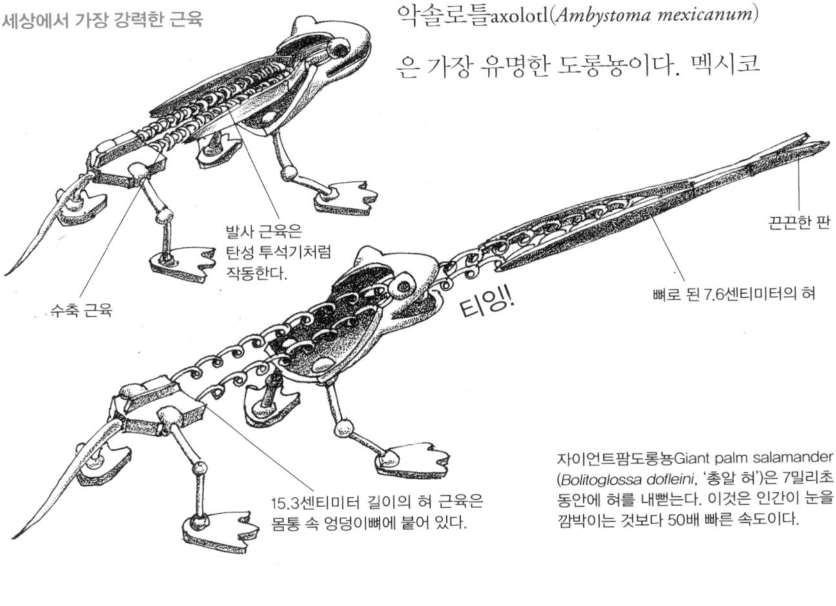

자이언트팜도롱뇽Giant palm salamander (*Bolitoglossa dofleini*, '총알 혀')은 7밀리초 동안에 혀를 내뻗는다. 이것은 인간이 눈을 깜박이는 것보다 50배 빠른 속도이다.

악솔로틀axolotl(*Ambystoma mexicanum*)은 가장 유명한 도롱뇽이다. 멕시코

'악솔로틀'은 아스텍어로 '물개'를 뜻한다. 멕시코에 여러 도시를 세운 토착민들은 악솔로틀을 지불 수단으로 썼다. 악솔로틀은 식량과 약품으로도 유용했다. 일본에서 악솔로틀은 '우퍼루퍼 WuperRuper'라는 이름으로 팔리는 인기 있는 애완동물이다.

에 있는 호수 단 한 곳에서만 발견된 악솔로틀은 진화의 어느 시점에 성체로의 발달을 중단했다. 오늘날 이 녀석은 거의 평생을 물속에서 커다란 올챙이로 산다. 녀석이 이렇게 퇴보한 이유는 불분명하다. 호수 주변의 육지 환경이 나빠서 퇴보를 선택했을 수도 있지만, 다른 도롱뇽 종은 별 탈 없이 그 환경에서 산다. 때때로 악솔로틀은 완전히 성장해 호랑이도롱뇽과 비슷한 성체가 되며, 인위적으로 호르몬을 주입해서 그렇게 만들 수도 있다. 현재 전 세계에 사는 악솔로틀의 99퍼센트는 포획된 상태인데, 그중 대부분은 1863년 프랑스의 동물학자 오귀스테 뒤메릴의 파리 실험실에 도착한 여섯 마리의 후손이다.

도롱뇽은 가정적이다. 평생 동안 태어난 곳에서 1.6킬로미터 이상 벗어나지 않는다. 만일 서식지의 온도가 변한다면, 이 같은 가정적인 습성은 치명적인 단점이 될 수 있다. 엄청나게 많은 도롱뇽이 매년 겨울에 죽는다.

한 종은 이 문제를 극복했다. 시베리아도롱뇽은 동면에 앞서 부동액을 생산해 무려 섭씨 영하 50도에서도 생존할 수 있다. 녀석은 여러 해 동안 동면할 수 있다. 어떤 놈은 마지막 빙하기가 끝난 1만 년 전 이래로 지금까지 잠들어 있을지도 모른다.

도롱뇽은 불 속에서 살 수 있으며 피부에서 나오는 분비물로 불을 끈다(석면의 원래 이름은 '도롱뇽 모직salamander wool'이었다)는 오래된 속설이 있다. 이 속설이 어디에서 왜 생겨났는지 아는 사람은 없지만, 실제로 도롱뇽은 축축한 장작더미 속에서 자는 위험한 습성이 있다.

영원newt은 번식을 위해 물로 돌아가는 도롱뇽이다. 녀석은 몸의 큰 부분을 재생할 수 있는 유일한 척추동물이다. 사지, 척수, 심장, 턱, 꼬리, 심지어 눈의 수정체와 홍채까지 새롭게 성장시킬 수 있다.

영원의 세포는 성장 과정을 재개할 수 있다. 손상된 부위가 치유되는 동안 세포는 원래의 기능을 거꾸로 돌려 아체blastema('싹'을 뜻하는 그리스어 '블라스토스blastos'에서 유래한 명칭이다)라는 미분화된 덩어리로 돌아가고, 그 아체에서 새로운 사지나 조직이 성장한다.

영원의 세포는 자기네가 무엇으로 성장해야 하는지를 어떻게 알까? 답은 아직 나오지 않았지만, 도롱뇽은 인간 조직의 재생 가능성을 모색하는 과학자들에 의해 집중적으로 연구되고 있다. 또한 악성 종양도 영원 세포와 비슷한 방식으로 성장하는 것처럼 보이기 때문(암 조직을 영원에 주입하면 새로운 사지가 성장할 수 있다)에 도롱뇽 연구에서 암 치료법의 중요한 단서가 나올지도 모른다.

Lizard

도마뱀

유쾌한 파충류

중생대에 살았던 거대한 파충류의 화석이 처음 발견되었을 때 리처드 오언은 '공룡'이라는 이름을 붙였다. 공룡을 뜻하는 영어 'dinosaur'는 '무시무시한 도마뱀'을 뜻하는 그리스어 '데이노스 사우로스deinos sauros'에서 나왔다. 신세계에서 악어를 본 스페인 사람은 녀석에게 '엘라가르토 데 인디아스el lagarto de Indias', 즉 '인도 도마뱀'이라는 이름을 붙였다. 이 이름에서 오늘날의 영어 '앨리게이터alligator'가 나왔다. 도마뱀은 4675종이 넘는다. 그러나 공룡과 앨리게이터는 도마뱀이 아니다. 도마뱀은 파충류 세계의 설치동물이라고 할 수 있다. 전 세계 어

자체 절단 시스템

도마뱀은 꼬리뼈를 가로지르는 (또는 꼬리뼈들 사이에) 균열 면이 있어서 원할 경우 꼬리를 끊어낼 수 있다. 균열 면 위쪽의 근육이 꼬리를 끊어낸 다음에 괄약근처럼 조여져 꼬리 동맥을 막는다.

뼈가 아니라 연골이 들어 있는 꼬리가 다시 자란다.

꼬리는 끊어진 채로 꿈틀거린다. 왜냐하면 꼬리 근육이 산소 없이도 오랫동안 호흡할 수 있게 진화했기 때문이다.

꼬리가 다시 자라는 1개월 동안 도마뱀은 성장과 생식을 멈춘다.

디에서나 발견된다. 녀석은 머리 중앙의 피부 밑에 '제3의 눈'을 지녔고 혀로 냄새를 맡으며 배에 가로로 금들이 나 있다. 어떤 녀석은 다리가 없어서 눈꺼풀이 움직인다는 점으로만 뱀과 구별할 수 있다.

나일왕도마뱀은 교활하게도 흰개미 둔덕 속에 알을 낳는다. 흰개미들은 알에 생긴 손상을 복구하고, 둔덕의 열기는 알을 부화시킨다.

도마뱀류(도마뱀아목, lizards)에서 가장 큰 집단은 도마뱀과skinks이다. 도마뱀과 녀석은 특수한 균열 부위가 있는 꼬리를 지녔다. 포식자가 녀석의 꼬리를 움켜쥐면, 꼬리가 뚝 끊어져서 몇 분 동안 발작적으로 꿈틀거린다. 포식자를 혼란시켜 달아날 시간을 버는 것이다. 다리가 없는 유리도마뱀Glass lizard의 도주 행동은 더 극적이다. 공격을 당하면 녀석의 꼬리가 유리처럼 산산이 부서진다. 공격을 당한 아르마딜로도마뱀Armadillo lizard은 몸을 공처럼 말고, 푸른혀도마뱀은 혀를 쭉 내밀며, 뿔도마뱀은 눈에서 피를 분출한다.

목도리도마뱀Australian frilled lizard은 목둘레에 피부로 된 목도리가 있다. 위협을 받으면 녀석의 목도리를 우산처럼 펼쳐 덩치가 실제보다 훨씬 더 커보이게 만든다. 동남아시아의 날도마뱀은 나무에서 점프해 밝은 색깔의 낙하산을 펼치고 안전하게 활강한다. 달려서 달아나는 도마뱀도 있는데, 가장 멋지게 달리는 녀석은 단연 등지느러미도마뱀(일명 예수도마뱀)이다. 녀석은 뒷발이 크고 물갈퀴가 있어서 물 위에서 달릴 수 있다. 가장 빠른 도마뱀은 레이스 러너six-lined racerunner로, 시속 29킬로미터로 달리는 세상에서 가장 빠른 파충류이다. 바다에 사는 도마뱀은 갈라파고스 바다 이구아나Galápagos marine iguana뿐이다. 녀석은 물속으로 9미터나 잠수해 바위에 붙은 조류를 뜯어먹는다.

몇몇 도마뱀은 독을 지녔지만, 인간에게는 다행스럽게도 도마뱀의 독은 녀석이 이빨로 씹을 때 분비되며 약간 붓는 정도 이상의 피해를 입히려면 꽤 오랫동안 씹어야 한다. 가장 무거운 도마뱀은 127킬로그램가량의 코모도왕도마뱀이며, 가장 가벼운 도마뱀은 인간의 손가락 끝에 올릴 수 있을 정도로 작은 난쟁이도마뱀붙이dwarf gecko이다.

도마뱀붙이는 열대 지방의 가정에서 환영받는 손님이다. 왜냐하면 밤에 곤충을 잡아먹기 때문이다. 서아프리카에 사는 배가 투명한 브룩스반半발가락도마뱀붙이Brook's half-toed gecko는 집주인에게 파리를 많이 잡아먹었다는 것을 자랑한다. 도마뱀붙이는 수직 유리벽을 타고 올라갈 수 있다. 과학자들은 어떻게 그럴 수 있는지를 최근에 발견했다. 녀석의 발은 50만 개의 미세한 털로 덮여 있고, 각각의 털은 지름이 빛의 파장보다 짧은 수백 개의 갈래로 갈라져 있다. 이 때문에 도마뱀붙이의 발에 있는 전자와 유리 표면에 있는 전자 사이에 강한 접착력이 생겨난다. 이 원리를 토대로 3.2제곱센티미터 크기의 접착 테이프가 이미 생산되었다. 이 접착 테이프를 충분히 손에 붙일 수만 있다면, 당신도 천장에 거꾸로 매달릴 수 있을 것이다. 중국에서는 도마뱀 수프가 천식, 감기, 폐병, 심장병에 약으로 쓰인다. 과테말라의 안티구아 사람들도 도마뱀 수프가 천식에 좋다고 여긴다. 하지만 환자가 수프의 재료를 몰라야만 효과가 있을 것 같다. 재료를 알면 도리어 천식이 악화되지 않겠는가.

C i c a d a

매미

수를 세는 곤충

어떻게 그러는지 아무도 모르지만, 몇몇 매미 종은 생활주기를 큰 소수에 맞춘다. 소수란 자기 자신과 1로만 나누어 떨어지는 수, 그러니까 2, 3, 5, 7, 11, 13, 17 등이다.

소수매미prime-number cicada는 마법사를 뜻하는 그리스어 '마고스 magos'에서 유래한 '마법매미*magicicada*'라는 이름으로도 부르며 미국 동부에서만 발견되는데, 녀석의 애벌레는 여러 해 동안 땅속에서 나무뿌리를 먹고산다. 녀석은 13년 또는 17년에 한 번씩만 지상에 나타나 짝짓기를 한다.

매미 오디오

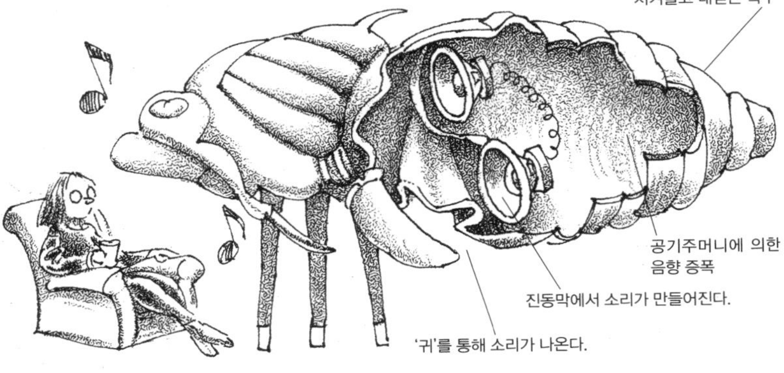

오스트레일리아에는 '채소장수green grocer' 매미, '가루 빵장수floury baker' 매미, '더블 드러머double drummer' 매미, '체리 코cherry nose' 매미, '방광bladder' 매미 등이 있다.

이렇게 엄밀하게 기간을 지키는 이유는 (예측 가능한) 짝수 번식주기를 피해서 포식자들과 마주치지 않기 위해서이다. 소수매미는 예측할 수 없는 어느 하룻밤에 무수히 성충이 되어 말 그대로 포식자를 뒤덮어버린다. 포식자는 닥치는 대로 먹어치우지만 어마어마한 소수매미 집단에 큰 피해를 주지 못한다. 소수매미는 30종이 있는데, 각각 다른 시기에 성충이 된다. 13년 주기와 17년 주기는 221년에 한 번씩만 겹친다. 애벌레는 땅속에 머무는 긴 세월 동안 배설물을 이용해 방수가 되는 방을 만들어서 물에 잠기는 것을 방지한다. 하지만 전체의 98퍼센트가 성충이 될 욕구를 느끼기 전에 죽을 것으로 추정된다. 살아남은 애벌레는 유년기의 허물을 벗고 격렬한 짝짓기에 돌입한다. 거의 모든 성충은 14일 이내에 죽어 숲 바닥의 질소량을 엄청나게 증가시킨다.

매미는 가장 시끄러운 곤충이지만, 오직 수컷만 그것도 더운 여름날에만 '운다.' 몇몇 종의 울음소리는 록밴드의 콘서트를 객석 맨 앞줄에서 들을 때와 맞먹는 120데시벨에 달한다. 거의 1.6킬로미터 밖에서도 녀석의 소리를 들을 수 있다. 매미는 여치처럼 날개를 비벼 소리를 내는 것이 아니라 복강에 있는 한 쌍의 '진동막'을 비틀어 소리를 낸다. 우리가 '워블보드wobble board'(굽히면 독특한 소리를 내는 악기—옮긴이)를 연주할 때처럼 말이다. 그 소리는 녀석의 몸통에 의해 증폭된다.

녀석은 흔히 집단으로 울어 새들이 각각의 매미가 있는 위치를 알아낼 수 없게 만든다. 하지만 매미가 우는 주된 이유는 짝짓기 상대를 유혹하는 것이다(일부 매미는 괴롭힘을 당하면 '항의하는 울음'을 울기도 한다.)

종마다 고유의 독특한 울음소리를 낸다.

19세기 프랑스의 곤충학자 장앙리 파브르는 매미로 뒤덮인 나무를 향해 포를 발사함으로써 매미가 귀머거리라는 것을 증명하려 했다. 포를 발사해도 녀석의 울음소리는 달라지지 않았다. 그러나 그것은 귀머거리여서가 아니었다. 단지 포 소리가 녀석에게 무의미하기 때문이었다. 포병부대와 짝짓기를 할 수는 없는 노릇이 아닌가.

매미는 '땅속에 있다가 다시 태어나는' 것처럼 보이기 때문에 많은 문화에서 부활과 불멸의 상징이 되었다. 도교에서 매미는 신선을 상징한다. 고대 그리스에서 매미는 애완동물이었다. 플라톤은 매미가 과거에 인간이었는데 음악에 너무 심취해 야윈 끝에 음악으로만 남았다고 이야기한다. 반면에 아리스토텔레스는 구운 매미를 즐겨 먹었다. 지금도 아시아와 아프리카 그리고 오스트레일리아 곳곳에서 매미를 먹는다. 아메리카 원주민은 매미를 바싹 구워서 팝콘처럼 먹는다. 매미는 놀라울 정도로 살이 많고 아스파라거스와 비슷한 맛이 난다.

T a p i r

맥

고대 숲 속의 말

스탠리 큐브릭은 〈2001 스페이스 오디세이〉에 초기 호미니드와 함께 맥을 출현시켰다. 왜냐하면 맥이 '선사시대'에 어울려 보였기 때문이다. 훌륭한 안목이었다. 맥은 돼지와 개미핥기가 하룻밤 불륜을 저질러 낳은 자식처럼 보일 수도 있지만 실은 지난 2000만 년 동안 거의 변하지 않은 한 포유동물 대가족(맥과)의 마지막 생존자이다. 한때 맥은 (남극을 제외한) 모든 대륙에서 발견되었지만 지금은 네 종만 남았다. 세 종은 중앙아메리카와 남아메리카에 살고, 나머지 한 종은 지구 반대편인 동남아시아에 산다.

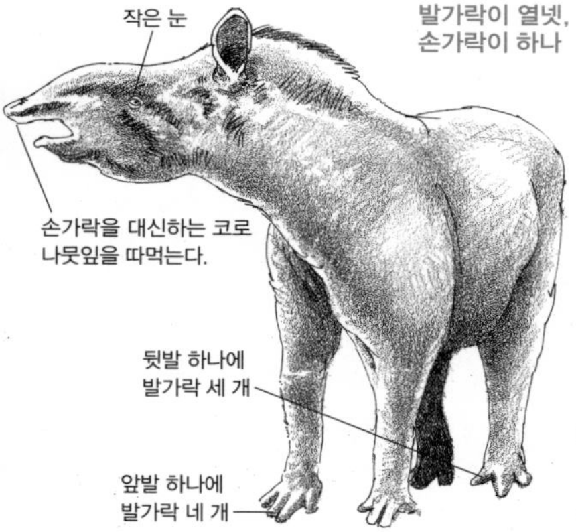

맥은 덥고 습한 숲 속의 삶에 완벽하게 적응했다. 녀석은 숲 바닥을 훑어 떨어진 과일을 먹고 더 높은 곳에서 나뭇가지와 양치식물을 먹을 수 있다. 다부진 체구로 빽빽한 잡목을 헤치고 빠르게 이동하며 물속에서나 뭍에서나 한결같이 행복하다. 그러나 뭐니 뭐니 해도 과거에 맥이 성공적으로 생존할 수 있게 해준 핵심적인 특징은 짧고 방향전환이 가능한 코이다. 그 코는 숲 속에서의 삶을 위한 최고의 도구이다. 맥의 코는 멀리 있는 먹이를 잡는 손이고 잠수할 때의 스노클이며 끊임없이 먹이와 섹스 상대를 찾는 후각기관이다.

맥의 태국어 이름 '쁘솜셋'은 '혼합'을 뜻한다. 그 이름은 다른 모든 동물을 만들고 남은 조각을 모아서 맥을 만들었다는 믿음에서 유래했다.

그러나 기후가 서늘해지고 건조하게 변하자 숲은 풀밭으로 바뀌었다. 풀밭은, 근시이고 육지와 물을 오가며 과일을 먹는 동물보다 풀을 뜯는 반추동물에게 유리했다. 맥은 가장 가까운 친척인 말이나 코뿔소와 달리 이 변화에 적응하지 못했다. 그리하여 현재 남아 있는 네 종의 맥은 모두 멸종 위기에 처했다.

맥을 위협하는 것은 서식지 파괴와 더불어 인간의 사냥이다. 한 해에 수백 마리가 기름진 음식을 원하는 사람들을 위해 밀렵된다(맥 고기는 흔히 들소 고기로 둔갑하여 판매된다). 맥의 질긴 가죽(맥의 영어 이름 'tapir'의 어원인 'tapira'는 브라질 인디언어로 '두껍다'를 뜻한다)과 여러 신체 부위는 지금도 심장병과 간질을 다스리는 민간요법에 쓰인다. 많은 아메리카 인디언 부족은 은하수를 '맥의 길'이라고 부른다. 미국 초원의 인디언이 은하수를 '들소의 길'이라고 부르는 것과 비슷하다고 하겠다. 중국과 일본에서 맥의 이름은 '꿈 도둑'을 뜻한다.

맥은 워낙 강하고 민첩해서 인간을 제외하면 천적은 얼마 없다. 가끔 대형 고양잇과 동물이 공격하면 맥은 가까운 냇물로 뛰어들어 공격자가 지쳐 돌아갈 때까지 잠수하면 그만이다. 맥은 강과 웅덩이의 바닥에서 걷기를 좋아한다. 그러면 체온이 식을 뿐더러 물고기가 맥의 피부에 있는 기생충을 제거해준다.

맥 새끼는 어미와 전혀 다르게 줄무늬와 점무늬가 있어서 마치 털북숭이 참외 같다. 그 무늬는 햇빛이 아롱아롱 드리운 숲 속에서 놀랍도록 훌륭한 위장 수단이다. 그럼에도 맥 새끼는 거대한 아나콘다의 입에 통째로 삼켜지곤 한다. 오늘날 동물학자들은 맥이 다른 기제목 동물과 충분히 다르다는 점에 동의한다.

맥은 대형 포유동물 가운데 가장 적게 연구되었다. 우리는 녀석이 평생 해로하는지, 가족 집단이 어떻게 협동하는지, 어디에서 자는지 모르며, 새의 울음을 닮은 녀석의 기이한 휘파람소리가 무슨 기능을 하는지 모른다. 그러나 상황이 달라지는 중이다. 맥은 열대우림 생태계에서 중요한 존재이기 때문에 지역을 대표하는 보호종이 되었다. 맥이 생존하려면 숲이 필요한 것과 마찬가지로, 숲에서 열매를 맺는 많은 식물의 씨앗은 맥의 소화관을 거쳐 퍼져 나간다. 맥을 보호하는 일은 열대우림을 보호하는 일이다.

Raccoon

미국너구리

뚱뚱한 뉴요커

여러 언어에서 미국너구리를 부르는 이름을 살펴보면 많은 것을 알 수 있다. 영어 이름 '라쿤raccoon'은 알곤키안족 언어인 '아라쿠넴arahkoonem'에서 나왔으며, 그 뜻은 '문지르고 비비고 긁는 녀석'이다. 다코타 수족의 언어에서 미국너구리의 이름은 '얼굴에 색칠을 한 신비로운 놈'을 뜻하는 '위카 테갈레가weekah tegalega'이다. 아브나키족은 녀석을 '아스반'이라고 부르는데, '물체를 집어 드는 놈'이라는 뜻이다. 델라웨어족이 붙인 이름은 '손가락이 있고 매우 영리하다'는 뜻의 '우타칼린치wtakalinch'이다. 스페인 정복자는 아스텍어를 차용해 '마파체mapache(손이 있는 놈)'라는 이름을 썼지만, 아스텍어에서는 미국너구리를 '이야마톤eeyahmahtohn(세상 물정을 아는 작은 노파)'이라고도 불렀다.

미국너구리는 북아메리카에서 가장 잘 알려진 야생동물이다. 녀석은 눈 위에 검은 가면을 쓴 듯하며 가로줄무늬가 4~10개 정도 있는 텁수룩한 꼬리를 지녔다. 네 발에는 각각 발가락 다섯 개가 있고, 앞발에는 엄지발가락이 있어서 빗장을 들어 올리고 병뚜껑을

미국너구리 요리는 미국 남부에서 전통적인 '쿤 만찬coon dinner'의 핵심일 정도로 인기가 높다. 미국너구리의 배를 갈라 냄새가 나쁜 지방을 제거하고 고구마를 채워 구우면 훌륭한 구이 요리가 된다.

돌려서 열고 매듭을 풀고 문의 손잡이를 돌리고 냉장고를 열 수 있다. 녀석의 앞발자국은 아주 작은 인간 아기의 손자국처럼 보인다. 녀석은 인간이 만든 환경에 놀랍도록 잘 적응한다. 많은 미국너구리들이 뉴욕 시에서 행복하게 산다. 교외의 미국너구리는 열여섯 살까지 살 수 있지만, 도시의 미국너구리는 10대 청소년과 비슷하게 감자튀김과 도넛에 의존하기 때문에 야생에서는 살아남지 못한다.

비만은 미국너구리에게 심각한 문제이다. 어떤 녀석은 몸무게의 50퍼센트가 지방이다. 펜실베이니아 주 윌너트포트에 위치한 아이스트림월드 주변에 살았던 '밴디트'는 역사상 가장 뚱뚱한 미국너구리였다. 녀석은 땅콩버터와 블루베리 음료를 즐겨 먹었다. 미국너구리는 진정한 의미에서 잡식성이다. 녀석은 정말 아무것이나 먹는다. 가재, 사과, 생쥐, 새의 알, 곤충, 호두, 개구리, 물고기, 단옥수수, 조개, 체리, 거북, 도토리, 뱀, 심지어 차에 치어 죽은 동물까지 먹는다.

영어를 제외한 거의 대부분의 언어, 예컨대 독일어와 핀란드어와 중국어와 일본어와 불가리아어에서 미국너구리를 부르는 이름은 '씻는 곰'이다. 왜냐하면 녀석은 먹이를 물에 씻어서 먹는 것처럼 보이기 때문이다. 오랫동안 과학자들은 녀석이 건조한 먹이를 삼키는 데 필요한 만큼의 침을 분비하지 못하기 때문에 그렇게 한다고 생각했다. 그러나 진실은 다르다. 녀석은 침을 충분히 분비한다.

미국너구리의 손재주

어둠 속에서 가재를 확실히 잡을 수 있는 동물은 그리 많지 않다.

미국너구리의 손은 믿기 어려울 정도로 민감하다. 녀석은 먹이의 위치를 알아내고 질을 평가할 때 시각과 후각보다 손의 감각에 더 많이 의지한다.

또 먹이를 씻는 것도 아니다. 녀석은 실제로 먹이를 물에 담그지만(이 이상한 행동을 '물장난dabbling'이라고 한다) 그것은 단지 먹을 수 있거나 너무 날카롭지 않은 것을 골라내는 행동이다. 녀석은 주변에 물이 없을 경우에도 '물장난'을 하고서 먼지가 묻은 먹이를 아주 즐겁게 먹는다. 미국너구리는 먹이를 찾아다닐 때 훌륭한 등반 솜씨를 발휘한다. 녀석은 뒷발을 180도 돌린 채로 나무를 타고 머리부터 내려올 수 있으며 굴뚝과 건초창고와 다락에도 자유자재로 돌아다닌다.

미국너구리의 똥은 말랑말랑한 관 모양이며 끝이 뭉뚝하다. 정말 진심으로 말하는데, 그 똥을 먹지 마라. 아예 만지지도 마라. 미국너구리의 똥에는 바일리사스카리스 프로키오니스Baylisascaris procyonis(회충의 일종—옮긴이)의 알이 최대 25만 개 들어 있다. 이 복잡한 이름의 선형동물이 인간의 몸에 들어오면 심각한 병을 일으킬 수 있다. 만일 당신이 그 알을 먹는다면, 유충이 뇌와 눈을 비롯한 다른 조직으로 옮겨갈 수 있다. 효과적인 치료법은 없다. 비록 귀여운 모습이지만 많은 미국너구리는 광견병 보균자이기도 하다(증상을 나타내지는 않는다). 녀석의 페니스에는 뼈가 있다(텍사스 주에서는 그 뼈를 부적처럼 지니고 다니기를 좋아한다). 라파엘전파Pre-Raphaelite(1848년 영국에서 매너리즘에 반대하며 모인 예술가들—옮긴이) 시인 단테 가브리엘 로세티는 첼시의 개인 동물원에서 미국너구리를 키웠다. 녀석은 시적인 영감을 주지 못했다. 다만 우리를 열고 나와 서랍에 가득 찬 로세티의 원고를 먹어치우는 남다른 솜씨를 발휘했다.

Lobster

바닷가재

헤엄치는 메뚜기

바닷가재의 영어 이름 '랍스터lobster'는 옛 영어 '로페스터loppestre'에서 나왔으며, '로페스터'는 메뚜기를 뜻하는 라틴어 'locusta'와 거미를 뜻하는 옛 영어 'loppe'가 충돌한 결과이다. 절지동물인 바닷가재는 메뚜기와 거미의 가까운 친척이다. 유럽바닷가재와 미국바닷가재가 가장 유명하지만, 바닷가재는 꼽추메뚜기바닷가재Hunchback locust lobster, 벨벳부채바닷가재Velvet fan lobster, 뮤지컬모피바닷가재Musical furry lobster를 비롯해서 약 50종이 존재한다. 바닷가재는 1억 4000만 년 전에도 오늘날과 비슷한 모양이었다. 1억 4000만 년 전의 바닷가재가 식탁에 오른다 해도, 여러분은 아무 차이를 느끼지 못할 것이다.

바닷가재는 놀랍도록 빠르게 헤엄친다. 꼬리의 탄력을 이용해 초속 4.6미터의 쏜살같은 속도로 이동할 수 있다. 일부 바닷가재는 먹이와 짝짓기 상대를 찾아 1년에 160킬로미터 넘게 이동한다. 바닷가재는 옷을 많이 벗고 오줌을 싸야 섹스를 할 수 있다. 쥐와 마찬가지로 녀석은 오줌을 통신 수단으로 이용한다. 녀석의 방광은 편리하게도 머리에 있어서 오줌이 물과 섞여 아가미로 분출되어 구애 상대의 얼

> **바닷가재는 평화롭고 진지한 생물이다. 바다의 비밀들을 알며, 짖지 않는다. –제라르 드 네르발**

굴에 도달할 수 있다. 바닷가재 수컷과 암컷은 대개 보자마자 서로를 공격하지만, 다행히 수컷은 허물을 벗는 암컷의 오줌에 성적으로 흥분한다. 수컷은 바위틈의 은신처에서 기다리며 밖으로 오줌을 싼다. 암컷은 허물 벗을 준비가 되었을 때 접근해 수컷에게 오줌으로 응답한다. 녀석은 정상 체위로 섹스를 한다. 수컷은 암컷의 알 주머니를 집게다리를 제외한 네 쌍의 다리로 받쳐 열고, 잠시 어루만지는 전희 동작을 한 다음에 끈적거리는 정액 캡슐을 암컷의 주머니 속으로 방출한다. 이어서 수컷은 암컷의 알 껍데기가 단단해질 때까지 암컷을 보호한다. 그렇게 2주 정도가 지나면 다시 상호 적개심이 되살아난다.

집게다리 사용법

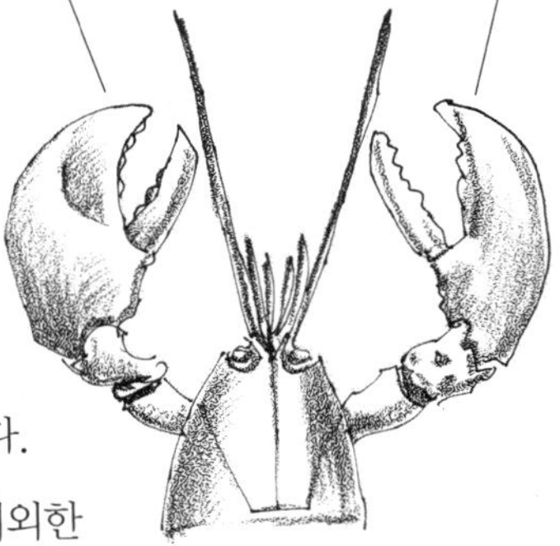

바닷가재는 성장하기 위해서 허물(외골격)을 벗어야 한다. 그런데 녀석의 위 벽에 붙어 있는 먹이를 으깨는 이빨 같은 돌기도 외골격의 일부이기 때문에, 허물을 벗을 때 식도와 위와 항문의 내벽까지 끄집어낸다. 이 과정에서 일부 바닷가재는 죽음을 맞는다. 이러한 허물벗기는 바닷가재의 나이를 알아내기 어렵게 만든다.

우리가 먹는 바닷가재의 상당수는 나이가 20년 이상인데, 무게가 래브라도레트리버와 비슷할 정도로 거대한 바닷가재는 바다 밑에서 100년 넘게 웅크리고 있었던 놈일 수도 있다.

바닷가재는 서로 싸울 때 한 놈이 항복할 때까지 집게다리를 맞잡고 힘을 겨룬다. 때로는 상대의 더듬이, 다리, 집게다리, 눈을 공격하기도 한다. 양 집게다리 중에서 큰 쪽인 으깨는 집게다리는 자그마한 물체(예컨대 인간의 손가락)에 1제곱센티미터당 무려 70킬로그램의 압력을 가할 수 있다. 바닷가재는 달아나려 할 때 몸통과 연결된 부위에 있는 특수한 근육을 이용해 부속지를 떼어낼 수 있다. 그러나 바닷가재의 피는 혈관이 아니라 체강 속으로 흐르기 때문에 부속지가 떨어진 자리를 신속하게 메우지 않으면 과다출혈로 죽는다. 다리와 더듬이와 집게다리는 재생되지만, 눈은 재생되지 않는다. 바닷가재는 아가미가 축축하기만 하다면 호흡을 할 수 있다. 물을 떠나서도 최장 1주일 동안 생존할 수 있다. 프랑스의 낭만주의 시인 제라르 드 네르발은 애완용으로 '티볼트'라는 이름의 바닷가재를 키웠다. 그는 티볼트를 파란색 끈에 묶어 데리고서 파리 시내를 산책하곤 했다.

요리된 바닷가재는 빨간색이다. 왜냐하면 바닷가재를 삶는 과정에서 껍데기에 있는 단백질 분자의 모양이 바뀌어 빨간색 빛만 반사하기 때문이다. 바닷가재가 고통을 느낀다는 확실한 증거는 없다. 바닷가재를 가장 신속하게 죽이는 방법은 아마도 끓는 물에 넣기일 것이다. 그러나 녀석을 죽이는 절대적으로 자비로운 방법은 없다.

뉴잉글랜드에 처음 정착한 사람들은 바닷가재가 식용으로 적당하지 않다고 여겼다. 농부는 거센 파도에 밀려 해안에 올라온 바닷가재를 동물에게 먹이거나 비료로 썼다. 오로지 감옥에 갇힌 죄수에게만 바닷가재를 식용으로 제공했다.

E e l

뱀장어

프로이트도 혀를 내두른 수수께끼

뱀장어를 뜻하는 영어 '일eel'의 어원을 아는 사람은 아무도 없다. 1920년대까지는 뱀장어의 기원을 아는 사람도 없었다. 아리스토텔레스는 썩는 바닷말에서 뱀장어가 저절로 생겨난다고 주장했다. 『박물지』를 쓴 로마의 제독 플리니우스는 뱀장어가 바위에 몸을 비비면 피부의 파편이 떨어져 어린 뱀장어들이 된다고 생각했다. 상상력이 돋보이는 다른 설 중에는 5월 아침의 이슬, 물고기의 아가미, 말의 털이 물속에서 뱀장어가 된다는 것도 있었다. 뱀장어의 놀라운 한살이는 덴마크의 해양학자 요하네스 슈미트(1877~1933)에 의해 처음 세상에 알려졌다. 그는 1905년 정부로부터 뱀장어의 산란 장소를 알아내라는 지시를 받고 작은 배 한 척으로 전 세계의 대양을 조사하러 떠났다. 16년에 걸친 연구의 시작이었다.

뱀장어는 뒤로 헤엄칠 수 있는 극히 드문 물고기이다. 녀석은 두꺼운 점액으로 덮여 있어서 물속에서뿐 아니라 뭍에서도 이동할 수 있다. 녀석은 어린 완두와 콩을 먹으려고 밭과 정원에 들어오기도 한다.

유럽과 아메리카의 민물 뱀장어*Anguilla anguilla*는 북대서양의 버뮤다 제도 근처 520만 제곱킬로미터 넓이의 사르가소 해에서 바다 물고기로 태어나는 것으로 보인다. 사르가소 해는 사르가숨이라는 바닷말이 풍부해

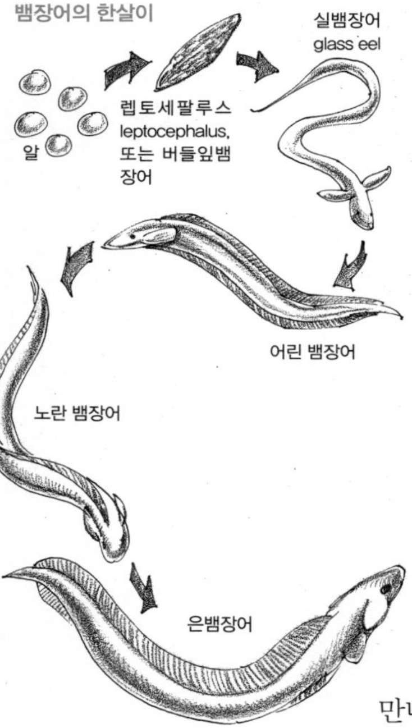

서 그렇게 명명되었는데, 사르가숨은 '포도'를 뜻하는 포루투갈어 사르가소 sargaso에서 유래한다. 사르가숨은 위쪽에 다닥다닥 붙어 있는 (포도 모양의) 작은 공기방울에 의해 물속에 떠 있다. 뱀장어 유생은 사르가소 해에서부터 멕시코 만류를 타고 대서양을 가로질러 4800킬로미터를 이동해 유럽에 도착한 후 강의 어귀에 진입하면서 기적적으로 민물고기로 변신한다. 녀석은 특정한 강을 목표로 정하지 않는다. 폭넓은 해안에 도달해 아무 강이나 만나면 진입한다. 따라서 어귀가 넓고 서쪽을 향한 세번 강(잉글랜드 남부의 강—옮긴이) 등으로 뱀장어가 진입한다. 녀석은 몸을 수만 배로 키우면서 강을 거슬러 오른다. 목표 지점은 제각각이다. 목표 지점에 도달한 뱀장어는 성숙할 때까지 강에서 행복하게 산다.

성숙한 (6~40년) 뱀장어는 다시 사르가소 해로 떠날 준비를 한다. 이때 녀석은 극적으로 변신한다. 등이 검어지고 배는 은색이 된다. 강인해지고 여행에 필요한 지방을 축적한다. 눈이 커지고, 머리가 뾰족해지고, 콧구멍이 넓어지며, 몸속의 염분이 줄어들고 성기가 팽창한다. 부레도 변화해 1제곱인치당 1톤의 압력에 견딜 수 있게 된다.

사르가소 해에 도착한 암컷은 알을 낳고 수컷은 수정시킨다. 그런 다음에 모두 기진맥진해 죽는다. 혹은 적어도 우리는 그렇게 죽는다고 믿는다. 오늘날 뱀장어가 사르가소 해에서 태어난다는 것은 누구나 아는 상식이지만 실은 아직 증명되지 않았다. 사르가소 해에서 뱀장어가 알을 낳거나 죽는 것을 본 사람은 아무도 없다. 조심스러운 과학자들은 사르가소 해를 뱀장어의 '추정' 산란 장소라고 부른다. 사르가소 해에서 어린 뱀장어는 발견되었지만 살아 있는 성숙한 뱀장어나 알은 발견되지 않았다. 포획 상태에서 번식한 뱀장어는 이제껏 한 마리도 없다. 포획된 뱀장어의 생식 시스템은 마치 비밀을 지키려고 의도적으로 그러는 듯이 완전히 기능을 상실한다. 지그문트 프로이트는 비밀을 파헤치기로 결심했다. 그는 트리에스테의 오스트리아 동물학 연구소에서 수백 마리의 뱀장어를 해부하면서 녀석의 생식기관을 연구했다. 프로이트는 연구를 마치고 출판한 논문(1876년)에서 자신의 모든 연구가 헛수고였다는 결론을 내렸다. 연구를 시작할 때보다 더 알게 된 바가 없었던 것이다.

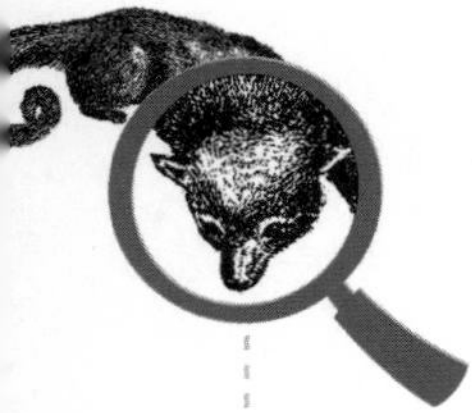

Binturong

빈투롱

내 팝콘 냄새를 맡아봐

남아시아 열대우림의 나무 위에 구세계 육식동물로는 유일하게 꼬리를 이용해 나무를 타는 녀석이 산다. 흔히 곰고양이라고 부르지만 녀석은 곰도 아니고 고양이도 아니다. 빈투롱은 사향고양잇과에 속한다. 사향고양이는 고양이의 친척이지만, 몽구스와 하이에나의 사촌이기도 하다. 빈투롱*Arctictis binturong*, 즉 곰고양이라는 이름은 사어가 된 말레이시아어에서 유래했다. 한눈에 봐도 왜 그런 헷갈리는 이름이 붙었는지 쉽게 알 수 있다. 녀석의 얼굴과 수염은 물개를 닮았고, 꼬리는 원숭이, 발톱은 몽구스를 닮았다. 게다가 녀석은 종종걸음 치는 조그만 마모셋이 아니다. 몸무게는 19킬로그램, 몸길이는 1.8미터이다(골든 레트리버가 꼬리를 이용해 나무를 타는 모습을 상상하면 되겠다).

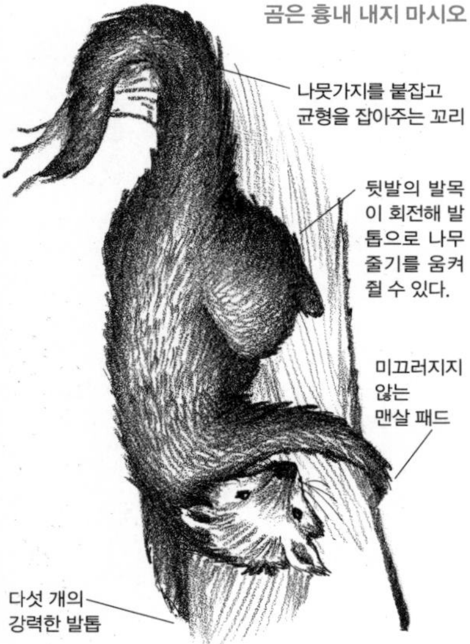

빈투롱은 생애의 거의 대부분을 나

무 위에서 아주 느리게 움직이며 보내는데, 사람들은 때때로 녀석을 나무늘보로 오인한다.

근육질이며 길이가 90센티미터인 빈투롱의 꼬리는 다섯 번째 팔이라고 할 수 있다. 꼬리의 끝은 원숭이 꼬리처럼 털 없는 가죽이 노출되어 있어서 나뭇가지를 붙잡기에 용이하다. 그러나 빈투롱과 원숭이는 전혀 다르게 진화했다. 원숭이와 마찬가지로 빈투롱은 꼬리를 이용해 나뭇가지에 매달릴 뿐 아니라 먹이를 집어 들기도 한다. 빈투롱은 꼬리가 대단히 강하기 때문에 나무줄기를 타고 머리부터 내려오거나 등이 아래를 향하게 나뭇가지에 매달려 따기 어려운 열매를 손에 넣을 수 있다.

빈투롱은 주로 과일을 먹고살며 단맛을 매우 좋아한다. 포획된 빈투롱은 잘 익은 바나나와 망고에 대한 강한 선호를 나타내지만, 마시멜로, 머핀, 사과파이, 밀크셰이크에도 사족을 못 쓴다고 알려져 있다. 녀석이 이런 당분 많은 먹이를 섭취하면 한 시간 정도 본성과 달리 미친 듯이 뛰고 달리다가 탈진해 곯아떨어지는 경향이 있다. 하지만 야생 빈투롱은 진정한 육식동물이기도 해서 가끔씩 새를 낚아채거나 물고기를 잡는다(녀석은 탁월한 수영선수이다).

사향고양잇과의 다른 동물과 마찬가지로 빈투롱은 강한 냄새를 풍기는 기름으로 자기 영역을 표시한다. 사향고양이 기름은 수백 년 동안 값비싼 향수 첨가물로 쓰였으며, 사향고양이와 제넷고양이의 분비샘에서 특수한 숟가락으로 채취한다. 빈투롱은 꼬리 밑

미국의 여러 대학 스포츠 팀들이 자기네의 이름을 '곰고양이 bearcats'라고 하면서 '곰의 힘과 난폭함, 고양이의 영리함과 재빠름을 겸비한 전설의 동물'이라고 언급한다. 그들은 상냥한 빈투롱을 본 적이 없는 것이 분명하다.

에 커다란 분비샘이 있는데, 나뭇가지와 기둥을 비롯한 특별한 지형지물에 분비샘을 문질러 성별, 나이, 성적인 상태에 대한 상세한 정보를 남긴다. 몇몇 다른 종의 사향고양이에 비해 빈투롱의 냄새는 버터를 바른 팝콘처럼 향기롭다. 수컷과 암컷이 모두 냄새를 남기는데, 암컷은 수컷보다 덩치가 훨씬 더 크고 그리 탐욕스럽지도 않은데도 페니스처럼 긴 클리토리스를 지녔다. 사람들은 기름을 얻기 위해 암컷과 수컷을 모두 사냥하며 수컷의 페니스 뼈는 전통적인 중국 의학에서 정력 증진과 남아 출산을 위한 귀한 약으로 쓰인다.

뜻밖이겠지만, 야생 빈투롱이 포획되는 또 다른 이유는 훌륭한 애완동물이 되기 때문이다. 기어올라야 하는 녀석이기 때문에 실내 생활에 적합하지 않을 것 같은데도 말이다. 녀석은 미국에서 인기가 좋다. 다 자라서 생식능력을 가진 빈투롱은 2천 달러까지 나간다. 길들이기 쉽고 녀석의 꼬리는 말하자면 내장형 끈의 구실까지 하는 모양이다. 산책을 나서면 빈투롱은 꼬리로 여러분의 손을 잡을 것이다.

A r m a d i l l o

아르마딜로

모든 포유류 중에서 가장 축복받은 놈

만약 아르마딜로(아홉띠아르마딜로, *Dasypus novemcinctus*)가 인간이라면, 그의 페니스는 1.2미터에 달할 것이다. 만일 당신이 뒤집어놓은 보트 비슷한 무언가와 사랑을 나누어야 한다면, 길이가 중요하다.

아르마딜로를 묘사하기는 예나 지금이나 어렵다. 아스텍 문명에서는 녀석을 '아소토크틸리' 곧 거북이토끼라고 불렀다.

아르마딜로는 총 20종이며 모두 아메리카에 산다. 가장 작은 종은 애기아르마딜로인데 길이가 소시지만 하고 모양은 털로 덮인 새우와 같다. 털보아르마딜로는 드물게 짜증이 나면 돼지처럼 꽥꽥거린다. 녀석은 하루 17시간 잠을 자며, 여러분이 집어 들거나 빗자루로 때려도 깨어나지 않을 때가 많다.

1930년대에 미국이 대공황에 빠졌을 때 굶주린 사람들은 구운 아르마딜로로 연명했다. 사람들은 허버트 후버 대통령을 조롱하려고 아르마딜로에게 '후버 돼지'라는 별명을 붙였다.

큰아르마딜로는 최대 몸무게 61킬로그램(텍사스에서 활동하는 거의 모든 치어리더보다 무겁다), 길이 23센티미터의 치명적인 발톱을 자랑하며 모든 포유류 가운

"짜릿한 잠자리에 필요한 거시기 주쇼."

시인 단테 가브리엘 로세티는 첼시에 위치한 집의 뒤뜰에서 아르마딜로 두 마리를 애완동물로 길렀다. 그중 한 녀석이 옆집 부엌으로 굴을 팠다. 녀석의 머리가 벽난로 밑에서 올라왔을 때 부엌에 있던 여자는 악마가 나타났다고 믿었다.

데 이빨의 개수가 가장 많다. 관처럼 생겼으며 계속 자라는 이빨을 100개나 가졌다. 세띠아르마딜로는 아르마딜로들 중에서 유일하게 몸을 둥글게 말 수 있다.

아홉띠아르마딜로는 (재수 없으면 자신의 턱을 때릴 정도로 큰 물건을 지닌 약점에도 불구하고) 만만치 않은 수영선수다. 녀석은 1850년 리오그란데 강을 건너 미국 남부의 대부분으로 퍼졌다. 현재 미국 남부에 3천만 마리에서 5천만 마리가 산다.

녀석이 강을 건너는 방법은 두 가지다. 녀석은 딱딱한 등딱지 때문에 가라앉기 마련이라서 최장 6분 동안 숨을 참고 강바닥을 걸을 수밖에 없다. 더 오랜 수영이 필요할 경우에 녀석은 숨을 꿀꺽꿀꺽 삼켜서 위를 구명조끼처럼 부풀린다.

수컷은 오줌으로 자기 영역을 표시하는데, 그 냄새가 블루치즈와 비슷하다고들 한다. 암컷은 겨울에 새끼를 낳지 않기 위해서 수정란을 최장 2년 동안 몸속에 보유할 수 있다. 한센병에 심각하게 걸리는 동물은 인간과 생쥐와 아홉띠아르마딜로뿐이다. 루이지애나 주에 사는 아르마딜로의 대부분은 한센병 환자다. 이웃 주인 텍사스에서 아르마딜로는 텍사스 롱혼(뿔이 긴 소—옮긴이)과 함께 주를 대표하는 포유동물이다. 녀석의 여러 별명 중 하나는 '텍사스 고속 충돌Texan speed bump'이다. 녀석은 특이하게 비효율적인 방어 메커니즘을 지녔는데, 깜짝 놀랐을 때 공중으로 1미터에서 2미터로 껑충 뛰어오르는 것이다. 텍사스 주의 고속도로에는 아르마딜로가 여기저기 널브러져 있다. 그 결과 아르마딜로는 포유류 페니스의 기능에 대한 전 세계의 연구를 선도한다. 차에 치어 죽은 아르마딜로의 몸에서 정기적으로 페니스가 수집된다. 워낙 거대해서 그리 어렵지 않은 일이다.

아르마딜로는 약 6천만 년 전에 출현했다. 공룡과 거의 같은 시기에 출현한 것이다. 볼리비아와 페루에서 녀석의 등딱지는 스페인 기타를 흉내 낸 차랑고라는 만돌린 비슷한 악기의 재료로 쓰인다. 10개의 현이 있는 악기인데 보통 가단조로 조율해 연주한다. 슬프고도 고귀한 가단조로.

Platypus

오리너구리

전기 수달

1799년 조지 쇼는 오리너구리를 묘사한 글을 최초로 썼다. 그는 글을 쓰기에 앞서 오스트레일리아에서 보내온 그 동물의 표본에 꿰맨 자국이 없는지 꼼꼼히 살폈다. 그럼에도 불구하고 많은 자연학자 동료들은 그 표본이 장난이라는 믿음을 고수했다. 작은 비버의 몸에 오리의 부리를 꿰매 붙여 만든 것이라는 믿음을 말이다. 오리너구리는 그로부터 30년 뒤에야 포유동물로 인정받았다. 젖꼭지가 없는 오리너구리의 유선을 복부의 털 밑에서 찾아내기가 쉽지 않았기 때문이다. 그러나 정말 충격적인 발견은 1884년에 이루어졌다. 윌리엄 헤이 콜드웰이라는 스코틀랜드 발생학자가 마침내 오리너구리의 둥지를 발견하고서 알을 낳는 포유동물이 있다는 놀라운 소식을 전한 것이었다(오스트레일리아 원주민은 여러 해 전부터 오리너구리가 알을 낳는다고 말했지만, 아무도 귀담아 듣지 않았다). 이후 오리너구리는 진화의 짓궂은 장난이라는 조롱을 받았다.

19세기의 일반적인 (지금도 일부 학자들이 고수하는) 견해에 따르면, 오리너구리는 포유동물의 미숙한 원형이며 곧 버림을 받았다. 실제로 오리너구리는 알을 낳는 바늘두더지 네 종과 더불어 단공('구멍이 하나인')목을 이룬다. 단공목 동물은 현존하는 가장 오래된 포유동물이다. 그러나 오리너구리를 파충류와 포유류 사이의 원시적인 '중간자'로 비하하는 것은 나무를 처음부터 다듬어 가구를 만드는 장인을 조립식 가구를 사다가 조립하는 사람보다 '원시적'이라고 말하는 것과 마찬가지로 비합리적이다. 오리너구리는 고립된 채로 서식지에 적응한 생물의 전형이다. 녀석을 오스트레일리아의 수달로 생각해 보라. 민물 가재와 새우와 물고기와 올챙이를 거의 경쟁 없이 마음껏 먹고사는 운 좋은 녀석이다. 녀석은 '파충류의' 특징 몇 가지를 버리지 않았다. 예컨대 알을 낳으며 도마뱀처럼 걷는다. 왜냐하면 그 특징을 바꾸도록 강제하는 압력이 없었기 때문이다. 그러나 녀석은 또한 놀랍도록 정교한 새로운 적응 특징을 진화시켰다.

1943년에 처칠은 오스트레일리아 총리에게 응원의 선물로 살아있는 오리너구리를 보내달라고 부탁했다. 안타깝게도 오리너구리 '윈스턴'은 이동 중에 죽었지만, 처칠은 박제가 된 녀석을 받아서 전쟁이 끝날 때까지 책상 위에 두었다.

가장 놀라운 적응 특징은 바로 '오리의 부리'이다. 오리너구리는 야행성이다. 밤에 먹이활동을 하고 낮에는 바위나 나무뿌리 밑의 굴에서 선잠을 잔다. 밤에 물속에서 사냥하기는 어려운 과제이다. 후각과 시각의 도움을 받을 수 없기 때문이다. 이 어려운 과제를 해결하는 오리너구리의 (포유동물계에서 유일한) 묘수는 물고기의 기술을 차용해 '주둥이'를 전기 탐지기로 바꾼 것이다. 녀석의 부리에는 사냥감의 근육에서 발생하는 미세한 전기장을 감지하는 센서가 4만 개 있다. 게다가 운동 센서 6만 개도 있어서, 오리너구리의 부리는 눈과 손의 구실을 동시에 하면서 역학적 정보와 전기적 정보를 조합해 캄캄한 물속 세계를 생생하게 포착한다.

오리너구리는 이중의 목적을 지닌 추진 시스템도 개발했다. 비버와 마찬가지로 녀석의 꼬리는 지방을 저장하는 데 쓰이지만, 헤엄칠 때는 방향타의 구실을 한다. 모든 추진력은 물갈퀴가 달린 큰 앞발에서 나온다. 뭍에서는 물갈퀴가 접혀서 앞발의 발톱으로 땅을 팔 수 있다. 오리너구리는 물속에서 수달과 겨룰 정도로 빠르고 뭍에서 두더지와 겨룰 정도로 땅을 잘 판다. 그래서 초기의 오스트레일리아 이민자는 녀석을 '물두더지'라고 불렀다. 오리야, 두더지야, 수달이야? 다른 놈들에게서 빌려온 용어로 표현할 수밖에 없다는 점은 아마도 진정으로 독창적인 놈의 특징일 것이다.

오리너구리의 부리를 위한 뇌

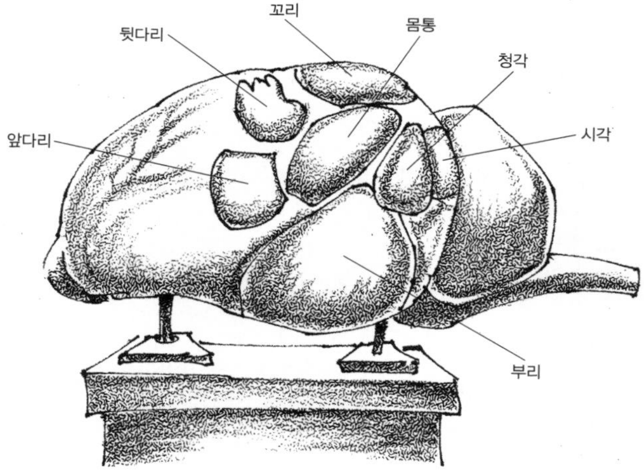

오리너구리의 뇌에서 가장 큰 부분은 부리에서 오는 정보를 처리하는 구역이다.

P a n g o l i n

천산갑

신성한 솔방울

비교적 최근에 개발된 분자생물학의 분석 기법은 동물의 유전자에 쓰여 있는 계통도와 관련한 여러 놀라운 사실을 들춰냈지만, 가장 놀라운 사실은 천산갑에 관한 것이다. 천산갑은 다리 달린 솔방울처럼 생긴 이상하고 재미있는 포유동물이다. 녀석은 모습과 행동 때문에 오랫동안 개미핥기, 아르마딜로와 같은 무리로 분류되었다. 하지만 녀석의 유전자는 다른 이야기를 들려준다. 실제로 녀석은 육식동물이며 비록 비늘로 덮였지만 고양이와 개와 곰의 친척이다.

천산갑은 아프리카에 네 종, 아시아에 세 종이 있으며 독자적으로 유린목*Pholidota*을 이룬다. 이 라틴어 학명은 '각질 피부를 가진 놈'을 뜻한다. 두 종을 제외한 나머지 종은 꼬리로 움켜쥐는 능력이 있어서 나무에 기어오를 수 있다. 녀석은 대부분 야행성이다. 밤에 굴에서 나와 개미와 흰개미를 잡아먹는다. 녀석은 땅돼지와 마찬가지로 (그러나 땅돼지와 친척관계는 없다) 주로 후각에 의존하며 강력한 발톱으로 개미집을 깨뜨리고 그 거주자들을 후루룩후루룩 '마신다.' 아프리카의 큰천산갑은 혀를

중국에서 천산갑은 '산(山)잉어'라고 부르며, 녀석의 고기는 450그램에 30달러가 넘는 고급 식품으로 거래된다. 사람들은 고기를 얻기 위해 천산갑을 사냥하고 녀석의 따뜻한 피를 강장제로 마신다.

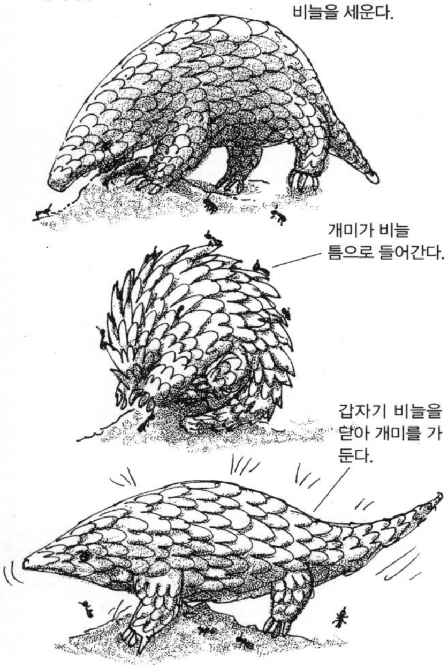

웅덩이에서 비늘을 열어 물 위에 뜬 개미를 빨아먹는다.

40센티미터 정도 내밀 수 있다. 혀를 쓰지 않을 때는 흉강 깊이 있는 칼집 같은 공간에 말아두며, 혀를 움직이는 강력한 근육은 골반에 고정되어 있다. 혀는 믿기지 않을 정도로 끈끈한 점액으로 덮여 있는데, 그 점액은 가슴에 있는 커다란 샘에서 나온다. 천산갑은 이빨이 없지만 작은 마치 새처럼 돌멩이와 모래를 삼켜서 위에서 먹이를 으깬다.

천산갑은 걸음걸이가 특이하다. 네 발로 느릿느릿 걷는데, 앞발의 발톱을 구부리고 발가락 관절로 디딘다. 속도를 높이고 싶으면, 뒷다리로 걸으면서 꼬리로 균형을 잡고 앞구르기를 한다. 굶주린 천산갑 한 마리는 30분 만에 곤충 집단 하나를 싹쓸이할 수 있다. 녀석은 매우 영리한 포식자이다. 만일 흰개미집이 너무 커서 한 번에 싹쓸이할 수 없으면, 천산갑은 흰개미집을 밀봉해두고 이튿날 다시 찾아간다.

천산갑의 영어 이름 '판골린pangolin'은 말레이어 '펭골링'에서 나왔는데, 이 단어는 '몸을 둥글게 마는 놈'을 뜻한다. 천산갑은 종을 막론하고 방어를 위해 몸을 공처럼 말 수 있다. 심지어 꼬리에 새끼를 얹고 다니는 어미도 위험에 직면하면 새끼를 품으면서 몸을 만다. 녀석은

(인간의 머리카락과 손톱과 마찬가지로) 케라틴으로 된 비늘을 곧추세웠다가 강력한 가위처럼 닫으면서 비늘 사이에 낀 물체를 잘라버릴 수 있다. 인간의 손가락도 예외가 아니다. 비늘은 짝짓기에 방해가 될 수밖에 없다. 짝짓기를 하려면 서로 꼬리와 앞다리를 휘감고 옆으로 나란히 누워 수컷이 꼬리 옆으로 미끄러져 들어갈 수 있게 한다. 다행히 새끼를 낳을 때는 비늘이 부드러워졌다가 여러 날이 지나야 단단해지기 때문에 큰 문제가 없다.

천산갑은 유전적 기원의 놀라움을 능가하는 신비를 지녔다. 콩고 북부의 렐레족은 천산갑을 다산을 비는 제의에 쓴다. 물고기처럼 비늘이 있으면서도 나무에 기어오르고 도마뱀처럼 생겼으면서도 새끼에게 젖을 먹이며 동물로서는 예외적으로 사람처럼 한 배에 새끼를 한 마리 낳는 특이한 녀석이기 때문이다. 역설적으로 이렇게 특이하기 때문에 천산갑은 멸종 위기에 처했다. 아프리카와 아시아 곳곳의 사람들은 제의의 일환으로 천산갑을 먹으며 녀석의 비늘과 몸의 부분을 장식품과 전통적인 의술에 쓴다.

K a n g a r o o

캥거루

껑충껑충 뛰는 사막의 소

캥거루를 처음 보면 어떤 생각이 들지 상상해보라. 다음은 1770년 쿡 선장이 쓴 글이다. "색깔은 환한 쥐색이었고 덩치는 족히 그레이하운드만 했다. …… 녀석이 걷고 달리는 모습을 못 봤다면 사자나 들개로 여겼을 것이다. 녀석은 토끼나 사슴처럼 껑충껑충 뛰어다녔다." 오늘날 캥거루는 매우 친숙한 동물이어서 우리는 녀석이 다른 포유동물과 얼마나 다른지 망각한다. 캥거루는 사슴의 눈, 토끼의 코, 게르빌루스쥐의 발을 지니고서 껑충껑충 뛰어다니는 개라고나 할까? 도대체 어떻게 이런 녀석이 생겨난 것일까?

유대동물은 1억 2000만 년 전부터 독자적인 계통을 유지해왔지만, 대형 캥거루는 비교적 최근에 등장했다. 가장 오래된 화석은 오스트레일리아의 숲이 줄어들기 시작한 1500만 년 전의 것이다. 당시까지 캥거루의 조상은 숲에 살았고 뛰어다니지 않았다. 녀석들 중에는 심지어 긴 칼 같은 이빨을 지닌 육식동물도 있었다.

캥거루는 풀을 먹는 반추동물로 진화했다.

캥거루의 생식기관은 특별히 언급할 가치가 있다. 수컷은 페니스 위에 고환이 달려 있고, 암컷은 질vagina이 세 개나 있다. 질 하나는 새끼를 낳는 통로이며, 나머지 둘은 섹스를 위한 기관이다. 그 두 질은 두 개의 자궁으로 정자를 운반한다.

말하자면 유대동물계의 들소와 영양이 된 셈이다. 또한 태반을 지닌 반추동물과 마찬가지로 덩치를 불려 거칠고 질긴 먹이를 소화할 수 있는 소화기관을 갖췄다. 캥거루의 위와 장은 박테리아와 효소가 가득 든 발효 통이다. 그러나 소와 달리 캥거루는 온실가스인 메탄 대신에 또 다른 탄화수소인 아세테이트를 산출하는데, 녀석은 이 아세테이트를 에너지로 재활용할 수 있다. 캥거루의 소화기관에 사는 박테리아를 이용해 메탄 트림을 하지 않는 소를 만든다면 지구온난화를 줄이는 데 기여할 가능성이 있다.

덥고 건조한 황무지에서 살아남으려면 무엇보다 에너지 절약이 중요하다. 뜀뛰기는 빠르고 에너지를 가장 적게 쓰는 이동 방법이다. 캥거루는 낮의 열기를 피해 밤에 먹이활동을 하며(그래서 눈이 크다) 낮에는 그늘에 누워 지내면서 앞발을 핥아 체온을 식힌다. 녀석의 특별한 생식 방식도 에너지 절약에 도움이 된다. 알다시피 캥거루는 임신 기간이 짧다. 태아는 겨우 한 달 자라서 젤리만 해지면 어미의 주머니로

큰 발, 작은 탄소 발자국

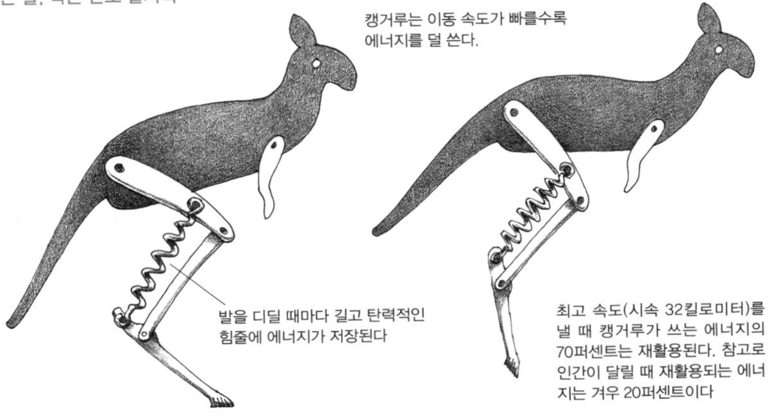

기어들어간다. 하지만 덜 알려진 사실도 있다. 어미 캥거루는 태아를 여러 달 동안 두 자궁 중 하나에 보존할 수 있다. 그러므로 어미는 주머니에서 새끼가 죽으면 신속하게 다른 새끼로 교체할 수 있을 뿐 아니라 건기를 피해 출산 시기를 잡음으로써 에너지와 물을 절약할 수 있다.

이 사실은 유대동물의 생식이 태반 포유류의 생식보다 '덜 발달했다'는 통념을 위태롭게 만든다. 아주 작은 유대동물의 태아는 덜 발달했다고 볼 수도 있겠지만 필요한 것은 다 지녔다. 그 작은 태아는 콧구멍으로 젖꼭지의 냄새를 맡고 강한 앞다리를 움직여 3분 내에 젖꼭지에 도달한다.(여담이지만 이처럼 태아 시절에 움켜쥐는 앞다리가 필수적이기 때문에 유대동물은 고래나 돌고래처럼 물에 사는 종들로 분화하지 못했다.) 안전하게 주머니에 도착한 태아는 젖꼭지를 물지만 힘이 약해서 빨지 못한다. 젖의 양은 젖꼭지의 근육이 조절한다. 그 근육이 적당한 양의 젖을 새끼의 입속으로 분출한다. 어미는 주머니를 청소하면서 찌꺼기를 핥는데, 그럼으로써 자기가 생산한 젖의 3분의 1을 재활용한다. 8개월이 지나서 동생에게 주머니를 내주고 쫓겨난 새끼도 계속해서 여러 달 동안 어미의 젖을 먹는다. 그러면 절약이 몸에 밴 어미 캥거루는 유지방이 풍부한 젖과 그렇지 않은 젖을 동시에 생산한다.

F o s s a

포사

소녀는 소년이 되고, 소년은 소녀가 되고

포사*Cryptoprocta ferox*는 마다가스카르에서만 발견된다. 그곳에서 녀석은 최상위 육지 육식동물이다. 덩치는 스패니얼 품종 개와 비슷하고 생김새는 고양이를 닮았지만, 포사는 몽구스의 먼 친척이다. 퓨마와 거대한 수달 사이에서 태어난 잡종이 다람쥐처럼 나뭇가지 사이로 뛰어다닌다고 상상하면 녀석을 대충 옳게 떠올린 것이다. 녀석의 이름은 마다가스카르어인데, 정확한 발음은 '포오사'이다.

포사는 여러 모로 특이하지만, 그중에서도 한 가지 특징은 정말 기이하고 전혀 설명되지 않았다. 어린 암컷에서 페니스가 성장한

나무에 사는 개 · 고양이 · 몽구스의 합체 동물

포사의 라틴어 학명 크립토프록타 페록스*Cryptoprocta ferox*는 '숨어 있는 지독한 항문'을 뜻한다. 작은 주머니가 녀석의 항문을 가리고 있고, 그 주머니 속에 샘이 있는데, 녀석이 거기에서 나오는 분비물로 자기 영역을 표시한다.

다. 실제로 그것은 거대한 클리토리스지만, 수컷의 페니스와 마찬가지로 속에 뼈가 있고 뒤쪽을 향해 돋은 가시로 덮여 있다. 어린 암컷은 성적으로 성숙한 수컷의 밝은 오렌지색 분비물을 핥아먹으면서 고환처럼 생긴 생식혹을 키운다. 그런데 더욱 기이하게도 암컷이 네 살이 되어 성숙하면, 이 모든 기이한 일들이 중단되고 클리토리스가 정상적인 크기로 줄어든다.

동물학자들은 왜 어린 포사 암컷이 수컷처럼 보이기를 원하는지 해명하지 못했다. 이 성향은 하이에나와는 달리 수컷 호르몬의 증가나 공격성을 동반하지 않는다. 어쩌면 단지 성숙하기 전에 수컷의 접근을 막기 위해서 어린 암컷이 그런 성향을 보이는 것일지도 모른다.

녀석의 짝짓기 습관을 잠깐 살펴보면 이 추측이 옳다는 느낌을 강하게 갖게 된다. 발정한 암컷은 나무 꼭대기로 올라가고, 그 아래에 수컷들이 빽빽이 모여 으르렁거리며 격렬하게 싸운다. 암컷은 일주일에 걸쳐 여러 수컷과 짝짓기를 하고, 이어서 다른 암컷이 나무에 기어올라 임무를 교대한다. 각각 최장 세 시간 지속되는 섹스에는 간간히 핥고 깨무는 동작과 긴 울음소리도 포함된다. 그러면서도 용케 나뭇가지에서 떨어지지 않는다. 암컷과 수컷은 개처럼 엉덩이를 마주대고 수컷의 가시 돋친 페니스로 연결된다.

포사는 1833년에 처음 기록되었지만 최근에야 깊이 있게 연구되었다. 영국 제도보다 세 배 큰 마다가스카르는 1억 6500만 년 전에 아프리카 대륙으로부터 분리되었으며, 마다가스카르에 사는 동물과 식물의 5분의 4는 그곳에서만 발견된다. 유전학적 증거는 마다가스카르에 있는 8종의 육식동물 모두가 3000만 년 전 아프리카에서 들어온 단일한 몽구스종의 후손임을 시사한다. 따라서 포사는 개와 고양이의 공통 조상의 직계후손이다. 포사의 외모는 이 같은 혈통을 확실히 증언한다.

포사는 잔인한 사냥꾼이며 실제로 가축을 공격하는 일은 없지만 커다란 여우원숭이 암컷을 사냥해 털가죽과 뼈와 발톱까지 남김없이 먹어치운다. 또 뱀과 설치류와 물고기와 새도 잡아먹는다. 짐작하겠지만 녀석에게 가장 큰 위협은 인간에 의한 환경 파괴이다. 겨우 1500년 전에 마다가스카르에 들어온 인간은 그 섬을 뒤덮은 숲의 95퍼센트를 없애버렸다.

마다가스카르의 사람들은 포사를 몹시 두려워한다. 부분적으로 그 이유는 덩치가 호랑이만 했으며 최근에 멸종한 포사의 친척에 대한 기억에서 찾을 수 있다. 마다가스카르의 부모는 아이를 겁줄 필요가 있을 때 포사가 닭장의 병아리를 모두 죽이고 아기를 잡아간다는 이야기를 들려준다.

동물학자들은 포사가 2500마리 남았다고 추정하지만 확실하지는 않다. 포사는 숨는 솜씨가 탁월하다. 어떤 연구자들은 여러 해 동안 여우원숭이를 연구했는데 포사를 한 번도 보지 못했다.

S e a   C u c u m b e r

해삼

바다 밑의 청소부

해삼은 5억 년 전부터 지구의 모든 대양 밑바닥을 쓸고 다녔다. 녀석은 바다 밑에 가라앉은 죽은 식물과 동물성 물질의 90퍼센트 이상을 처리하는 소중한 바다 청소부다. 대부분의 해삼은 정말 오톨도톨한 오이cucumber처럼 생겼다. 해삼강의 학명은 '홀로투로이데아*Holothuroidea*'인데, 어떤 이들은 이 이름의 뜻이 '완전히 역겨운 놈'이라고 생각한다. 로마인은 해삼을 '팔루스 마리누스phallus mariuns'(바다 페니스)라고 불렀다. 아마 모양 때문이었을 것이다. 심지어 다윈도 '질척

해삼의 내부

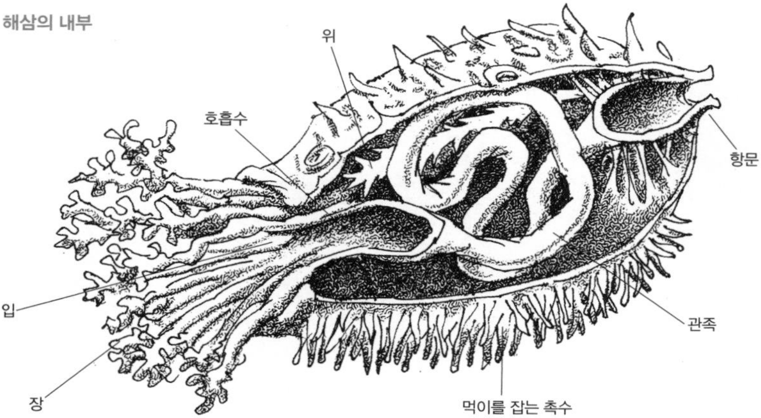

거리고 역겹다'면서 해삼을 폄하했다. 멕시코에 사는 해삼 종인 홀로투리아 멕시카나는 '당나귀 똥'이라고 부른다. 너무 냉정할지는 몰라도 완벽하게 정확한 묘사이다.

해삼은 오스트레일리아가 최초로 수출한 식품이다. 오스트레일리아 북부 해안에 사는 토착민은 이미 16세기부터 인도네시아 어부에게 해삼을 팔았다.

해삼 1100종은 겉모습과 달리 불가사리와 성게의 가까운 친척이며 그들과 마찬가지로 몸이 5각 대칭이고 물을 빨아들이고 뿜어 작동하는 관족管足으로 움직인다. 그러나 해삼은 다른 재주도 지녔다. 녀석은 꽁무니로 숨을 쉰다. 항문으로 물을 빨아들여 '호흡수呼吸樹'를 채운 다음 소화된 찌꺼기와 함께 뿜어낸다. 한 구멍으로 두 기능을 하는 셈이다. 아주 작은 뱀장어처럼 생긴 진주고기는 이 같은 해삼의 특징을 이용한다. 녀석은 아침에 해삼의 항문이 열릴 때까지 기다렸다가 몰래 해삼 속으로 들어가 장에서 여유 있게 헤엄치며 낮 시간을 보낸 후 밤에 먹이활동을 위해 다시 나온다. 일부 진주고기는 심지어 들어가겠다는 신호를 보내기까지 한다. 어린 진주고기는 해삼의 생식선을 갉아먹는 습성이 있기 때문에 환영을 덜 받는다.

해삼은 야행성이며 하룻밤에 최소한 두 번 배를 채워야 하기 때문에, 일생의 대부분이 모래를 빨아들이고 뱉는 일과 쉬는 일로 채워진다. 스트레스나 위협을 받은 해삼은 탈출을 위해 인상적인 전략을 사용한다. 녀석의 몸은 '캐치 콜라겐'이라는 결합조직으로 이루어졌기 때문에 단단한 상태에서 부드러운 상태로 거의 기적처럼 변할 수 있다. 따라서 해삼은 매우 좁은 틈으로 들어간 다음에 굳어질 수 있다. 그러면 포식자는 해삼을 꺼낼 수 없다. 덩치를 축구공 크기로 부풀릴 수 있는 종도 있고, 물을 뿜어내고 조약돌 모양으로 변신할 수 있는 종도 있지만, 해삼의 궁극적인 필살기는 내장을 꽁무니 밖으로 밀어내어 주변의 물에 독을 뿜는 것이다. '해삼 핵무기'라고 부르는 이 필살기는 작은 수족관에 있는 물고기와 해삼 자신을 전부 죽일 수 있다.

일부 종은 꽁무니 밖으로 '퀴비에 세관'이라는 끈끈하고 가는 실을 방출하는 더 정교한 기술을 쓴다. 놀랍도록 끈끈한 그 실은 그물을 이루어 굶주린 게를 몇 시간 동안 가둘 수 있다. 태평양의 팔라우 섬에 사는 사람들은 해삼에서 퀴비에 세관을 짜내어 바닷가에서 임시로 신는 신발을 만든다. 퀴비에 세관은 상처에 덮는 살균용품으로도 쓰인다. 내장이나 생식선이나 퀴비에 세관을 떼어낸 해삼은 놀랍게도 두 달 안에 그 기관들을 재생할 수 있다.

마른 해삼은 아시아 전역에서 별미로 취급된다. 마른 해삼을 먹으면 성욕이 생기고 통증이 가라앉는다고 한다. 전 세계의 해삼 시장은 37억 달러 규모로 성장했다. 어떤 종은 공급 부족으로 양식되고 있다.

H o a t z i n

호애친

반은 새, 반은 소

식물을 먹고 사는 새는 아주 드물다. 식물은 무겁고 에너지가 적고 느리게 소화되므로 비행 연료로 적합하지 않다. 그러나 남아메리카 습지의 호애친*Opisthocomus hoazin*(현지 발음은 '와친')은 소처럼 식물만 먹고 살 수 있게 진화했다.

호애친의 모이주머니는 엄청나게 큰데, 위보다 50배 커서 몸무게의 3분의 1을 차지한다. 또 거의 모든 새가 모이주머니를 저장소로 이용하는 것과 달리 호애친의 모이주머니는 소화기능의 대부분을 담당한다. 소의 전장前腸처럼 호애친의 모이주머니는 나뭇잎의 셀룰로스를 분해하는 박테리아와 효소로 가득 차 있다. 그곳에서 식물섬유의 무려 70퍼센트가 소화된다. 그러나 소와 마찬가지로 호애친도 먹은 것을 소화하는 데 긴 시간을 소비한다. 호애친은 한 끼 식사를 이틀 동안 소화한다. 모든 새 중에서 소화가 가장 느린 셈이다.

호애친은 온순한 편이지만 관광객 때문에 스트레스를 받는다. 관광객이 자주 들르는 지역의 호애친은 스트레스 호르몬 수치가 두 배 높고 알을 33퍼센트 덜 낳는다.

소처럼 먹으니 소 냄새가 날 수밖에 없다. 그래서 호애친을 '악취 나는 새stink bird'라고도 부른다. 녀석의 모이주머니에서 지방산이 발효해 생기는 악취 때문에 인간은 호애친을 거의 먹지 않는다. 물론 호애친의 알은 먹지만 말이다. 대담한 미국 조류학자 윌리엄 비브는 1909년 호애친 한 마리를 요리해서 먹고는 '청결하고 맛있다'고 선언했다. 더 최근에는 미생물학자가 호애친의 모이주머니에 사는 박테리아를 연구했다. 왜냐하면 그 박테리아들이 나뭇잎의 독성을 중화하는 능력을 지녔기 때문이다. 그 능력을 소와 염소에게 줄 수 있다면 그들에게 더 다양한 꼴을 먹일 수 있을지도 모른다.

호애친은 매우 사회적인 새이다. 5~50마리가 집단을 이루고 살며, 덩치는 작은 닭만 하다. 몸무게 때문에 잘 날지 못하고, 전체 시간의 4분의 3을 그냥 앉아서 깃털을 펼쳐 햇볕을 쬐면서 먹은 것을 소화하며 보낸다. 텁수룩한 황갈색 깃털과 밝은 파란색 뺨, 강렬한 빨간색 눈과 짙은 속눈썹, 머리에 가시처럼 돋은 벼슬은 녀석을 선사시대의 새처럼 보이게 만든다. 또 호애친은 시끄럽다. 끊임없이 꿀꿀거리고 헐떡거리고 씩씩거린다.

그런데 호애친의 정체는 무엇일까? 분류학자의 의견은 여전히 엇갈린다. 심지어 유전자 분석 결과를 봐도 호애친은 기존의 어느 조류 과에도 맞지 않는다. 녀석은 오랫동안 엽조game birds(식용 가능한 야생 새—옮긴이)로 분류되었고(아스텍어로 '와친'은 꿩을 뜻한다), 그 후에 뻐꾸기로, 더 최근에는 비둘기로 분류되었다. 오늘날 대부분의 참고문헌은 호애친을 땅돼지목에 속한 유일한 종인 땅돼지와 마찬가지로 호애친목(라틴어 학명 *Opisthocomiformes*는 '뒤에 긴 털이 난 놈들'을 뜻하는데, 호애친의 벼슬을 염두에 두고 붙인 명칭이다)에 속한 유일한 종으로 분류한다.

새끼 호애친은 시조새 화석과 마찬가지로 날개에 있는 처음 '손가락' 두 개에 발톱이 달렸다. 태어난 지 3일밖에 안 된 새끼는 괴롭힘을 당하면 물로 뛰어들었다가 마치 작은 원숭이처럼 발톱을 이용해 나무를 타고 둥지로 돌아온다. 그 발톱이 선사시대의 유물일 가능성은 희박하다. 습지에서 살다보니 생겨난 이색적인 적응 산물일 것이다. 새끼가 성장하면 발톱은 사라진다.

2장

전문가와 기술자

The Book of Animal Ignorance

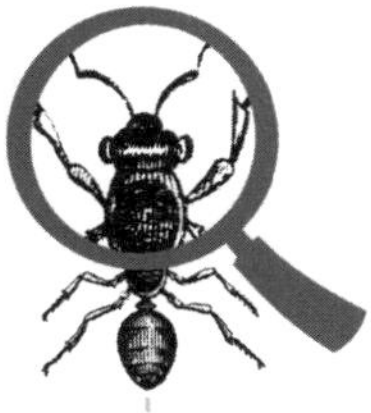

Ant

개미

화학물질의 꼭두각시

개미는 정말 놀랍다. 모든 개미의 4분의 3이 사는 열대우림에서 개미는 1제곱미터에 약 950마리가 산다. 그러니까 1제곱킬로미터에는 약 9억 5천 마리가 사는 셈인데, 녀석들의 몸무게를 모두 합하면 같은 면적에 사는 포유류, 조류, 파충류, 양서류의 몸무게를 다 합한 것보다 무겁다. 이름이 붙은 개미는 1만 2000종인데 모양과 크기가 가지각색이다. 가장 작은 개미들은 한 집단이 가장 큰 개미의 뇌만 한 공간에서 행복하게 살 수 있다. 벌이나 흰개미와 마찬가지로 개미의 성공은 사회조직에서 비롯되지만, 개미는 전혀 다정하지 않다. 녀석은 곤충 세계의 나치 돌격대이다. 무자비하고 효율적인 개미 집단은 하나의 초유기체super-organism

땅파기의 명수

몇몇 개미 종의 굴은 깊이가 3미터를 넘기도 한다. 각각의 방은 고유한 기능을 한다. 개미들은 맨 아래에서 태어나 천천히 꼭대기로 이주한다.

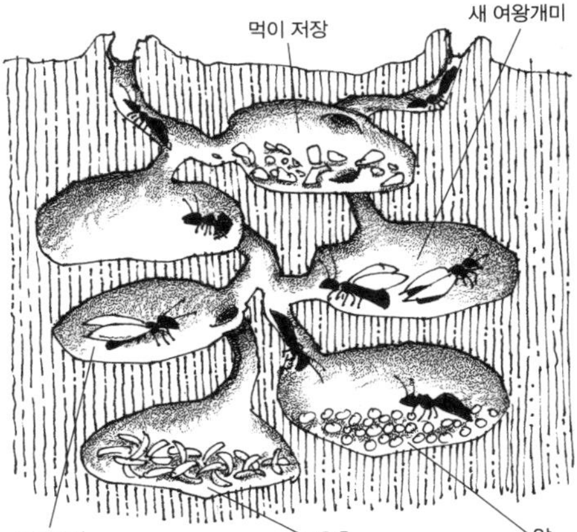

수확개미는 작은 씨들을 모든 포유류와 조류가 먹는 것보다 더 많이 먹는다. 다람쥐와 마찬가지로 녀석들은 씨들을 저장해둔 장소를 자주 잊어버린다. 그래서 모든 풀의 3분의 1은 수확개미들의 본의 아닌 공으로 자란다.

처럼 작동한다.

개미 집단 내의 모든 과정은 화학물질에 의해 조절된다. 몇몇 종은 정말 말 그대로 그렇다. 여왕개미는 짝짓기 준비가 되면 높은 곳으로 올라가 꽁무니를 허공으로 내밀고 사랑 페로몬을 방출한다. 그 페로몬은 근방에 있는 모든 수개미의 열정에 불을 지른다. 개미는 다채로운 방식으로 짝짓기를 한다. 공중에서도 하고, 땅 위에서도 하고, '짝짓기 공' 안에서도 한다. 사랑에 미친 수개미 떼가 여왕개미를 완전히 둘러싼 것을 '짝짓기 공'이라고 한다.

페로몬은 사랑의 주문이기도 하지만 공습경보의 구실도 한다. 집단이 위협을 받을 경우 많은 종은 입에 있는 샘에서 페로몬을 분비한다. 그러면 일부 일개미들은 유충을 물고 지하로 내려가고, 또 다른 일개미들은 위턱을 벌려 깨물고 찌를 준비를 갖추고서 이리저리 활보한다. 심지어 브루나이개미는 망을 보다가 위협을 받으면 스스로 머리를 깨뜨려 끈끈한 물질을 남김으로써 침입자의 이동을 지연한다.

종들 간의 전쟁도 흔히 일어나며, 습격을 한 개미 군단은 포로를 자기네 집단으로 끌고 와서 노예로 삼는다. 인질로 잡혀가는 것을 이용하는 종도 있다. 보트리오미르멕스 데카피탄스*Bothriomyrmex decapitans*라는 학명을 지닌 종의 여왕개미는 트로이의 목마처럼 경쟁 종의 소굴로 순순히 끌려가서 그곳 여왕개미의 머리를 깨물어 부수고 자신의 알을 낳는다. 그러면 일개미들은 아무 일 없었다는 듯이 새로운 여왕개미에게 충성한다.

어떤 개미는 가축을 기른다. 녀석은 진딧물이 만든 단물을 수확하고 그 대가로 다른 포식자들로부터 진딧물을 보호한다. 개미는 더듬이로 진딧물의 배를 살살 두드려 단물을 '짠다.' 다른 한편, 200종 이상의 개미는 농사를 짓는다. 균류를 길러 식량으로 삼는다. 녀석은 균류의 지속적인 성장을 위해 비료를 모으고, 자기네의 배설물을 균류의 양분으로 주며, 균류를 솎아내고 심지어 기생충에 감염되지 않도록 강력한 박테리아로 소독한다.

그러나 경외심을 일으키는 온갖 재주와 적응능력에도 불구하고 개미가 모든 것을 제 뜻대로 하는 것은 아니다. 남아메리카의 총알개미 *Paraponera clavata*는 균류에게 조종당하는 종 가운데 하나이다. 코르디셉스균*Cordyceps*의 포자가 개미의 몸속으로 들어가 페로몬을 방출해 개미의 질서정연한 세계를 뒤범벅으로 만든다. 개미는 혼란에 빠져 비틀거리면서 키 큰 나무줄기 꼭대기로 기어올라 줄기를 깨물고 붙박인다. 그렇게 위치가 확보되면 균의 자실체가 개미의 뇌에서 못처럼 돌출해 아무것도 모르고 분주히 일하는 다른 개미들에게 포자를 뿌린다.

Spider

거미

세계적인 그물 장인

만일 거미가 존재하지 않았다면, 우리가 거미를 발명해야 했을 것이다. 거미가 없었다면, 우리는 꼼짝없이 곤충들에게 파묻혀버렸을 테니까. 18세기 후반까지 거미는 단지 날개 없는 곤충으로 여겨졌지만, 오늘날에는 독자적인 강(거미강*Arachnida*)으로 분류된다. 거미강은 이름이 붙은 4만 종과 아직 이름이 없는 4만 종을 아우른다. 거미는 최초의 육지동물 중 하나이며 자기 영역을 고수하는 육식동물이다. 밀폐된 방에 거미 1만 마리를 집어넣으면 결국 뚱뚱한 거미 한 마리만 남을 것이다. 영국에서 1년 동안 거미들이 잡아먹는 곤충의 무게는 영국에 사는 사람들의 몸무게를 다 합한 것보다 무겁다. 그런데 거미가 '잡아먹는다'는 말은 실제로 '잡아 마신다'는 뜻이다. 거미는 잡힌 먹이를 녹여서 마신다.

타란툴라tarantula에게 물리면 특이한 증상이 나타난다는 이야기가 있다. 그 증상들은 감각 마비, 무의식적인 발기, 격렬한 춤(타란텔라 춤)을 사흘 넘게 추어 독을 배출하려는 억누를 수 없는 욕구 등이다. 그런데 이러한 증상은 타란툴라가 아닌 다른 거미에게 물렸을 때 나타난다는 것이 밝혀졌다.

녀석의 사냥 솜씨는 대단하지만 그것만이 다가 아니다. 거미가 가장 잘 하는 짓은 그물을 짜는 것이다. 거미줄은 강철보다 다섯 배 강하고 신축성이 나일론보다 서른 배나 뛰어나다. 또 얼마나 가벼운가 하면, 지구를 한

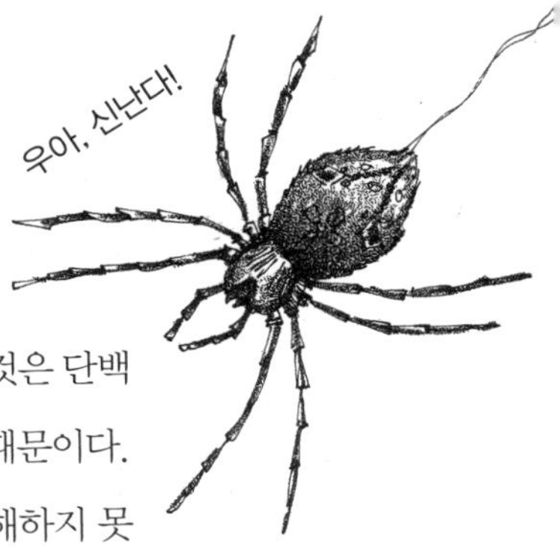

바퀴 돌 정도로 긴 거미줄의 무게가 빨래 비누 한 개와 맞먹는다. 거미줄은 물과 단백질 가닥으로 이루어졌다. 거미줄이 질긴 것은 단백질 때문이고 탄력적인 것은 물의 표면장력 때문이다. 그러나 우리는 지금도 거미줄을 제대로 이해하지 못한다. 평균적인 거미는 평생 6.4킬로미터의 거미줄을 자아낸다. 그만큼의 거미줄을 짜면 옷 한 점을 만들 수 있을 것이다. 그러나 거미는 본성적으로 포식자이기 때문에 사육하기가 까다롭다. 거미줄로 만든 낙하산, 방탄조끼, 인공 힘줄은 유전공학의 도움이 있어야만 실현될 것이다.

몇몇 거미는 거미줄을 이용하여 날아간다. 그 행동을 '유사비행 ballooning'이라고 한다. 유사비행을 할 때 거미는 높은 곳으로 올라가서 꽁무니를 공중으로 향하고 긴 거미줄을 뽑아내어 바람에 날리는 거미줄에 매달려 함께 날아간다.

거미는 유사비행으로 엄청난 거리를 이동할 수 있으며 무려 4900미터 높이에 도달할 수 있다. 거미는 거의 모든 곳에서 심지어 무중력 상태에서도 완벽한 그물을 만들 수 있다. 그러나 약물을 투여하면 녀석은 거미줄을 설계하는 솜씨를 상실한다. 1995년 미국 항공우주국이 수행한 실험에서 드러났듯이, 대마는 거미줄을 치고 있는 거미의 집중력을 앗아가고 암페타민은 거미줄을 치는 속도를 높이지만 정확도를 대폭 떨어뜨린다. 가장 극적인 효과를 내는 약물은 카페인이었다. 카페인을 투여한 거미가 짠 그물은 거미줄 두세 가닥이 아무렇게나 매달린 것이 전부였다.

거미 수컷은 페니스가 없다. 녀석은 정액을 특수한 정액 그물sperm web에 방울방울 떨어뜨린 다음에 '촉각pedipalp'이라는 특수하게 적응한 한 쌍의 다리 중 하나로 빨아들이고 그것을 암컷의 교미용 구멍 속으로 삽입한 후 방출한다. 일을 마치면 흔히 촉각의 끝부분이 끊어진다. 촉각 삽입은 수컷에게 위험한 일일 수 있다. 암컷 파트너가 수컷보다 100배나 클 수도 있으니까 말이다. 천막거미줄짜기거미*Tidarren sysiphoides* 수컷은 교미에 앞서 경쟁자보다 먼저 목표에 도달하기 위해 촉각의 하나를 씹어 먹는다. 이 과정에서 많은 녀석이 죽지만, 녀석의 정액은 여러 시간 동안 경쟁자들이 건드릴 수 없게 녀석의 시체 속에 보존된다. 오스트레일리아붉은등거미*Lactrodectus hasselti* 수컷은 실제로 잡아먹히기 위해 경쟁한다. 암컷에게 잡아먹힌 수컷의 촉각은 확실히 가장 먼저 목표에 도달한다.

거미는 숱한 미신과 공포의 대상이지만, 거미를 잡아먹는 사람들도 있다. 베네수엘라의 피아로아족은 세상에서 가장 큰 거미인 테라포사 레블론디*Theraphosa leblondi*('새를 먹는 골리앗 타란툴라'라고 부른다)를 별미로 여긴다. 그들은 녀석을 구워서 새우살과 비슷한 하얀 고기 110그램을 접시에 담아 내놓는데, 가장자리에는 테라포사 레블론디의 이빨을 놓는다. 이쑤시개로 쓰라는 뜻이다.

통설과 달리 검은과부거미black widow 암컷은 교미 상대 10마리 가운데 1마리만 잡아먹는다. 물론 하루에 최대 25마리와 교미를 할 수 있다는 점도 고려해야겠지만.

B e e t l e

딱정벌레

곤 충 중 의 곤 충

다양성과 적응성이 성공의 척도라면, 딱정벌레는 지구에서 가장 성공한 동물이다. 35만 종이 알려져 있고, 최대 800만 종이 명명되기를 기다리고 있다. 시간당 하나 꼴로 새로운 종이 발견되고 있다. 만일 모든 동물 및 식물 종을 한 줄로 세운다면, 50종에 한 종은 딱정벌레일 것이다. 지금 이 순간 분주히 돌아다니는 딱정벌레 개체의 총수는 약 75경 마리에 달한다.

딱정벌레는 왜 이리도 많을까? 간단한 대답은 꽃식물의 존재인 것 같다. 약 1억 2천만 년 전 꽃식물이 다양해지기 시작한 이래로 딱정벌레는 별로 변하지 않았다. 꽃식물은 딱정벌레가 선택한 먹이이다. 꽃식물이 지구 전체로 퍼지며 새 환경에 적응할 때, 딱정벌레도 그 뒤를 따랐다. 그 과정에서 녀석은 꽃식물을 훨씬 능가했다. 굴을 파는 능력, 비행 능력, 수영 능력을 갖춘 딱정벌레는 만능 동물이 되었다. 먹을 수 있는 무언가가 있다면, 그것을 먹는 딱정벌레가 반드시 있다고 확신할 수 있다. 햄, 담배, 생

딱정벌레는 나비나 나방처럼 귀족적이지도 않고 신비로운 허울을 쓰고 있지도 않다. 개미나 벌처럼 공동체주의자도 아니다. 파리처럼 불결하고 기회주의적인 뜨내기도 아니다. 딱정벌레는 솜씨를 갖춘 전문가이다. 어디에건 들어서면 조만간 터전을 잡고 일을 해낸다. –A. A. 질

강, 뼛가루, 종이, 카펫, 동물 박제, 스트리크닌(중추신경 흥분제—옮긴이), 목재 등을 먹이로 삼는 특정 딱정벌레들이 존재한다. 이른바 '합선' 딱정벌레는 전화기 줄의 납 피복을 씹어 뜯어내고 구리선을 둘러싼 맛난 섬유질 절연재를 먹는다. 조노코프리스 기비콜리스*Zonocopris gibbicolis*라는 딱정벌레는 큰 육지 달팽이의 껍데기 속에 들어가 달팽이의 똥만 먹고 산다.

딱정벌레의 짝짓기 전략도 먹이 못지않게 다양하다. 심지어 어떤 곡물가루 딱정벌레는 대리代理 생식 방법까지 개발했다. 거짓쌀도둑거저리*Tribolium castaneum*는 온 나라에 저장된 곡물을 씹어 먹으며 돌아다니는 놈이지만, 그러지 않을 때는 대개 짝짓기를 한다. 녀석은 곤충의 기준으로 봐도 정말 난잡한 짝짓기를 한다. 수컷은 더 먼저 짝짓기를 한 놈이 방출해놓은 정액을 가시처럼 생긴 페니스로 쓸어낸 다음에 자신의 정액을 방출한다. 그런데 앞서간 경쟁자의 정액이 재수 없게 녀석의 페니스에 들러붙으면, 다음번에 녀석이 유혹한 암컷의 알은 8분의 1의 확률로 본 적도 없는 딱정벌레의 정자에 의해 수정된다.

가뢰blister beetle 꿀 함정

가뢰 유충이 무리를 지어 애꽃벌digger bee 암컷의 모양을 이룬다. 페로몬에 이끌린 수컷 애꽃벌이 짝짓기를 시도한다.

실망한 수벌이 가슴털에 유충을 매달고 날아간다.

수벌이 행운을 잡을 경우, 가뢰 유충은 암컷으로 옮겨가고, 결국 애꽃벌의 보금자리에 침입해 꿀과 어린 벌을 잡아먹으며 큰다.

우리는 딱정벌레에게 배울 점이 많다. 녀석이 엽기 박물관이라는 점에서도 그렇지만 살아 있는 도서관이라는 점에서도 그렇다. 녀석은 거의 모든 극단을 시험했고 모든 장애를 극복했다. 폭탄먼지벌레는 꽁무니에서 끓는 화학물질 스프레이를 초당 최대 300회 내뿜는데, 비행 도중에 꺼진 제트엔진을 다시 점화하는 기술을 개발하는 데 도움을 줄지도 모른다. 비가 안 오는 나미브 사막의 거저리딱정벌레는 등에 있는 미세한 혹과 홈을 이용해서 이슬을 모아 입으로 흘려보낼 수 있다. 녀석은 안개 모으는 기술 개발에 이용되고 있다. 침엽수비단벌레 *Melanophila acuminata*는 산불 조기경보 시스템 개발에 기여할지도 모른다. 녀석은 여섯 개의 다리 중 하나 아래에 적외선 탐지장치를 가지고 있어서 80킬로미터 떨어진 불을 감지할 수 있다. 왜 감지하냐고? 불꽃을 향해 날아가기 위해서다. 녀석은 연기를 내뿜는 나무둥치가 포식자에 대한 걱정 없이 한껏 짝짓기를 하고 알을 낳을 드문 기회를 제공한다는 것을 안다.

N a k e d M o l e R a t

벌거숭이두더지쥐

이 빨 을 지 닌 흰 개 미

지구상에서 가장 못생긴 동물로 꼽을 만한 벌거숭이두더지쥐는 축 늘어지고 이빨이 달린 페니스처럼 생겼다. 녀석은 또한 이름이 가장 잘못 붙여진 동물 중 하나이다. 녀석은 벌거숭이도 아니고 두더지도 아니고 쥐도 아니다. 산미치광이porcupine와 기니피그의 사촌인 벌거숭이두더지쥐는 7.5센티미터 길이의 설치동물이며 거대한 앞니로 사막의 단단한 흙에 굴을 판다. 녀석은 얼핏 완벽한 벌거숭이처럼 보이지만, 얼굴과 꼬리에 방향을 감지하는 수염이 있고 발가락에 흙을 뒤로 쓸어내는 털이 있다.

녀석은 흰개미나 벌처럼 조직화된 집단을 이뤄 생활하는 유일한 포유동물이다. 단 한 마리 암컷이 새끼를 낳고 세 마리 수컷이 그 암컷에게 봉사하며, 무려 300마리 '일꾼'과 '병사'가 집단을 지탱한다. 일꾼과 병사는 역할을 분담해 굴을 파고, 새끼를 돌보고, 먹이를 구하고, 집단을 방어한다. 이런 행동을 진사회성eusocial(eu-는 '좋은 또는 참된'을 뜻한다) 행동이라고 한다. 벌거숭이두더지쥐의 진사회성 행동은 서식지인 아프리카

벌거숭이두더지쥐는 고통을 느끼지 못한다. 'P물질'이라는 신경전달물질이 없기 때문이다. 답답한 굴 속의 높은 이산화탄소 농도에 적응하기 위해 그렇게 진화했을 가능성이 있다.

벌거숭이 굴 파기 팀

벌거숭이두더지쥐는 파낸
흙을 굴 밖으로 옮기기 위해
일렬로 서서 역할을 분담한다.

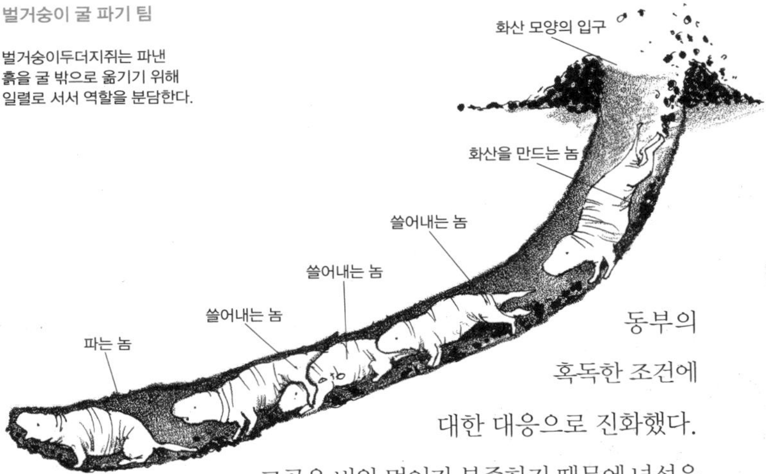

동부의 혹독한 조건에 대한 대응으로 진화했다. 그곳은 비와 먹이가 부족하기 때문에 녀석은 생존을 위해 협동해야 했던 것이다. 큰 집단을 이뤄 생활하면 드물게 있는 덩이줄기를 발견할 확률이 높아진다. 벌거숭이두더지쥐는 모든 먹이와 음료를 덩이줄기에서 얻는다. 녀석은 덩이줄기에 조심스럽게 구멍을 뚫어 계속 성장하도록 만들 수 있다. 그럼으로써 몇 년 동안 안정적으로 이용할 수 있는 먹이의 원천을 확보하는 것이다.

벌거숭이두더지쥐(학명은 *Heterocephalus glaber*인데 '매끄럽고 머리가 이상한 놈'이라는 뜻이다)는 일생의 거의 대부분을 지하에서 보낸다. 녀석의 눈은 워낙 쓸모가 없어져서 대개 감긴 상태로 있다. 녀석은 이빨 뒤쪽의 입술도 닫아서 굴을 파는 동안 흙이 입으로 들어오는 것을 막을 수 있다.

여왕과 그 배우자들을 제외한 벌거숭이두더지쥐는 굴 파기를 한다. 녀석의 전체 근육 중 4분의 1이 주둥이에 있고 뇌의 3분의 1이 주둥이에서 온 정보를 처리하는 데 쓰인다. 한 집단의 굴은 길이가 몇 킬로미터에 달하며, 비가 내려 토양이 부드러울 때는 일꾼 한 마리가 한 달 동안 800미터를 팔 수 있다. 인간으로 따지면, 런던 중심에서 히드로 공항까지 약 20킬로미터를 파는 셈이다. 벌거숭이두더지쥐는 사실상 변온동물이다. 굴을 파거나 먹이를 먹을 때가 아니면 체온을 유지하기 위해 여러 마리가 모여 무더기를 이룬 채로 잠을 잔다.

다른 포유동물과 마찬가지로 갓난 벌거숭이두더지쥐는 어미의 젖을 먹는다. 여왕은 한 번에 새끼를 20마리에서 30마리 낳지만 젖꼭지가 12개밖에 없다. 포유동물 중에서는 유일하게 새끼의 수와 젖꼭지의 수가 심하게 차이가 난다. 새끼들은 참을성 있게 기다렸다가 차례로 젖을 빤다.

여왕 벌거숭이두더지쥐는 덩치 큰 골목대장이다. 일꾼들의 작업이 마음에 들지 않으면 여왕은 그들을 코로 떠민다. 노동의 스트레스와 여왕에 대한 두려움은 수컷 일꾼과 암컷 일꾼의 성 호르몬을 억제하기에 충분한 듯하다. 물론 여왕의 오줌에 들어 있는 특수한 화학물질도 일꾼의 성 호르몬 억제에 기여하지만 말이다. 그 화학물질은 군인에게 주는 차에 함유된 브로민화물과 같다. 일꾼을 집단에서 분리하면 1주일 내에 성 기능을 되찾는다.

여왕과 그 배우자들은 25년 동안 살면서 새끼를 1000마리 넘게 낳을 수 있다. 여왕이 죽으면 살아 있는 가장 큰 암컷들 사이에서 다음 여왕 자리를 놓고 치열한 싸움이 일어난다. 벌거숭이두더지쥐 집단은 말하자면 근친교배 역기능 대가족인 셈이다. 다른 집단과의 교배는 일어나지 않는다. 일꾼은 형제의 성장에 기여함으로써 자기 유전자의 일부를 퍼뜨리고 있는 것이다.

Beaver

비버

기술자 겸 잠수부 겸 약사

비버는 인간 다음으로 주위 환경에 큰 변화를 일으키는 녀석이다. 녀석은 본능적으로 건설한다. 어린 비버를 흐르는 물도 나무도 없는 우리에 집어넣어보라. 녀석은 댐 짓는 흉내를 낼 것이다. 비버는 지름 15센티미터짜리 나무를 한 시간 내에 쓰러뜨릴 수 있다. 오늘날 몇몇 과학자들은 페나인 지역(잉글랜드 북부의 산악지대—옮긴이)의 숲이 사라지고 늪이 생겨난 것이 13세기 초까지 영국에 살았던(요크셔 주에 위치한 '비벌리Beverly'라는 도시의 이름은 '비버'에서 유래했다) 비버들 때문이라고 생각한다.

비버는 설치류이며 커다란 다람쥐 같은 모습인데, 유럽비버와 캐나다비버 단 두 종밖에 없다. 이 두 종은 크기와 모양이 비슷하지만, 2만 4000년 전에 분리되었기 때문에 지금은 서로 교미해 새끼를 낳을 수 없다. 비버는 사람들이 보통 생각하는 것보다 크다. 다 자란 비버는 덩치가 여덟 살짜리 아이와 같다. 1만 년 전에 멸종한 자이언트비버는 덩치가 마이크 타이슨과 맞먹었다.

캐나다는 죽은 비버 위에 세운 나라다. —매거릿 애투드

비버는 최장 15분 동안 잠수할 수 있다. 물갈퀴가 달린 뒷발, 방향 조종을 하는 납작한

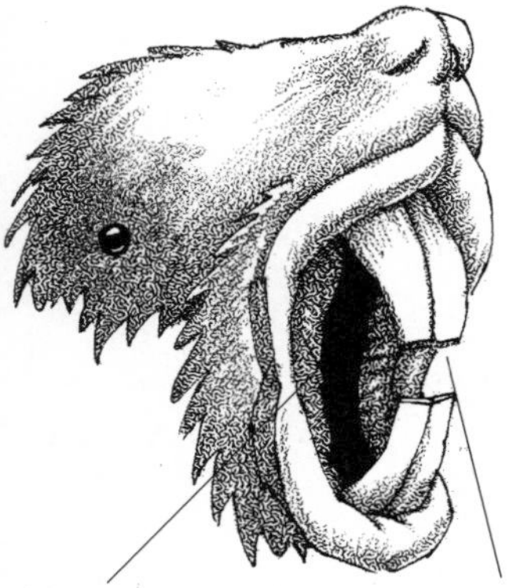

꼬리, 물안경 구실을 하는 투명한 눈꺼풀, 안쪽이 털로 덮였으며 입으로 물이 들어가는 것을 막는 입술, 닫을 수 있는 귀와 콧구멍이 있어서 물속에서 나무를 갉을 수 있다. 밝은 오렌지색의 앞니 네 개는 에나멜질에 강도를 보강하기 위한 철이 들어 있으며 계속 자란다.

비버는 '부지런하다'는 평판이 있지만 아주 게으를 수도 있다. 겨울 동안 비버는 평균 2주에 한 번씩만 집을 떠난다. 봄가을에는 비버의 꼬리가 두 배로 커진다. 녀석은 꼬리에 에너지를 저장하기 때문에 겨울 내내 지방을 소모하면 꼬리가 줄어든다.

1760년 파리에 있는 의학대학과 신학대학은 비버를 물고기로 분류했다. 비늘로 덮인 꼬리 때문이었다. 그리하여 북아메리카에 정착한 프랑스인은 사순절을 비롯한 금식 기간에 비버를 공식적으로 먹을 수 있었다. 비버의 꼬리는 구운 쇠고기 맛이 난다고 한다.

캐나다 사냥꾼들은 비버를 길들이고 가르쳐 물고기 잡이를 시켰다.

한때 비버는 걸어 다니는 약상자로 여겨졌다. 녀석의 방광 근처 두 샘에서 나오는 분비물인 비버향castoreum은 고대 그리스 이래로 두통, 열, 간질에 대한 특효약으로, 또한 변통약(배변을 돕는 약)으로 쓰였다. 스칸디나비아 북부의 라플란드 사람들은 코담배에 비버향을 첨가했다. 오늘날 비버향은 향수에만 쓰인다. 겔랑의 샬리마르 향수와 랑콤의 마기 누아르 향수에 합성 비버향이 들어 있다.

안타까운 일이지만, 비버향의 높은 가치와 비버의 라틴어 이름 '카스토르castor'가 '카스트레이트(castrate, 거세하다)'와 발음이 비슷하다는 점은 이솝과 대플리니우스 등이 퍼뜨린 신화에 대한 믿음을 부추겼다. 그 신화는 붙잡힌 비버가 달아나려고 자기 고환을 갉아먹는다는 것이다.

하지만 그건 거짓말이다. 아무튼 비버는 사냥되었다. 17세기 캐나다에서 비버 모피는 '메이드 비버' 또는 'M-B'라는 이름의 화폐로 쓰였다. 총 한 자루의 가격은 132 M-B였다. 같은 시기에 영국에서는 '비버'라는 말이 '모자'를 의미했다. 1628년 찰스 1세는 모자를 만들 때 오로지 비버 모피나 비버 털만 써야 한다고 공표했다. 사람들은 비버의 털을 잘게 자르고 압착하고 열을 가해 방수 펠트를 만들었다.

Badger

오소리

숲 속의 귀족

영국 상류층과 충격적일 정도로 비슷한 녀석이다. 천성적으로 고집이 세다. 일부 오소리 굴과 거기로 통하는 길은 수백 년이나 되었으며 당당한 종가인양 대를 이어 사용해온 것들이다. 지금까지 발견된 가장 큰 오소리 굴은 진정한 의미의 블레넘 궁전이다. 130개가 넘는 입구, 50개의 방, 총 길이 800미터에 달하는 터널을 갖췄다. 그 굴을 만들기 위해 70톤의 흙을 파냈다. 대부분의 오소리 굴에는 최대 20마리의 다 자란 오소리가 '씨족'을 이루고 산다. 녀석은 생애의 절반을 굴속에서 대개 잠을 자면서 보낸다.

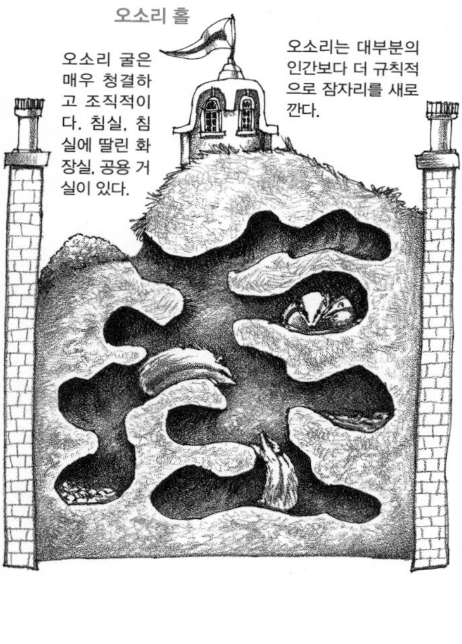

오소리는 족제빗과에 속하며 가까운 친척은 족제비와 수달이다. '족제빗과'를 뜻하는 영어 'Mustelid'는 족제비를 뜻하는 라틴어 'mustela'에서

나왔으며, 이 라틴어는 생쥐를 뜻하는 단어에서 나왔다. 오소리는 주로 물기가 많은 지렁이를 먹기 때문에 따로 물을 마실 필요가 거의 없다. 어쩔 수 없을 경우에는 생쥐, 쥐, 두꺼비, 말벌, 딱정벌레, 고슴도치, 심지어 곡식까지 먹는다.

오소리의 줄무늬는 다른 종에게 오소리가 강하고 난폭하며 자기방어의 준비를 갖췄다는 것을 알린다. 녀석은 같은 씨족과 소통하기 위해 꼬리 아래의 샘에서 강력한 '사향'을 산출한다. 이 사향은 영역을 표시하고 씨족의 정체성을 확립하는 데 쓰인다. 각각의 오소리는 자기 고유의 냄새와 끊임없는 냄새 교환을 통해 만들어진 '씨족 냄새'를 풍긴다. 다 자란 오소리가 너무 오래 굴 밖에서 지내 씨족 냄새가 사라지면 추방될 위험이 있다. 그래서 녀석은 16가지 소리로 이루어진 어휘 체계를 개발했다. 예컨대 귀뚜라미처럼 찌르르 하는 소리, 화난 개처럼 으르렁 하는 소리, 구토하듯이 웩웩 하는 소리, 여우처럼 캥캥 하는 소리, 통곡하는 듯한 소리를 낸다. 과거에 사람들은 오소리의 통곡하는 듯한 소리를 누군가의 죽음이 임박했다는 예언으로 여겼다.

오소리는 연중 아무 때나 짝짓기를 할 수 있으며 최장 90분 동안 섹스를 지속할 수 있다. 암컷은 여러 수컷과 짝짓기를 하여 모든 수정란을 몸속에 지니고 있다가 이른 봄에 여러 아비를 둔 새끼들을 낳는다. 1년 넘게 생존하는 새끼는 60퍼센트에 불과하다. 오소리의 수명은 일반적으로 7년이다. 여섯 마리 중 한 마리는 영국의 도로에서 죽는다.

영국은 오소리의 밀도가 가장 높은 국가이다. 오소리가 소에게 결핵을 퍼뜨린다는 믿음에 근거해 시행된 소탕 작업에도 불구하고 1985년 이래로 오소리의 개체수는 70퍼센트가 증가해 30만 마리를 넘었

빅토리아시대의 신사는 오소리의 페니스 뼈를 이용해 넥타이핀을 만들었다.

다. 역설적이게도 오소리 소탕 작업은 정반대의 효과를 가져왔다. 1970년대 소탕 작업이 시작된 후 5만 9000마리의 오소리가 죽임을 당한 반면, 감염되어 도살된 소는 11만 8000마리가 넘는다. 왜냐하면 소탕 작업이 오소리 집단의 분열을 초래해 감염된 오소리가 다른 곳으로 이주했기 때문이다.

유럽오소리 또는 유라시아오소리*Meles meles*는 200만 년 전 중국에서 들어와 유럽에 퍼졌다. 중국에는 지금도 많은 오소리가 산다. 면도솔의 털은 중국오소리의 등에서 나온 것이다. 중국인은 오소리를 농사를 망치는 원흉으로 여겨 도태시켰다. 면도솔을 만들기 위해 양털을 깎듯이 오소리 털을 깎는다는 말도 있지만, 그것은 사실이 아니다.

오소리를 뜻하는 영어 'badger'의 어원은 불분명하지만, 최선의 추측은 '파헤치다'를 뜻하는 프랑스어 'beeber'이다. 프랑스인은 오소리를 '블레로blaireau'라고 부르는데, 이 단어는 '면도솔'과 '관광객'(관광객이 지나는 길이 '오소리 길'처럼 판에 박혔으니까)을 뜻하기도 한다.

과거에 아일랜드와 영국에서는 오소리 고기를 먹었다. 뒷다리는 훈제해 '오소리 햄'을 만들었는데, 매달아 적당히 숙성시킨 양고기와 맛이 비슷했다.

M o n k e y

원숭이

사 회 생 활 을 하 는 어 설 픈 재 주 꾼

아이들을 데리고 동물원에 가본 사람이라면 원숭이가 발휘하는 흡인력을 잘 알 것이다. 원숭이 우리는 12세 이상 관람가 등급의 영화와 비슷하다. 온건한 모험과 약간의 성적인 장면을 제공한다. 아이는 자기와 비슷하다고 느끼기 때문에 원숭이를 좋아한다. 옳은 느낌이다. 실제로 유인원을 빼면 원숭이가 인간의 가장 가까운 친척이다. 흥미롭게도 영어에서 원숭이를 뜻하는 '멍키monkey'라는 단어는 등장(이 단어의 어원은 불분명하나 1530년에 등장했다)한 지 수십 년 후부터 벌써 아이를 부르는 애칭으로 쓰이기 시작했다.

세상 모든 곳의 원숭이는 큰 집단을 이루고 산다. 녀석은 뇌가 크고 지능이 높은 편이어서 사회질서를 유지하는 데 필요한 복잡한 상호작용을 해낼 수 있다. 원숭이 사회를 많이 알면 알수록 우리 사회와 원숭이 사회가 비슷하다는 생각을 갖게 된다. 앙골라콜로부스*Colobus angolensis* 사회에서 트림은 우호적인 인사라는 것을 알면 일곱 살짜리 소년은 틀림없이 재미있다고 느낄 것이다. (앙골라콜로부스는 나뭇잎을 먹기 때문에 늘 트

흰우아카리는 특이한 외모를 지닌 원숭이이다. 녀석은 브라질 열대우림에 사는데, 털이 없는 분홍색 얼굴과 인간의 것과 매우 닮은 귀 때문에 '영국인'이라는 별명이 붙었다.

림을 한다.) 또 수컷 지배자에게 아첨하는 일반적 행동인 털 다듬어주기도 확실히 아이들의 논리를 내포한다. 물론 대부분의 아이들은 놀이터에서 골목대장의 몸에 붙은 각질과 이를 떼어주는 정도로까지 아첨하지는 않지만 말이다.

원숭이의 행동 중에는 성숙한 인간의 행동과 비슷한 것도 있다. 원숭이는 미래를 계획한다. 회색볼망가베이*Lophocebus albigena*는 날씨에 따라서 행동을 결정한다. 녀석은 특별히 좋은 무화과나무의 위치를 기억하고, 과일 따기 원정에 앞서 햇볕 나기를 기다린다. 버빗원숭이는 술을 대하는 태도가 인간과 매우 유사하다.

카리브 해의 세인트 키츠 섬에 사는 버빗원숭이는 술집 근처를 어슬렁거리다가 사람들이 남긴 칵테일을 마신다. 녀석들의 대다수는 다른 원숭이와 보조를 맞출 줄 아는 사교적인 술꾼이다. 녀석들은 술을 과일주스로 희석해서 마시기를 즐기며 점심을 먹기 전에는 절대로 술을 마시지 않는다. 물론 술을 전혀 안 마시는 녀석도 있지만 5퍼센트는 독한 술을 닥치는 대로 마시고 요란하게 떠들고 싸움을 하고 결국 필

코부터 꼬리까지

신세계 원숭이

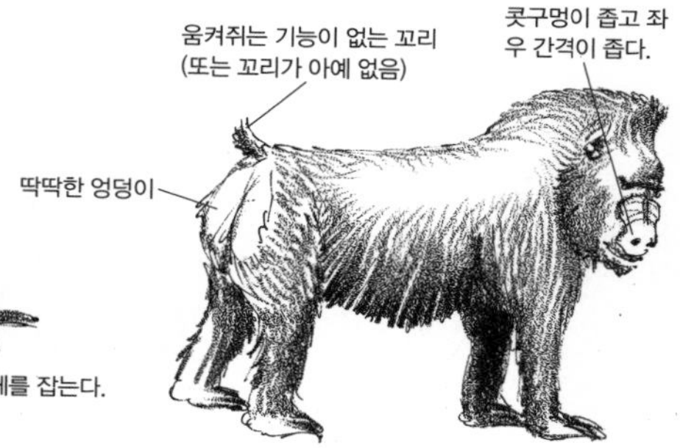

구세계 원숭이

름이 끊기는 심각한 술주정뱅이다.

원숭이와 우리가 공유한 나쁜 버릇은 술주정에 국한되지 않는다. 한 실험에서 붉은털원숭이는 지위가 높은 암컷의 얼굴과 엉덩이를 찍은 사진을 보기 위해서 '대가'를 지불했다. 녀석이 평소에 받는 체리주스를 박탈당하는 것을 무릅쓰고 사진을 본 것이다. 반면에 지위가 낮은 암컷의 사진을 보게 만들려면 평소보다 더 많은 주스를 주어 꼬드겨야 했다. 몇몇 종은 심지어 스스로 법을 정한다. 돼지꼬리원숭이는 싸움을 종식시키고 질서를 유지하기 위해 고참 원숭이를 경찰관으로 '선출한다.' 경찰관 원숭이의 권위를 힘으로 뒷받침해야 하는 일은 드물다. 그러나 집단에서 경찰관 원숭이가 제거되면 곧바로 파벌이 형성되고 사회적 결합이 와해된다.

이 모든 유사성에도 불구하고 인간과 원숭이 사이에는 오로지 우리의 상상력으로만 메울 수 있는 커다란 간극이 있다. 마카크원숭이는 아주 영리해서 우리가 녀석을 흉내 내면 그것을 알아채지만 우리를 흉내 내지는 못한다. 그러나 우리와 원숭이 사이의 심층적인 유사성은 엄연히 존재한다. 그것은 어쩌면 하드웨어에 토대를 둔 유사성일지도 모른다. 최근 캐나다의 연구진은 인간이 생후 3개월까지 인간의 목소리와 동등하게 붉은털원숭이의 목소리에 적극적으로 반응한다는 것을 발견했다.

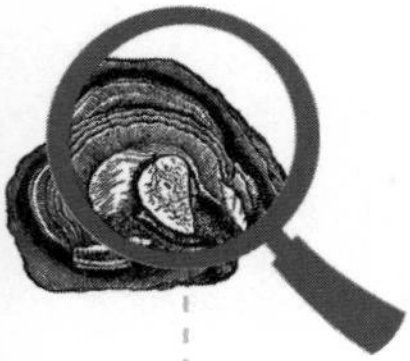

Pearl Oyster

진주조개

자연의 보석 기술자

식당에서 먹는 굴 요리에서 진주가 나올 가능성은 희박하다. 진주조개의 영어 이름에 굴을 뜻하는 'oyster'가 붙어서 흔히 오해가 생기지만, 진주조개와 굴은 인간과 비단원숭이만큼 다르다. 진주조개와 굴은 둘 다 이매패류이고 얕은 바다의 바위에 붙어서 파도 속의 조류를 걸러 먹고 살지만 속한 목이 다르고, 진주조개만 상업적인 가치를 지닌 진주를 만든다. 가리비의 가까운 친척인 진주조개는 열대의 바다에 살며 큼직한 접시만 한 크기로 성장할 수 있다.

진주조개의 껍데기 속에 모래알갱이가 들어가면 진주가 형성된다는 이야기도 있지만, 오해이다. 만일 그 이야기가 맞다면, 진주는 귀중품이기는커녕 흔하디흔할 것이다. 진주조개의 세계에는 모래알갱이가 지천이다. 녀석은 모래로 이루어진 우주에 살면서 끊임없이 아무 어려움 없이 모래를 빨아들이고 뱉어낸다. 진주 생산을 촉발하는 것은 심각한 침입자이다. 작은 뼛조각이나 조개껍데기 조각이나 산호 조각일 수도 있지만, 대개는 생물이다. 다양한 기생생물이 진주조개를 괴롭힌다. 환

보석상 피에르 카르티에는 1917년 뉴욕 시의 5번대로 최고급 보석점을 100만 달러(현재 가치로 1500만 달러) 상당의 자연산 진주 목걸이와 100달러를 주고 매입했다.

흔히 생각하는 것보다 훨씬 인간과 비슷해

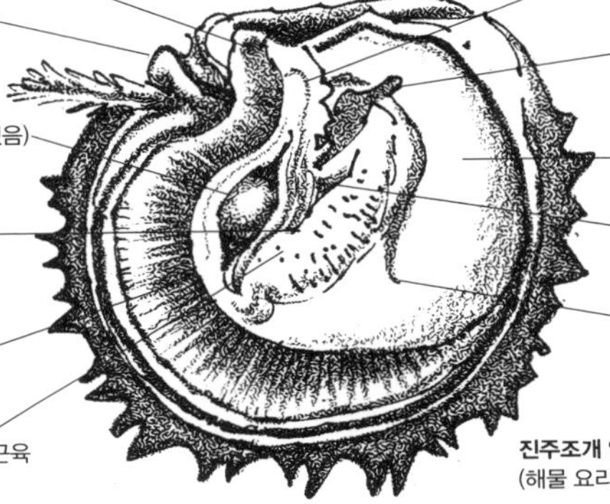

진주조개 안내도
(해물 요리를 먹기 전에 보세요.)

형동물, 해면동물, 진주담치가 진주조개의 껍데기에 구멍을 낼 수 있다. 바로 이런 침입자가 일으키는 큰 문제가 진주의 형성을 촉발한다.

침입을 당한 진주조개는 침입자를 '진주 주머니' 속에 가두려고 한다. 진주조개의 껍데기 내부는 외투막이라는 기관으로 덮여 있는데, 그 외투막에서 진주층mother-of-pearl이 분비된다. 진주층은 강하면서도 유연하고 광택이 있는 기적의 물질로, 케라틴과 유사한 유기적 분비물 층 사이에 탄산칼슘 결정이 놓인 샌드위치 구조이다. 진주조개는 침입자를 진주층으로 덮고 또 덮어서 묻어버린다. 그 결과로 만들어지는 것이 진주이다. 진주층은 많으면 하루에 4층이 쌓일 수 있지만 1.2밀리미터 두께의 진주층이 쌓이려면 2년, 진주가 완성되려면 15년에서 20년이 걸린다.

이렇게 오랜 세월이 걸리기 때문에 진주조개 1톤에서 진주가 고작 3개 생산될 수도 있다. 더구나 완벽하게 둥근 진주는 말 그대로 100만분의 1의 확률로 나온다. 진주조개 하나가 진주를 여러 개 생산할 수도 있다. 야생 진주조개는 80년 동안 살 수 있다.

진주는 아름답고 희소해서 그 기원에 대해 다양한 설이 제기되었다. 진주조개가 새벽에 햇볕을 쬘 때 이슬방울이 떨어져 들어가면 진주가 생긴다는 설, 진주가 진주조개의 담석 또는 천사의 눈물이 결정화된 것이라는 설, 진주가 번개에서 나왔다는 설 등이 있다. '모래알갱이'가 진주의 씨앗이라는 설은 17세기 이탈리아에서 처음 제기되었고, 19세기 해양과학자들은 진주조개의 알이 죽은 것이 진주라고 주장했다. 1910년대에 이르러서야 프랑스와 일본의 연구자들에 의해 진주 주머니 이론이 제시되었고 처음으로 양식 진주가 생산되었다.

오늘날의 진주는 거의 양식된 것이다. 양식 진주 사업은 연간 거래액이 4억 8000만 달러를 넘는 세계적인 대형 사업이다. 진주 양식은 더디게 진행된다. 우선 진주조개 각각을 열고 조개껍데기 알갱이와 외투막 조각('기증자' 진주조개에서 떼어낸 것이다)을 생식선에 조심스럽게 삽입한다. 외투막 조각이 주변의 조직과 융합하면, 진주조개가 진주 주머니를 만들어 조개껍데기 알갱이를 진주층으로 둘러싸기 시작한다. 2년이 지나면 자연산 진주와 구별할 수 없는 양식 진주가 만들어진다.

3장

감각의 제왕

The Book of Animal Ignorance

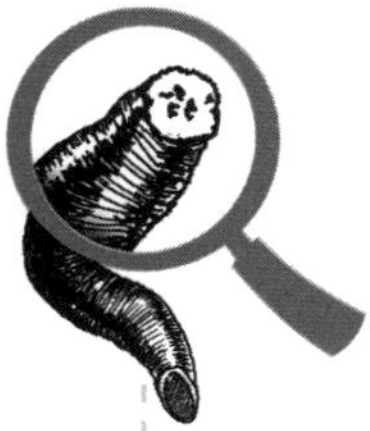

Leech

거머리

무는 기압계

거머리는 알려진 것만 650종이 있다. 녀석은 환형동물이며 지렁이의 가까운 친척이지만 더 고등하다. 크기는 아주 작은 놈부터 45센티미터인 놈까지 다양하지만 모든 거머리는 34개의 체절을 지녔고, 각각의 체절에 독자적인 '뇌'가 있다. 머리 체절에는 간단히 두 엽lobe으로 이루어진 뇌가 있는 반면, 다른 체절에는 신경절이라고 부르는 뉴런 집단이 있다. 거머리 한 마리는 겨우 1만 5000개의 뉴런을 지녔다(참고로 꿀벌의 뇌는 뉴런 95만 개로 이루어졌다).

거머리는 육식동물이며 피를 빨아먹는 거머리 종은 매우 드물다. 가장 잘 알려진 종은 의료용유럽거머리*Hirudo medicinalis*이다. 녀석은 근육질 주둥이를 세 개 지녔고, 각각의 주둥이에 작은 이빨이 일렬로 돋아 있다. 그 이빨들이 톱질하듯 움직이며 피부 속으로 파고들어 모세혈관을 절단한다. 주둥이는 강력한 빨판의 중심에 있다. 빨판은 상처 주위를 진공으로 만들어 피가 거머리의 소화관으로 빨려들게 한다. 거머리는 최장 한 시간 동안 무려 큰 숟가락 한 술 분량의 피를 빨아 몸의 크기를 원래보다 다섯 배에서 열 배로 부풀린다. 포식한

거머리 사냥꾼은 웅덩이나 못에 맨발로 들어가 서서 거머리가 다리에 붙기를 기다리곤 했다.

거머리가 떨어져나간 자리에는 꼭 벤츠 자동차의 마크처럼 보이는 Y자 모양의 상처가 남는다. 거머리는 한 번 먹고 최장 6개월 동안 살 수 있다.

거머리가 물면 아프지 않지만, 물린 자리의 출혈은 10시간 동안 지속될 수도 있다. 왜냐하면 거머리의 타액에 마취제와 더불어 항응혈제인 '히루딘'이 들어 있기 때문이다. 만일 히루딘이 없다면 피를 빨아먹은 거머리는 오동통한 순대처럼 되어 죽음을 맞을 것이다.

거머리는 기원전 약 1000년에 인도에서 처음으로 의술에 쓰인 것으로 보인다. 피를 뽑는 수술은 고대 아스텍, 바빌로니아, 이집트, 그리스에서 행해졌다. 히포크라테스는 사혈瀉血이 네 가지 체액, 즉 피, 점액, 흑담즙, 황담즙의 불균형을 해소하는 데 도움이 된다고 가르쳤다. 19세기에는 거머리를 이용한 의술이 매우 널리 확산되어 있었다. 프랑스는 1833년 한 해 동안만 4200만 마리 이상의 거머리를 수입했다. 19세기 말에 이르자 거머리는 하도 많이 포획되어 거의 멸종 상태가 되었다. 오늘날 거머리는 흰코뿔소와 지위가 동등한 보호동물이다.

거머리를 이용한 수술은 오늘날 다시 열광적인 지지를 받는다. 거머리는 화상 병동에서 쓰이고, 정형외과에서는 거머리의 항응혈 작용과 혈액 배출 작용을 이용한다. 또 거머리는 골관절염과 타박상으로 인한 통증성 염증을 완화하는 데도 쓰인다. 영국의 병원은 매년 사육된 거머리 1만 5000마리를 구입한다.

거머리가 붙으면 소금을 뿌리거나 열을 가해 떼어내려 하지 마시라. 그렇게 하면 거머리가 상처 속으로 피를 게워내어 감염이 일어난다. 손톱을 빨판 아래로 밀어 넣어 조금씩 떼어내는 것이 옳은 방법이다. 만일 운이 억세게 나빠서 거머리가 입속에 붙거들랑 보드카로 양치질을 하시라.

1799년 나폴레옹 군대는 시나이 반도에서 거머리가 우글거리는 물을 마셨다. 거머리는 병사들의 코와 입과 목구멍 속에 붙었고, 수백 명이 질식사했다.

거머리는 폭우를 예측할 수 있다. 기압이 낮아지면 물에 녹은 산소의 양이 감소해 거머리는 수면으로 올라온다. 조지 메리웨더는 거머리를 이용해 정교한 폭풍 예측기를 만들었다. 그 장치는 1851년 런던 대박람회에서 관객의 경탄을 자아냈다.

거머리의 뉴런들은 '리츌레이터'라는 유기적 컴퓨터를 제작하는 데 쓰였다. 이 컴퓨터는 뉴런들에게 단순한 덧셈을 시킨다. 실리콘 프로세서와 달리 뉴런들은 스스로 상호 연결을 형성함으로써 답을 '생각해낸다.'

폭풍 예측기

이 장치는 거머리 한 마리와 빗물이 든 병 12개로 이루어졌다.

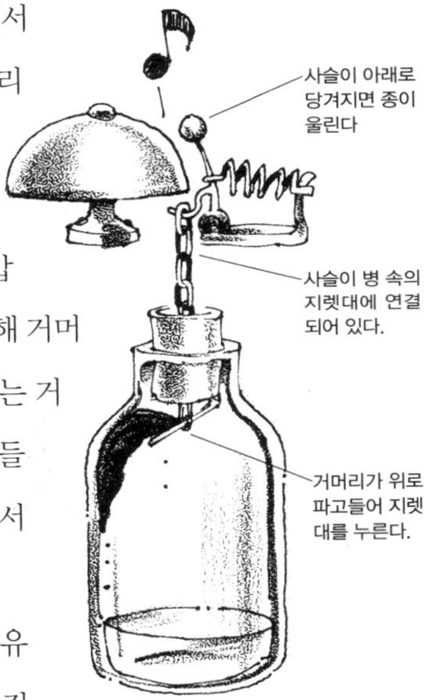

비구름이 다가오면 거머리가 병 꼭대기로 올라가 종이 울린다.

G i r a f f e

기린

큰 머리, 고약한 냄새

나무 꼭대기의 잎을 먹기 위해 기린의 목이 길어졌다는 설명은 충분히 일리가 있는 것 같다. 그러나 기린의 긴 목은 단지 먹이를 얻기 위해서만 쓰이지 않는다. 기린 수컷은 목을 무기로도 쓰고 정력의 상징으로도 쓴다. 기린 수컷이 목을 맞대는 것은 우애의 표현이 전혀 아니다. 녀석은 목으로 팔씨름하듯 힘을 겨루기도 하고 철퇴처럼 머리를 휘두르기도 한다. 그 힘은 엄청나서 단 한 방에 상대를 쓰러뜨리거나 죽일 수 있다. 기린은 두개골이 권투선수용 펀치백보다 더 무거우며 머리에 피부로 덮인 뿔('인각'이라고 함)이 최대 다섯 개 돋아 있다. 암컷과 달리 수컷의 목과 두개골은 평생 길어지고 두꺼워진다. 목이 길수록 승률이 높아지고 암컷을 더 많이 차지한다. 이 묵직한 무기 겸 정력의 상징을 지탱하기 위해 기린은 다른 포유류보다 등뼈가 하나 더 많다. 추가된 등뼈는 목이 가슴과 연결되는 지점에 있다.

수컷 기린이 암컷을 사로잡기 위해 쓰는 또 다른 주요 무기는 냄새이다. 바람이 적당한 방향으로 불면 250미터 떨어져 있는 사람도 그 냄새를 맡을 수 있다.

초기의 탐험가들은 수컷 기린의 냄새를 '헤더heather(히스 속의 상록 관목—옮긴이) 꿀이 들어 있는 9월의 벌집' 냄새에 비유했지만, 그 냄새의 주성분은 인돌indole이다. 인돌은 우리의 대변이 특유의 냄새를 갖도록 만드는 질소화합물이다. 기린의 악취는 암컷을 흥분시키는 것 외에 기생충을 퇴치하고 피부에 사는 미생물과 균을 죽이는 실용적인 기능도 한다. 심지어 기린은 크레오소트(목타르에서 얻는 페놀류 혼합물—옮긴이)를 분비해 피를 빨아먹는 진드기를 죽인다. 적어도 기린의 관점에서 악취는 건강과 청결을 의미한다.

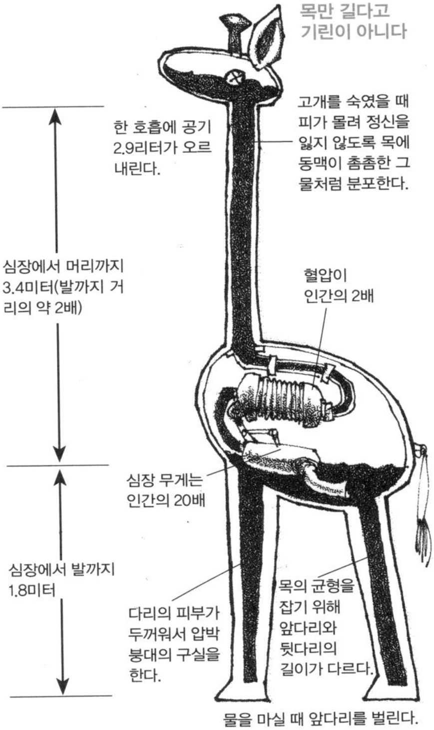

기린은 일생의 대부분을 먹고 되새김질하며 보낸다. 가장 좋아하는 먹이는 가시가 많아서 다른 동물이 거들떠보지 않는 아까시나무이다. 맨 위 목뼈 관절의 구조가 특별하기 때문에 기린은 머리를 목과 수직을 이룬 자세로 두고 나무 꼭대기의 가시가 없는 어린잎을 찾을 수 있다. 놀랍게도 아까시나무도 화학물질을 분비해 잎에서 쓴맛이 나도록 함으로써 기린을 쫓는 법을 터득했다. 뿐만 아니라 바람을 이용해 '경보'를 전달함으로써 주변의 나무들도 쓴맛 화학물질을 분비하도록 만 로마인들은 기린을 '카멜로파드camelopard'라는 이름으로 원형극장에 내보이고 구경했다. 그들은 기린을 낙타camel와 표범leopard의 잡종으로 여겼다.

든다. 이에 대응해 기린은 항상 맞바람을 맞으면서 아까시나무에 접근하려고 노력한다.

목 다음으로 필수적인 도구는 혀이다. 기린의 혀는 50센티미터까지 뻗어 귀를 핥을 수 있고, 움켜쥐는 도구로서 인간의 손가락 세 개와 맞먹을 정도로 기민하며, 매우 자주 쓰이기 때문에 햇빛에 의한 손상을 줄이기 위해 검푸른색을 띤다.

기린은 물을 낙타보다 덜 필요로 한다. 또한 아까시나무 잎은 70퍼센트가 물이기 때문에 기린은 물을 마실 필요가 거의 없다. 다행스러운 일이다. 왜냐하면 물을 마시려고 웅덩이 앞에서 엉거주춤 앞다리를 벌린 기린은 사자와 악어의 공격을 받기 십상이기 때문이다. 기린은 하루에 10분 동안 잘 때만 무릎을 꿇고 머리를 바닥에 내려놓는데, 그럴 때도 뇌의 절반은 깨어 있다.

기린은 흔히 꼬리의 털 때문에 사냥을 당한다. 그 털은 길이가 90센티미터 이상으로 동물의 털 가운데 가장 길다. 기린의 꼬리 털은 팔찌의 재료로 쓰이고 수단과 우간다에서는 비공식 화폐로 쓰인다.

B u t t e r f l y

나비

개 량 형 나 방

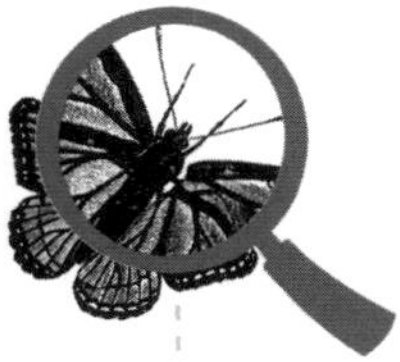

나비와 나방은 곤충 중에서 딱정벌레목 다음으로 큰 목인 인시목을 이룬다. 알려진 것만 20만 종에 달한다. 인시목('비늘 날개'를 가진 곤충) 중에서 대중적으로 인기가 좋은 놈은 햇볕과 한가한 여름날을 연상시키는 나비이지만, 인시목의 80퍼센트는 나방이다. 나방이 압도적으로 많은 이유 중 하나는 온도 때문이다. 나비는 기본적으로 꽃의 꿀을 연료로 쓰는 고성능 섹스 기계, 경주용 자동차이다. 체온이 30도 아래로 떨어질 경우 나비는 날지 못하고 죽거나 무기력 상태에 빠진다. 그래서 영국을 비롯한 북쪽의 나라에는 나비 종들이 비교적 적다. 영국에는 나비가 토종 59종에다가 매년 지중해에서 날아오는 붉은까불나비, 작은멋쟁이나비 등의 몇 종밖에 없다. 반면에 유럽 대륙에는 나비가 400종 넘게 있으며, 열대지방인 코스타리카에는 (면적은 웨일스만 한데도) 560종이 있다.

나방은 훨씬 튼튼하며 대개 야행성이다. 녀석의 몸은 열을 흡수하기보다 보존하기 좋도록 설계되었다. 그래서 나방은 몸이 뚱뚱하고 털로 덮였으며 쉴 때는 나비처럼 날개를 접어 세우는 대신에 양옆으로 펼치는 경향이 있다. 또 다른 차이는 더듬이에 있다. 나비의 더듬이

다른 동물 이름들과 달리 '나비'를 뜻하는 유럽어의 단어들은 서로 유사하지 않다. 독일어로는 '슈메털링schmetterling', 프랑스어로는 '파피용papillon', 스페인어로는 '마리포사mariposa', 이탈리아어로는 '파르팔라farfalla', 포르투갈어에서는 '보르볼레타borboleta', 네덜란드어로는 '플린더vlinder'가 나비를 뜻한다.

는 매끄러운 회초리 모양이며 끝에 둥근 혹이 달린 반면, 나방의 더듬이는 깃털 모양이다. 이 차이는 부분적으로 밤과 낮의 차이와 관련이 있다. 나방은 시각에 의존하는 정도가 나비보다 훨씬 적다. 녀석은 더듬이를 인간의 내이內耳처럼 공간 정향 탐지기로 사용해 날아갈 때 안정된 자세를 유지한다. 나방의 더듬이를 자르면 녀석은 곧바로 벽에 부딪히거나 바닥에 추락할 것이다.

시각은 나비에게 중요하지만, 중요한 이유는 사람들이 상상하는 것과는 전혀 딴판이다. 나비는 아름다운 외모에도 불구하고 극심한 근시라서 거리를 판단하지 못한다. 이 단점은 다른 장점을 획득하기 위한 진화의 불가피한 결과이다. 나비의 시각은 예리하지 못한 대신에 수직방향과 수평방향으로 거의 360도 전체를 포착한다. 이 특징은 포식자를 피하는 데 유리하다. 나비의 두드러진 날개 무늬는 짝을 꾀기보다는 배고픈 새를 겁주는 구실을 한다. 실제로 암컷 나비를 매혹시키는 것은 수컷의 현란한 날개 비늘이다. 특유의 '동그라미' 패턴으로 배열된 그 비늘은 자외선을 반사한다. 수컷은 암컷 근처에서 날개를 펄럭여 스트로보스코프의 빛처럼 빠르게 깜박이는 자외선을 만들어 낸다. 아울러 흥분성 페로몬까지 내뿜으면, 암컷은 말 그대로 최면에 걸린다.

나방은 자명한 이유 때문에 후각과 청각에 의존하는 경향이 있다. 녀석은 11킬로미터 떨어진 이성의 냄새를 맡을 수 있다. 나방의 귀는 단순하지만 성능이 좋다. 심지어 어떤 불나방 종은 박쥐의 초음파 사냥 신호를 포착하고 제 날개를 펄럭여 방해 음파를 만들어낸다. 나방과 나비 둘 다 방향성 비늘을 지녔으며, 그것으로 페로몬을 방출해 암컷을 유혹하고 자기의 정체를 동종 개체가 알아챌 수 있게 한다. 유럽푸른부전나비는 초콜릿 냄새를 짙게 풍기고, 굴벌레큰나방은 염소 냄새가 난다.

비단의 비밀

3000년 동안 오로지 중국인만 누에나방에서 비단실을 뽑는 방법을 알았다.

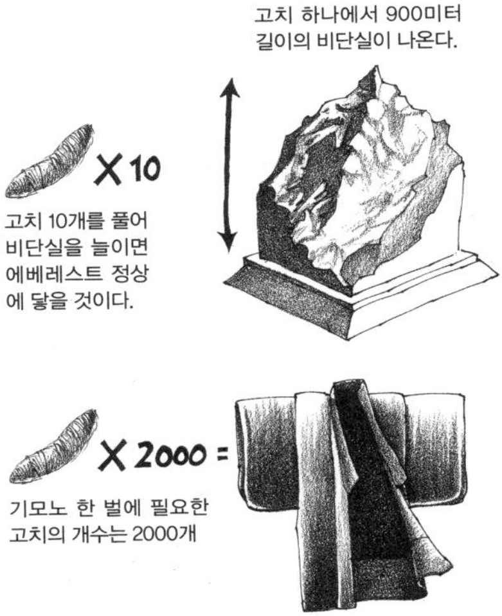

많은 나방 종은 더 큰 동물의 눈물을 먹고 산다. 예상 외로 눈물은 물과 염분과 단백질이 풍부한 먹을거리이다. 나비가 핥아먹기 좋아하는 인간의 땀도 마찬가지이다. 마브라 엘란토필라*Mabra elantophila*를 비롯한 몇몇 종의 나방은 아주 작아서 코끼리를 거의 귀찮게 하지 않으면서 눈물을 훔쳐 먹는다. 마다가스카르의 헤미세라토이데스 비에로글리피카*Hemiceratoides bieroglyphica*처럼 크고 음흉한 종은 갈고리와 가시로 뒤덮인 작살 같은 주둥이를 잠자는 새의 눈꺼풀에 꽂고 눈물을 먹는다.

D o l p h i n

돌고래

제발 우리를 그냥 놔둬

우리는 돌고래에게 해준 게 없다. 돌고래에 대한 과도한 추측—돌고래의 뇌가 인간의 뇌보다 더 복잡하다, 돌고래의 언어가 더 정교하다, 돌고래의 사회는 평화와 자유로운 사랑을 추구한다, 돌고래는 지느러미를 지닌 외계인이다 등등—은 녀석이 아니라 우리 자신에 대해서 더 많은 것을 알려준다. 녀석이 정말 대단하다는 사실을 부정하려는 것은 아니다. 단지 녀석은 나름의 행동강령과 취향을 지닌 야생동물이라는 점을 일깨우려는 것이다. 돌고래는 우리가 꿈꿔볼 수만 있는 일들을 할 수 있다.(돌고래도 우리에 대해서 이와 똑같은 말을 할지도 모르지만, 이것은 그야말로 전혀 모르는 일이다.)

돌고래의 반향 위치 탐지 시스템을 살펴보자. 찻숟가락에 담긴 물을 돌고래가 헤엄치는 수영장에 떨어뜨리면, 녀석은 물 떨어지는 소리가 난 위치를 정확하게 알아낸다. 돌고래는 물체의 재질이 밀랍인지 고무인지 플라스틱인지 구별할 수 있다. 심지어 겉보기에 똑같은 놋쇠 원반과 구리 원반도 식별한다. 그다지 조용하지 않은 물고기(예컨대 청어는 끊임없이 방귀를 뀐다)는 돌고래의 추격을 벗어날 가망

돌고래의 피부는 물의 저항을 극소화하기 위해서 두 시간마다 벗겨지고 재생된다.

이 없다.

돌고래의 '언어' 솜씨를 평가하는 것은 더 까다로운 일이다. 잘 알려져 있듯이 돌고래는 말이 많다. 성대가 없는데도 그렇다. 돌고래의 끽끽거리는 소리, 휘파람 소리, 끙끙거리는 소리, 길게 꽥액 하는 소리, 개처럼 컹컹거리는 소리는 모두 콧구멍 속의 주머니에서 나온다. 돌고래 각각은 고유한 '신호 휘파람'을 낸다. 말하자면 '나는 철수 돌고래야'라고 알려주는 이름표인 셈인데, 각각의 돌고래가 그 휘파람을 끊임없이 반복한다. 또한 다른 녀석의 관심을 끌기 위해 그 녀석의 휘파람을 흉내 내기도 한다. 휘파람 신호는 돌고래가 서로 소통한다는 증거이지만 언어와는 거리가 한참 멀다.

돌고래 쇼는 매우 복잡하고, 돌고래는 신속하게 배운다. 녀석은 대단히 복잡한 명령을 수행하는 놀라운 능력을 지녔으며 거울 속의 자신을 알아본다. 심지어 도구도 사용한다. 거친 산호초를 헤치며 사냥할 때 녀석은 해면 조각을 주둥이에 붙인다. 안전 마스크를 쓰는 셈이다.

돌고래가 신과 인간에게 도움을 주었다는 전설은 그리스와 로마의 신화에 줄곧 등장한다. 돌고래가 인간을 '구조'했다는 이야기는 현대에도 흔하다. 돌고래가 물고기 떼를 그물로 몰아주고 그 대가로 인간이 던져준 물고기 몇 마리와 우호적인 손짓을 받는다는 것을 작은 어촌들에서는 다들 안다. 돌고래의 미소를 띤 큼지막한 얼굴을 사랑하지 않기는 어렵다.

그러나 다른 면도 있다. 물론 온갖 전희와 몸 비비기가 있기는 하지만, 돌고래 암컷은 흔히 여러 수컷에게 강제로 섹스를 당한다. 돌고래 집단은 작은 돌고래를 별다른 이유 없이 때려죽이며 이따금씩 어린 새끼를 죽인다. 인간을 만난 야생 돌고래에 대한 광범위한 연구에서 전체 돌고래의 4분의 3은 공격성을 드러내 때때로 심각한 부상을 초래했으며, 2분의 1은 부표나 배나 인간을 상대로 '그릇된 성 행동'에 탐닉했다. 청백돌고래 수컷의 몸무게는 평균 250킬로그램이다. 게다가 녀석의 페니스는 길이가 30센티미터이고 갈고리처럼 생긴 끝부분은 뱀장어라도 잡을 수 있을 만큼 날렵하게 움직인다. 그런 녀석을 앞에 두고 까딱 잘못해서 그릇된 신호를 보냈다간 큰일 난다.

방금 언급한 연구의 또 다른 결론은 우리와 만난 야생 돌고래가 거의 항상 부상이나 고통을 당한다는 것이다. '야생 돌고래 관광'이나 '돌고래 치료'를 계획한 사람들은 이 결론을 되새길 필요가 있다. '돌고래와 함께 헤엄을 친다는 것'은 당연히 매력적이다. 또 그렇게 하면 치료 효과가 있다는 증거가 있다. 그러나 배 위에서 쌍안경으로 돌고래가 자기네 터전에서 자기네가 가장 잘 하는 일을 하는 모습을 기쁘게 바라보아도 똑같은 (어쩌면 더 큰) 치료 효과를 얻을 수 있을 것이다.

주둥이 음파탐지기

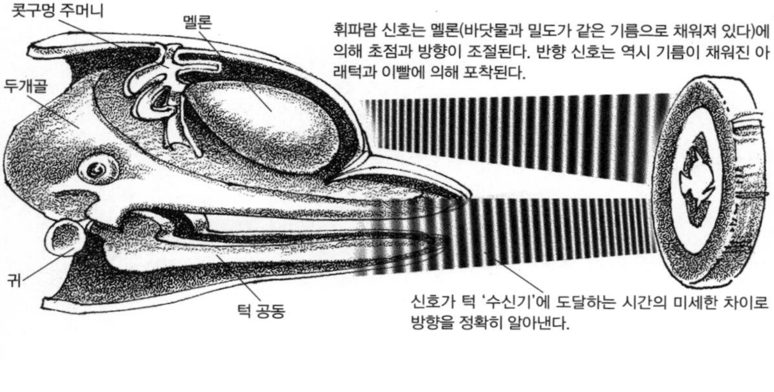

W o o d p e c k e r

딱따구리

소 리 를 　 듣 는 　 혀

딱따구리의 혀는 동물계를 통틀어 가장 놀라운 기관 중 하나이다. 어느 정도로 놀라우냐 하면, 창조론자가 진화론을 반박할 때 흔히 딱따구리의 혀를 언급할 정도이다. 몇몇 딱따구리 종들은 혀를 몸길이의 3분의 2만큼 내뻗을 수 있는데, 그 혀는 끈끈한 침으로 덮여 있고 까칠한 가시가 돋아 있으며 끝에 '귀'가 달려 있다. 사실 딱따구리의 혀 구조는 대부분의 새들과 거의 동일하다. 단지 딱따구리의 혀가 더 긴데, 아마도 나무 속 깊숙이 숨어 있는 곤충을 잡아먹기 위해서 길어졌을 것이다. 딱따구리 혀의 비밀은 얇디얇은 설골舌骨에 있다. 혀를 사용하지 않을 때 그 뼈들은 액체가 채워진 덮개 속에 아코디언처럼 접힌 상태로 들어 있다. 딱따구리가 혀를 내뻗을 때는 혀뿌리 근처의 강력한 근육이 수축하면서 설골을 앞으로 밀고, 그러면 혀가 부리 바깥으로 튀어나간다. 그 근육을 이완하면 혀는 다시 입속으로 돌아온다. 갓 부화한 딱따구리의 혀는 병아리의 혀와 비슷하게 귀 근처에 고정되어 있다. 그러나 딱따구리 새끼가 성장하면, 설골 덮개가 점차 길어져 콧구멍 뒤끝의 뼈와 융합한다. 혀끝에 달

> **아버지는 내게 새와 벌과 거짓말쟁이에 대해 모든 것을 알려주었다. 스물한 살이 될 때까지 나는 딱따구리와 교제했다. –밥 호프**

려 있다고 한 귀는 압력을 감지하는 신경말단이 집중된 구역이며 헤릅스트 소체Herbst's corpuscle라고 부른다. 그 귀는 곤충이 일으키는 미세한 진동을 감지한다.

딱따구리는 200종 넘게 존재하며, 종마다 고유한 속도와 박자로 나무를 쫀다. 어떤 종은 초당 열여섯 번이나 쫀다. 그렇게 쫄 때마다 딱따구리의 머리가 받는 힘은 중력의 1000배(로켓이 이륙하는 동안 우주인이 받는 힘의 250배)에 달한다. 그런데도 딱따구리의 머리가 부서지지 않는 것은 스펀지와 유사한 연골 쿠션이 충격의 대부분을 흡수하기 때문이다. 또한 딱따구리가 나무를 쫄 때마다 근육이 뇌를 부리에서 멀어지는 방향으로 당긴다.

딱따구리가 나무를 쪼아 큰 소리를 내는 것은 먹이를 찾기 위해서가 아니다. 그 소리는 각각의 종이 고유하게 사용하는 '서명'과 같아서 소통과 짝짓기에 쓰인다. 딱따구리는 흔히 죽은 나무나 금속관이나 목재 처마처럼 소리가 더 잘 울리는 것을 쪼아 소리를 낸다. 딱따구리가 곤충을 사냥하면서 쪼는 소리와 둥지를 만들면서 쪼는 소리는 박자가 다르다. 1995년 쇠부리딱따구리*Colaptes auratus* 한 쌍이 우주왕복선 디스커버리 호의 외부 탱크 단열재에 구멍 200개를 뚫어 발사가 연기된

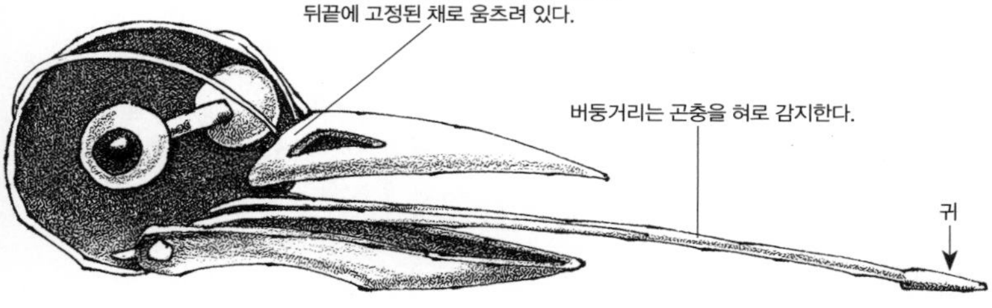

일도 있었다.

녹색딱따구리의 별명은 '비 새rainbird'이다. 녀석이 독특한 '웃음소리'를 내면 비가 온다는 속설 때문이다. 이 속설은 이른 시기의 창조설화와 맥이 닿아 있다. 그 설화에 따르면, 녹색딱따구리는 강을 파는 일을 도와달라는 신의 요청을 거부해 억지로 나무를 쪼고 빗물을 마시는 형벌을 받았다고 한다. 과거에 녹색딱따구리는 영국 곳곳에서 40가지 사투리 이름으로 불렸다. 이를테면 '구멍쪼기새Hewhole', '나무골새Wudewale', '갤리새Galley Bird' 등의 이름이 있었는데, 현재 쓰이는 것은 '야플Yaffle'뿐이다. 대부분의 사람들은 이 이름이 녀석의 웃음소리에서 유래했다고 여긴다. 그러나 '야플'은 '게걸스럽게 먹는다'라는 뜻이다. 실제로 녹색딱따구리는 게걸스럽게 먹는다. 개미집을 공격하는 녹색딱따구리를 본 사람이라면 누구나 안다. 녀석은 한자리에서 개미 2000마리를 먹을 수 있다.

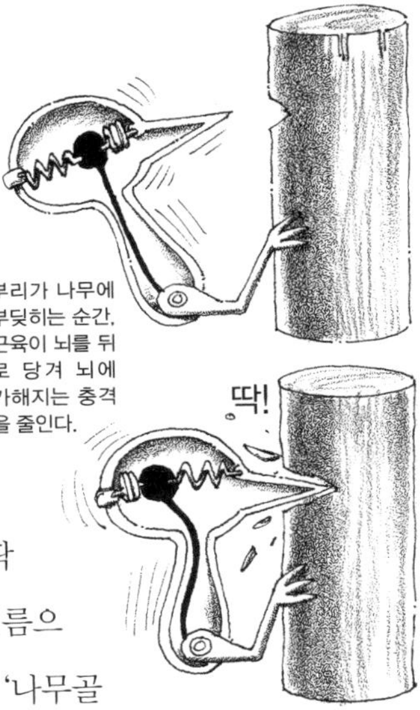

부리가 나무에 부딪히는 순간, 근육이 뇌를 뒤로 당겨 뇌에 가해지는 충격을 줄인다.

Moose

말코손바닥사슴

나 무 껍 질 을 벗 기 는 늘 어 진 입 술

말코손바닥사슴은 현존하는 사슴 중에서 가장 크다. 그것도 다른 사슴에 비해 월등하게 크다. 수컷은 몸무게가 붉은사슴 수컷의 세 배이다. 뿔만 따져도 국제선 항공기의 개인 수화물 한도(23킬로그램)를 초과할 정도로 무겁고 아동용 그물침대를 매달 수 있을 만큼 폭이 넓다. 말코손바닥사슴은 추위에 견디기 위해 덩치를 키웠다. 녀석은 북반구의 고위도 지역에서만 발견된다. 덩치가 크면 열을 보존하는 데 유리하다(표면적 대 부피의 비율이 낮으면 열손실이 적다). 그래서 빙하시대의 포유동물은 흔히 덩치가 크다.

말코손바닥사슴은 두 겹의 방한 모피와 눈밭을 걷기에 좋은 긴 다리를 지녔다. 심지어 갓 태어난 새끼도 영하 30도에서 행복하게 지낸다. 문제는 오히려 따뜻한 날씨이다. 녀석은 땀을 흘릴 수 없으며 위 속에서 식물성 먹이가 발효하면서 열을 낸다. 겨울에 온도가 영하 5도보다 훨씬 높으면, 말코손바닥사슴은 헐떡거리거나 눈 위에 누워 체온을 식힌다. 여름에는 똑같은 이유로 물놀이를 하며 많은 시간을 보낸다.

말코손바닥사슴의 뿔은 하루에 2.5센티미터나 자라서 모든 동물의 조직을 통틀어 성장속도가 가장 빠르며 파리가 앉아도 알아챌 수 있을 만큼 민감하다.

말코손바닥사슴은 사육하기가 어렵기로 악명이 높다. 나뭇가지와 풀을 종류 가리지 않고 잘 먹는 대부분의 사슴과 달리 녀석은 가려서 먹는다. 매일 대형 원통형 건초더미 하나 분량의 식물을 먹고 영양분을 최대한 흡수하기 위해 소처럼 되새김질을 해야 하는데, 가을과 겨울에는 에너지를 얻기 위해 나무의 잎과 껍질과 가지를 먹고, 봄과 초여름에는 나트륨을 얻기 위해 습지식물을 먹는다. 상업적 사육은 이 같은 균형 잡힌 식단을 제공할 수 없기 때문에, 포획된 말코손바닥사슴은 대개 얼마 지나지 않아 죽는다. 여름에 말코손바닥사슴이 도로를 핥는 모습이 종종 목격되는데, 그것은 염분을 얻기 위한 행동이다. 녀석이 많은 시간을 물속에서 보내는 까닭도 염분에 있다. 수련과 속새를 비롯한 수생식물은 나트륨이 풍부하다. 말코손바닥사슴은 웅덩이 바닥에 돋아난 수생식물을 먹기 위해 물속으로 완전히 가라앉기도 한다. 녀석이 '다이빙'하는 것을 보았다는 이야기는 대부분 과장이다. 말코손바닥사슴은 몸의 크기와 모양이 진정한 의미의 잠영에 적합하지 않다.

녀석이 잘 하는 짓은 크고 늘어진 윗입술(위 앞니가 없다)로 나무의 껍질을 벗기는 일이다. 말코손바닥사슴의 영어 이름 '무스moose'는 옛 알곤킨어 '무스와mooswa'에서 나왔는데, 이 단어는 '나무껍질을 벗기는 동물'을 뜻한다. 녀석은 양눈을 따로따로 움직여 앞뒤를 동시에 볼 수 있고, 부드러운 연골과 근육으로 이루어진 긴 코는 대단히 민감해서 먹이활동과 섹스에 큰 도움을 준다. 아메리카 토착민이 이 코를 눈여겨보지 않았을 리 없다. 18세기의 자연학자 토머스 페난트에 따르면, 말코손바닥사슴의 코는 '완벽한 영양식품'이며 캐나다 전역에서 최고의 별미로 여겨졌다.

유럽에서는 말코손바닥사슴을 라틴어 '알케스alces'에서 유래한 '엘크elk'라는 이름으로 부른다. 율리우스 카이사르는 기원전 50년에 최초로 엘크에 관한 기록을 남겼다. 영국에서는 청동기시대에 엘크가 멸종했지만, 그 이름은 살아남아 무슨 종이든 간에 덩치가 큰 사슴을 뜻하는 단어가 되었다. 영국인이 아메리카에 도착했을 때 그곳에 가장 흔한 사슴은 케르부스 카나덴시스*Cervus canadensis*였다. 영국인이 보기에 녀석들은 붉은사슴*Cervus elaphus*과 비슷했다. 그래서 케르부스 카나덴시스는 '엘크'라는 이름을 얻었고, 낯설고 거대한 또 다른 사슴 종은 토착민이 붙인 이름인 '무스'를 그대로 유지했다.

말코손바닥사슴과 자동차의 충돌은 대형 사고이다. 스칸디나비아의 자동차 회사는 신제품을 출시할 때 모형 말코손바닥사슴과 충돌시키는 실험을 거친다. 스웨덴 광고회사는 일본산 자동차를 폄하하기 위해 이렇게 지적한다. "일본에는 말코손바닥사슴이 없습니다."

C a t f i s h

메기

헤 엄 치 는 　 혀

메기는 2200종 넘게 존재하며 남극을 제외한 모든 대륙에 산다. 시베리아의 얼어붙은 강에도 살고 보르네오의 고온다습한 늪지대에도 산다. 고도 4300미터가 넘는 히말라야산맥과 안데스산맥에서 발견된 종도 있고, 남태평양의 따스한 산호초에서 일광욕을 즐기는 종도 있다. 메기의 크기는 매우 다양하다. 알려진 물고기 중에서 가장 작은 축에 끼는 놈부터 가장 큰 축에 끼는 놈까지 있다. 스콜로플락스 디크라*Scoloplax dicra*의 성어는 1.3센티미터인 반면, 유럽 웰스*Silurus glanis*의 성어는 몸길이 490센티미터에 몸무게가 약 300킬로그램에 달하기도 한다.

메기는 모든 물고기의 약 8퍼센트를 차지하며 지구에 사는 가장 놀라운 생물 중 하나이다. 말하는 메기, 걷는 메기, 전기 메기, 뒤집힌 메기, 밴조처럼 생긴 메기가 있다. 하지만 정말 놀라운 것은 녀석의 감각이다. 메기의 감각은 자연에서 가장 정교하다. 녀석은 어떤 생물보다 많은 미뢰味蕾를 지녔다. 몸 전체가 미뢰로 덮여 있다. 15센티미터 길이의 메기는 25만 개가 넘는 미뢰를 지녔을 것이다. 녀

음식 역사가이며 외교관인 앨런 데이비슨은 드물게 잡힌 세계 최대의 민물고기 메콩 자이언트 메기를 맛보러 가기 위해 공식 환영회를 취소한 적이 있다. 그는 그 메기의 맛이 "단연 최고이며……송아지 고기와 비슷하다"고 느꼈다.

석의 미뢰는 입과 아가미뿐 아니라 수염과 지느러미, 등, 배, 옆구리, 꼬리에도 있다. 얼룩메기는 척추동물 중에서 미각이 가장 발달해서 물이 가득 찬 올림픽 수영장에 찻숟가락 100분의 1 미만의 물질이 섞여 있어도 감지할 수 있다.

메기의 후각, 촉각, 청각도 탁월하다. 녀석의 후각은 특정 화합물을 100억 분의 1로 희석해도 감지할 수 있다. 메기는 겉으로 보이는 귀가 없지만, 몸의 밀도와 물의 밀도가 같기 때문에 몸 전체가 거대한 귀의 구실을 한다. 게다가 메기의 측선은 초저주파를 감지하고, 미세한 털처럼 돌기가 돋은 옆구리는 진동에 극도로 민감하다.

이 감각기관은 먹이를 발견하고 포식자를 피하는 데 쓰인다. 중국인은 수백 년 전부터 메기의 능력을 이용해 지진을 예측했다. 메기는 지진을 며칠 먼저 감지할 수 있다고 한다.

메기는 비늘이 없고—피부가 매끄러워서 촉각이 뛰어나다—몇몇 종은 탁월한 시각도 지녔다. 특히 얼룩메기(녀석의 학명인 '익탈루루스 풍크타투스*Ictalurus punctatus*'는 '점박이 고양이물고기'라는 뜻이다)의 시각이 탁월한데, 녀석의 눈은 시각에 관한 의학 연구에 쓰인다. 메기의 다른 부위는 포진 연구에 쓰이고 생식선은 생식 연구에 쓰이는데, 이것으로도 부족했는지 (버드나무 고양이, 두 갈래 꼬리 고양이, 점박이 고양이, 숙녀 고양이 등의 다양한 이름을 지닌) 이 가련한 생물은 맛있기까지 하다. 텍사스에서 메기는 배스와 크래피의 뒤를 이어 낚시꾼에게 세 번째로 인기 있는 물고기이다. 메기는 상어와 마찬가지로 전기 수용 감각을 추가로 지녔다. 녀석은 그 감각으로 진흙 속에 묻힌 벌레와 유충의 전기장을 감지한다. 대부분의 메기는 인간에게 해롭지 않지만(몇몇은 가시에 독이 있어서 약간 고약하긴 하다) 아마존에 사는 아주 작은 메기인 칸디루candiru는 조심해야 한다. 당신이 아마존의 탁한 물에서 수영을 하다가 오줌을 누면, 칸디루가 당신의 요도로 들어올 것이다. 당신 속으로 들어온 칸디루는 가시를 곧추세워 염증과 출혈과 죽음을 유발한다.

굶으면서 입으로 알 품기

벽창호메기 수컷은 수정된 알을 입안에서 부화시킨다.

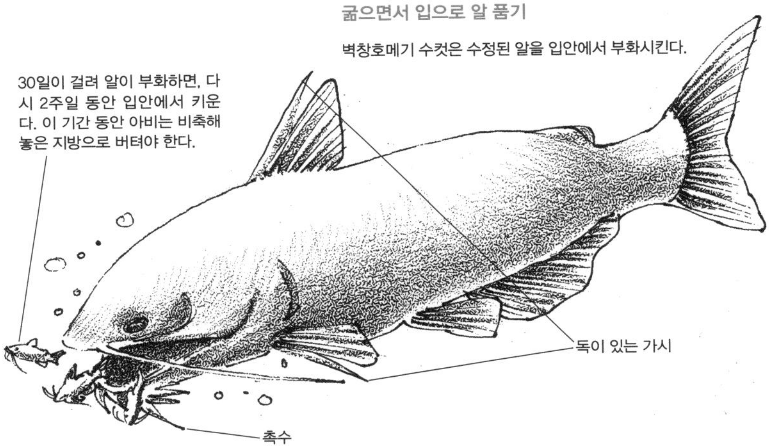

W a l r u s

바다코끼리

요 란 하 게 빨 아 먹 는 무 례 한 녀 석

바다코끼리의 영어 이름 'walrus'는 네덜란드어 'walros'('바닷가의 말')에서 나왔을 가능성이 있고 학명인 오도베누스 로스마루스*Odobenus rosmarus*는 '이빨로 걷는 해마'를 뜻하지만, 바다코끼리는 말과 닮은 구석이 없다. 바다코끼리는 몸길이와 몸둘레가 거의 같고, 눈에 띄는 귀가 없으며, 이빨을 땅에 박고 몸을 끌어서 움직인다. 또한 열을 받으면 희끄무레한 색에서 핑크색을 거쳐 황갈색으로 바뀐다. 해안에서 일광욕을 하는 바다코끼리를 멀리서 보면 각종 소시지가 널려 있는 것처럼 보인다.

루이스 캐럴은 선덜랜드 박물관에 전시된 바다코끼리 박제를 보고 영감을 얻어 1871년에 〈바다코끼리와 목수〉라는 시를 썼다. 오늘날에는 그 박제의 머리만 남아 있다. 존 레넌은 캐럴의 〈바다코끼리와 목수〉에서 영감을 얻어 앨범 '마법의 수수께끼 여행Magical Mystery Tour'에 수록된 〈나는 바다코끼리I am the Walrus〉라는 곡을 썼다.

바다코끼리는 해산물을 엄청나게 좋아한다. 녀석은 새조개, 홍합, 게, 새우, 달팽이, 문어를 즐겨 먹고 한 번에 대합 6000개를 먹어치울 수 있다. 대합은 바다 밑바닥에 묻혀 있으므로 바다코끼리는 먼저 대합을 캐내야 한다. 이를 위해 녀석은 앞지느러미로 퇴적물을 쓸어내는데 거의 항상 오른 앞지느러미를 사용한다. 왼손잡이 바다코끼리는 없다.

사람들은 오랫동안 모든 동물은 양손잡이라고 믿었지만, 진실은 그렇지 않다는 것이 최근의 연구에서 드러났다. 바다코끼리와 마찬가지로 고래, 닭, 두꺼비는 오른쪽을 앞세우는 경향이 있는 반면, 개구리와 도마뱀은 왼쪽을 선호한다.

바다코끼리가 먹이를 얻는 또 다른 방법은 입술과 혀를 고압 호스처럼 만들어서 물을 세차게 내뿜어 바다 밑바닥의 먹이가 드러나게 하는 것이다. 그렇게 하면 모래와 퇴적물이 피어올라 시야가 어두워지므로 바다코끼리는 작은 눈에 의지하는 대신에 콧수염으로 바닥을 더듬어 먹이를 찾는다. 녀석의 콧수염은 400가닥이 넘는 극도로 예민한 털들로 이루어졌다. 그 털을 일컬어 '강모vibrissa'라고 하는데, 'vibrissa'는 '진동기vibrator'를 뜻하는 라틴어이다. 바닥을 더듬는 바다코끼리는 각각의 강모를 독립적으로 움직일 수 있다.

바다코끼리는 불어낼 줄만 아는 게 아니라 빨아들일 줄도 안다. 조개를 발견한 바다코끼리는 조개를 입술로 단단히 물고 혀를 피스톤처럼 당겨서 부드러운 조갯살을 빨아들인다. 때로는 갈매기를 진공청소기처럼 빨아들이거나 바다표범 새끼의 뇌를 콧구멍을 통해 빨아들이는 특별한 솜씨를 발휘하는데, 그린란드의 이뉴잇족 젊은이는 관광객을 즐겁

북극 슈퍼마켓

이뉴잇족에게 바다코끼리는 종합선물세트이다.

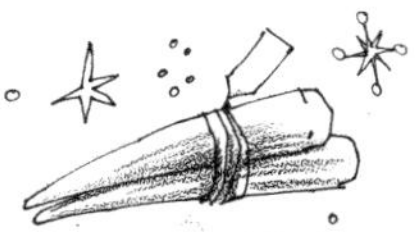

엄니는 조각공예용 재료

지방은 등잔에 쓸 기름

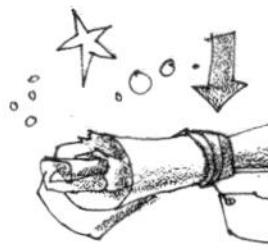

가죽은 배를 만들 재료

장은 방수 천의 재료

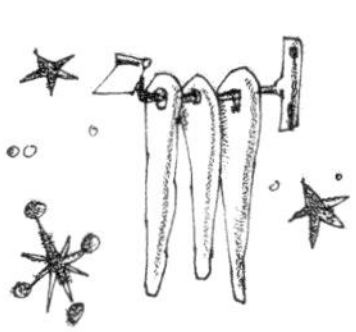

페니스 뼈는 몽둥이

고기는 1000인분 식량

게 해주기 위해서 그 솜씨를 보여준다. 바다코끼리가 빠는 힘은 일반적인 진공청소기보다 세 배 강하다. 그래서 녀석의 위에는 작은 돌멩이가 가득 들어 있다.

중세의 상인들은 바다코끼리의 엄니를 유니콘의 뿔로 속여 팔곤 했다. 그 엄니는 송곳니이며 계속 자란다. 덩치 큰 수컷은 엄니의 길이가 90센티미터에 달하기도 한다. 엄니는 바다코끼리가 얼음장 위에서 움직일 때 쓰일 뿐 대체로 장식용이다. 바다코끼리 사회는 단순하다. 바다코끼리 수컷은 덩치가 클수록 엄니가 더 웅장하고 암컷을 더 많이 거느린다.

바다코끼리의 짝짓기는 영하의 온도에서 벌어지는 집단 섹스파티라고 할 수 있다. 암컷은 얼음 위에서 요염하게 어슬렁거리고, 수컷은 물속에서 나팔을 불고 낑낑거리고 포효하면서 암컷에게 추파를 던진다. 그러나 집단 섹스파티에서와 달리 바다코끼리 암컷은 오로지 수컷 한 마리와 교미한다. 교미는 물속에서 이루어진다. 수컷의 페니스는 거의 엄니만큼 긴 뼈를 지녔기 때문에 차디찬 북극의 바닷속에서도 실수 없이 확실하게 작업을 완수한다.

Seal

바다표범

회색 잠수함

녀석의 귀여운 겉모습에 속지 마시라. 바다표범의 가장 가까운 친척은 곰이다. 바다표범은 어느 모로 보나 곰 못지않게 포악해질 수 있다. 펭귄 껍질이 물에 떠다닌다면 근처에 레오퍼드바다표범이 있다는 뜻이다. 레오퍼드바다표범은 불행한 펭귄을 물고 좌우로 격렬히 흔들어 껍질을 제거하고 몸뚱이를 한입에 삼킨다. 바다표범은 사랑하는 상대에게도 모질게 군다. 남방코끼리바다표범 수컷은 암컷보다 6배 큰데 가끔 교미 도중에 흥분해 우발적으로 암컷의 두개골을 깨물어 박살낸다. 태평양몽크바다표범 암컷은 발정한 폭도에게 당할 수 있다. 쉽게 말해서 호색적인 수컷 집단에게 맞아죽을 수 있다. 현재 사람들은 그 종의 멸종을 막기 위해서 수컷에게 성욕을 억제하는 약물을 투여하고 있다.

코끼리바다표범과 녀석의 가까운 친척인 바다사자의 수컷은 공격적일 뿐 아니라 덩치가 거대하다. 더 크고 공격적인 수컷일수록 번식 활동이 이루어지는 해안에서 더 넓

스코틀랜드 전설에는 자신의 껍질을 벗어두었다가 인간의 술수에 걸려 인간과 결혼하는 '셀키Selkie'라는 바다표범요정이 나온다. 이 셀키 전설은 라플란드에서 온 샤먼들에 대한 기억이 민중의 기억에 흐릿하게 남은 것일지도 모른다. 그 샤먼들은 바다표범 가죽을 입고 마술로 병을 치유했다. 바다표범을 뜻하는 영어 '실Seal'은 원래 사미어(라플란드에 사는 라프족[사미족]의 언어)이다.

은 구역을 차지하고 더 많은 암컷을 거느린다. 수컷 한 마리가 암컷을 최대 50마리 거느리는 것이 보통이지만, 수컷 30마리가 암컷을 무려 1000마리 거느리고 최상위 수컷 다섯 마리가 교미 활동의 대부분을 독차지하는 경우도 있다.

수컷끼리의 충돌은 대부분 소리만 요란하다. 요란하게 '그르릉' 소리를 내면서 상대의 뺨을 때리는 정도에 머문다. 그러나 진짜 싸움이 벌어지면 당사자 쌍방과 애먼 구경꾼까지 피를 보는 수가 있다. 암컷은 싸움을 가라앉히는 데 전혀 도움이 안 된다.

암컷은 교미 중에 심하게 요란을 떨어 주위의 모든 수컷이 곧장 달려오도록 만든다. 곧이어 벌어지는 난투의 와중에 새끼들은 어미로부터 분리되고 짓눌리거나 멀리 내던져진다. 이런 소동이 단 한 번 벌어지는 동안 집단에 속한 새끼의 3분의 2가 죽는 경우도 있다. 그러므로 새끼는 살아남기 위해 신속하게 성장해야 한다. 이런 사정 때문에 바다표범의 젖은 모든 포유동물의 젖 중에서 지방 함량이 가장 높다. 지방 함량이 생크림의 두 배인 바다표범의 젖은 거의 푸딩 수준이다. 바다표범 새끼가 매일 몇 킬로그램씩 몸무게가 늘어 보름 남짓이면 젖을 뗀다는 사실은 놀라운 일이 아닐 것이다.

바다표범의 진정한 힘과 공격성은 바닷속에서 발휘된다. 바다표범의 사냥은 사자의 사냥보다 두 배 효율적이다. 코끼리바다표범은 한 번에 두 시간 잠수하고 수심 1500미터에 도달할 수 있다. 녀석은 잠수병을 예방하기 위해 폐 속의 공기를 전부 배출한 후에 핏속에 용해된 산소만으로 버틴다. 녀석은 대부분의 포유동물보다 두 배 많은 피를 지녔으며 잠수할 때 심장 박동수가 분당 90회에서 4회로 떨어진다. 때때로 녀석은 빨리 가라앉기 위해 돌을 삼키기도 한다.

더욱 대단한 것은 바다표범의 시야는 물속에서도 흐릿해지지 않는다는 점이다. 다른 포유동물의 경우에는 물이 외부 렌즈(각막)를 쓸모없게 만들기 때문에 시야가 흐릿해진다. 이는 당신이 투명한 유리구슬을 물이 담긴 욕조 속에 떨어뜨리면 보이지 않게 되는 것과 마찬가지 현상이다. 바다표범은 이 문제를 거대한 구형 내부 렌즈로 상의 초점을 맞추고 적응성이 극도로 뛰어난 홍채로 빛을 조절함으로써 극복한다. 이 같은 특별한 구조를 지닌 바다표범의 눈은 크고 아름다울 뿐 아니라 녀석이 밝은 햇빛 속에서나 어두컴컴한 심해에서나 훌륭한 사냥 솜씨를 발휘하게 해준다.

바다표범과 바다사자의 구분법

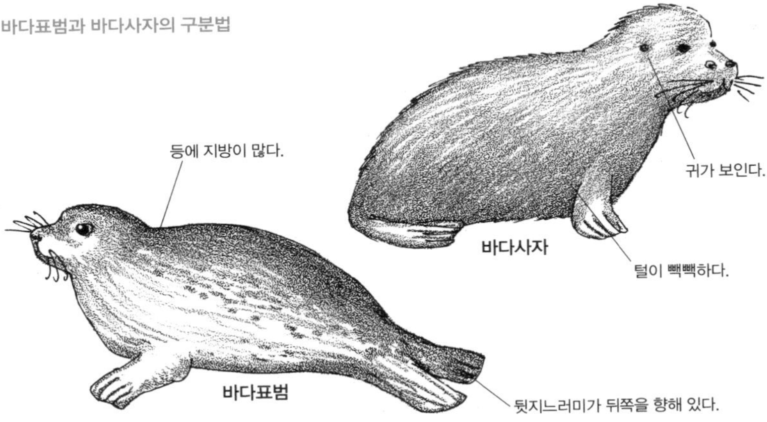

Bat

박쥐

엄청나게 다양하고 시끄럽고 단정한 놈

박쥐는 엄청나게 다양하다. 모든 포유류 종의 5분의 1을 차지하며 설치목만 빼면 다른 어떤 목보다 다양한 모양과 크기로 넓은 지역에 분포한다.

박쥐는 쉴 때 거꾸로 매달릴 수 있도록 힘줄과 근육이 배열되어 있다.

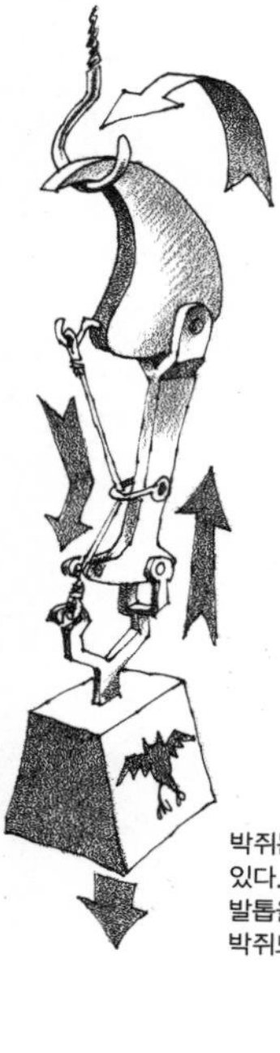

박쥐는 에너지를 전혀 쓰지 않고 매달릴 수 있다. 왜냐하면 박쥐의 몸무게가 자동으로 발톱을 모아 잠그기 때문이다. 심지어 죽은 박쥐도 매달린 상태를 유지한다.

녀석의 성공을 쉽게 납득할 수 있다. 날개를 달고 날아올라 완전히 새로운 먹이와 보금자리의 세계를 연 포유류는 지금까지 박쥐가 유일하다. 박쥐목의 라틴어 이름인 '키로푸라Chiropura'는 '손날개'를 의미하는데, 실제로 박쥐의 날개는 엄지손가락 한 개와 나머지 네 개의 손가락을 지닌 손이라고 할 수 있다. 만일 우리의 손이 박쥐의 손만큼 크다면, 우리의 손가락은 길이가 2.1미터에 달하고 뜨개질용 바늘보다 가늘 것이다.

박쥐는 전부 900종이며 큰박쥐과와 작은박쥐과로 분류된다. 큰박쥐과에는 열대지방의 과일박쥐가 속하고, 훨씬 더 많은 작은박쥐과에는 반향으로 위치를 알아내는 박쥐들이 속한다. 평균적인 작은박쥐는 하룻저녁에 평균 40만 회의 신호를 방출한다. 이 '찍찍' 하는 신호의 세기는 110데시벨이다. 그러니까 일반적인 록밴드보다 시끄러운데 진동수가 너무 높아서 우리는 듣지 못한다. 박쥐는 날개를 휘저을 때마다 제 귀를 막아서 귀의 손상을 방지한다. 또 녀석은 날개 운동에서 나온 에너지를 이용해 후두로 공기가 들어가게 만든다. 이렇게 날개 휘젓기, 찍찍거리기, 귀 막기가 완벽하게 협응한다.

중국인에게 박쥐는 행운을 상징한다. '박쥐'를 뜻하는 蝠과 '행복'을 뜻하는 福의 발음이 똑같이 '푸'이기 때문이다.

각각의 소리 신호는 박쥐에게 대상의 위치와 크기와 방향, 심지어 단단한 정도까지 알려준다. 그 정보는 90센티미터 떨어진 거미줄 한 개를 식별할 수 있을 정도로 정확하다. 먹이가 포착되면 초음파 신호가 빨라져 공격 모드로 바뀐다.

이제껏 알려진 가장 큰 포유류 집단은 5천만 마리로 이루어진 똥박쥐*Tadarida brasiliensis mexicana* 무리이다. 한 무리의 박쥐가 '저녁'을 맞아 소굴을 비우는 일은 오후 중간에 시작되어야 한다. 그래야만 모든 박쥐가 소굴을 빠져나갈 수 있다.

'육아' 보금자리에는 가로세로 30센티미터의 면적에 1500마리의 새끼가 있지만, 어미 박쥐는 소리와 냄새를 이용해 자기 새끼에게만 먹이를 준다. 암컷은 동면하는 동안에 '임신하며' 떠돌이 수컷의 애무를 받아 체온을 유지한다. 수컷의 정자는 암컷의 몸속에서 생명을 유지하며, 봄에 암컷이 깨어나면 비로소 수정이 이루어진다.

박쥐는 하루에 한 시간씩 몸단장을 한다. 얼굴의 샘에서 나온 기름을 날개에 발라 촉촉하고 유연한 상태를 유지한다. 녀석은 30년 동안 살 수 있다.

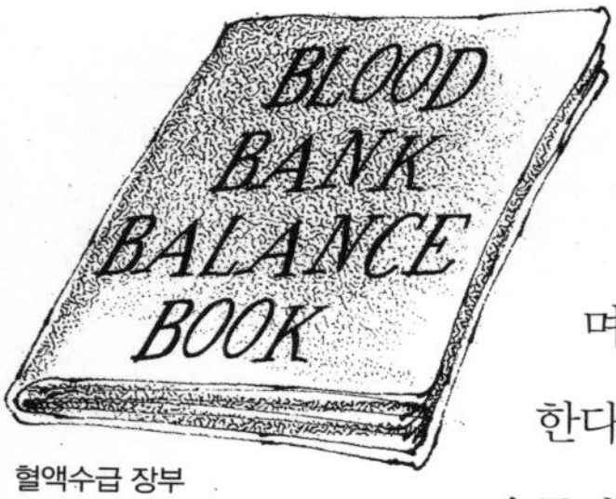

혈액수급 장부

흡혈박쥐는 주로 소, 말, 맥, 칠면조의 피를 먹는다. 간혹 사람의 피를 빠는 경우에도 대개 목이 아니라 엄지발가락을 빨며 한 번에 두 숟가락 분량의 피밖에 빨지 못한다. 녀석은 오로지 피만 먹고 사는 유일한 포유류다. 피는 비교적 에너지가 낮은 먹이라서, 흡혈박쥐는 이틀 동안 먹지 못하면 죽는다. 이 문제를 해결하기 위해서 녀석은 다 자란 암컷이 서로의 피를 빠는 교묘한 생존 방법을 개발했다. 녀석은 심지어 누가 자신에게 피를 주었는지 기억해 가장 먼저 그 녀석에게 피를 갚는다. 흡혈박쥐의 침에서 추출한 물질로 개발한 '드라큘린'이라는 약은 피가 응고하는 것을 막는 작용을 하며 심장마비와 뇌졸중의 치료에 쓰인다.

박쥐 똥은 비료로 가치가 높으며 화약에 쓰이는 초석의 원료이다. 또한 박쥐 똥은 영양이 풍부하다. 100그램에 맥도날드의 빅맥에 들어 있는 것보다 더 많은 단백질과 미네랄이 들어 있다.

Snake

뱀

행복한 포식자

날 때부터 뱀을 무서워하는 사람은 없다. 뱀에 대한 두려움은 학습된 것이다. 그러나 그 두려움은 비합리적이다. 70종 이상의 뱀이 사는 플로리다에서 뱀에 물려 죽는 사람은 벌에 쏘여 죽는 사람이나 벼락에 맞아 죽는 사람보다 훨씬 적으며 개에 물리는 사람보다 500배 적다. 플로리다에서 교통사고로 부상을 당할 확률은 뱀에 물릴 확률보다 최소한 100배 높다. 뱀은 공격적이지 않으며 사람을 뒤쫓지 않는다. 설령 뱀이 쫓아오더라도 걸어서 달아나면 그만이다. 방울뱀의 이동속도는 최고 시속 3.2킬로미터이다. 가장 빠른 뱀으로 알려진 블랙맘바 *Dendroaspis polylepis*('비늘이 많은 나무 뱀'이라는 뜻)인데, 최고 속도가 고작 시속 16킬로미터이다.

가장 작은 뱀은 굴실뱀*Leptotyphlops bilineata*('두 줄이 있는 말라빠진 장님'이라는 뜻)이다. 녀석의 길이는 15센티미터이고 굵기는 성냥개비 수준이다. 가장 큰 뱀이 얼마나 큰지는 아무도 모른다. 왜냐하면 정말 큰 뱀을 과학적으로 측정한 적은 없기 때문이다. 20세기 초 인도네시아 셀레베스 섬에서 측정한 그물무늬비단

뱀은 뱃속에 숨겨진 두 개의 페니스를 지녔다. 흔히 오른쪽 페니스가 더 크다. 인간이 대부분 오른손잡이인 것처럼 대부분의 뱀은 오른페니스잡이인 듯하다.

뱀은 10미터였다고 하고, 콜롬비아에서 측정한 아나콘다는 11.4미터였다고 한다. 이정도로 긴 뱀을 발견했다는 보고는 지난 100년 동안 없었다. 뱀가죽은 값이 매우 비싸기 때문에 충분히 자랄 만큼 살아 있는 뱀은 없다.

보아뱀과 비단뱀의 입술은 자연에서 가장 민감한 열 탐지기이다. 녀석의 입술은 대상과 배경 사이에 1000분의 1도만큼 온도 차이가 있는 것을 감지하며, 같은 수준의 정확도로 대상의 방향과 거리를 알아챈다. 녀석은 완전한 어둠 속에서 오로지 먹이의 체온만을 감지해 사냥할 수 있다.

열 탐지 구멍을 지닌 방울뱀과 살무사 등은 열을 워낙 예민하게 감지하기 때문에 눈이 멀고 귀가 먹고 혀가 잘려도 먹이를 정확하게 공격할 수 있다. 많은 뱀은 공기의 맛을 느끼고 열을 볼 수 있다.

식물을 먹이로 삼는 뱀은 없다. 뱀은 다른 동물 외에는 아무것도 먹지 않는다. 아나콘다와 비단뱀은 사슴이나 염소를 통째로 삼킬 수 있을 만큼 아가리를 벌릴 수 있고, 비단뱀은 표범이나 악어와 너끈히 싸울 수 있다. 뱀이 소화불량에 걸릴 수 있는지 여부는 알려지지 않았다. 하지만 뱀에게 소

자기 머리보다
더 큰 먹이를 먹는 법

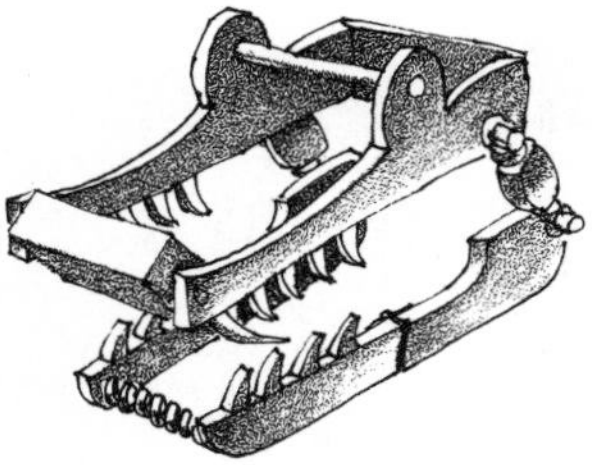

뱀의 턱은 탈구되지 않는다. 뱀의 두개골을 이루는 뼈들은 탄력적인 인대로 연결되어 있어서 아가리를 150도까지 벌릴 수 있다.

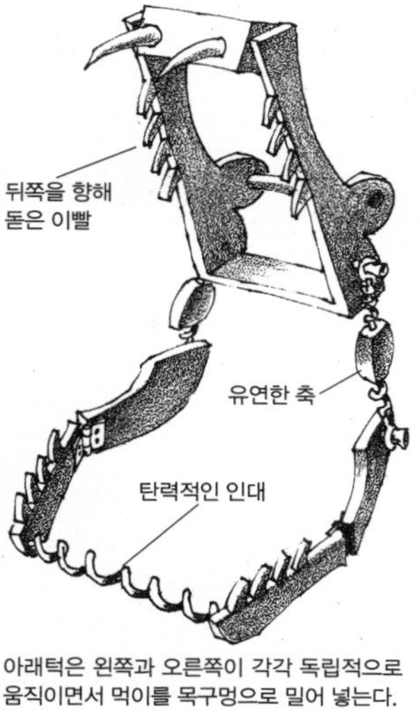

아래턱은 왼쪽과 오른쪽이 각각 독립적으로 움직이면서 먹이를 목구멍으로 밀어 넣는다.

화제를 먹이면 안 된다. 녀석의 위에는 강력한 위산이 있어서 소화제가 들어가면 폭발이 일어난다. 대부분의 뱀은 1주일에 한 번 먹는다. 어떤 놈은 1년에 8번이나 10번만 먹는다. 한 번 푸짐하게 먹은 비단뱀은 1년 내내 금식할 수 있고, 유럽살무사 암컷은 18개월 동안 그렇게 할 수 있다.

뱀은 일광욕을 즐기며, 사람들이 무서워하는 다른 동물과 마찬가지로 방해 받기를 싫어한다. 방해를 받은 뱀은 대개 꿈틀거리며 달아난다. 작은노란산호뱀*Micruroides euryxanthus*('노란 띠가 있는 작은 꼬리'라는 뜻)은 달아나면서 규칙적으로 작고 높은 소리로 방귀를 뀐다. 유럽유혈목이*Natrix natrix*는 (무해하지만) 항문에 있는 샘에서 썩은 마늘의 고약한 냄새를 풍기며 달아나면서 위 속에 있는 것들을 토해낸다. 만일 그래도 당신이 따라온다면, 녀석은 몸을 뒤집어 배를 하늘로 향하고 아가리를 벌리고 혀를 밖으로 늘어뜨린 채 꼼짝하지 않는다. 이 행동이 방어인지 아니면 그저 몹쓸 짓인지는 알려지지 않았다. 충분히 다가가서 유럽유혈목이에게 왜 그러느냐고 물어본 연구자는 없다.

B e e

벌

누 구 . . . 시 더 라 ?

인간의 언어를 제외하면, 가장 정교한 소통 형식을 자랑하는 동물은 유인원이 아니라 곤충이다. 꿀벌은 '8자 춤'이라는 복잡한 운동과 진동의 연쇄로 먹이의 위치와 거리와 길을 서로에게 알려줄 수 있다. 또한 영장류와 돌고래의 '언어' 대부분과 달리 우리는 벌들이 서로 주고받는 이야기를 이해할 수 있다(예를 들어 꼬리 흔들기 한 번은 벌집에서 약 45미터 거리를 의미한다). 1945년 이 사실을 발견한 카를 폰 프리슈는 동물행동학 연구로 노벨 생리의학상을 받은 유일한 인물이다.

이후의 연구에 의해 더 많은 것이 발견되었다. 벌은 시간 감각을 가지고 있다. 녀석은 자외선 영역을 볼 수 있기 때문에 특정 색깔과 질감의 꽃에 더 끌린다. 녀석은 경험을 통해 학습할 수 있다. 심지어 인간의 얼굴을 기억할 수 있다. 많은 사람들이 마흔 살을 넘긴 후에 타인의 얼굴을 기억하는 데 곤란을 겪는다는 점을 생각할 때, 핀의 머리만 한 뇌를 가진 생물이 그런 능력을 발휘한다는 것은 정말 놀랍게 느껴진다. 특정한 얼굴 사진을 보여준 다음에 꿀을 주고 다른 얼굴 사진을 보여준 다음에는 꿀을 주지 않는 일을 반복하면, 벌은 신속하게 얼굴의 차이를 분간하는 법을 배운다. 하지만 이 학습에 너무 큰 의미를 부여

하지 말아야 한다. 벌이 유의미한 방식으로 '생각하는' 것은 아니다. 녀석은 잡담을 하지 않는다. 오로지 두 가지에 대해서만 소통한다. 먹이에 대해서, 그리고 다음 벌집을 지을 장소에 대해서만 말이다. 방금 언급한 실험에서 '얼굴'은 녀석들이 사귀고 싶은 사람이 아니라 이상하게 생긴 꽃의 역할을 하는 것이 분명하다. 마찬가지 이유로 벌집에서 격리된 한 마리의 벌은 애완동물로서의 매력에 뚜렷한 한계가 있다.

꿀벌은 신세계에서 진화하지 않았다. 신세계의 꿀벌은 영국인 개척자가 들여온 것이다. 아메리카 원주민은 꿀벌을 '백인의 파리'라고 불렀다.

그리스인, 이집트인, 바빌로니아인이 벌을 신성한 존재로 여긴 이유를 어렵지 않게 납득할 수 있다. 벌집은 질서정연한 사회의 본보기일 뿐 아니라 드라마로 넘쳐난다. 여왕은 자매들을 모두 살해한 직후에 '혼인비행'에 나서 공중에 머물면서 최대 15마리의 수벌과 짝짓기를 한다. 그리고 수벌은 모두 죽고(녀석들의 페니스는 귀에 들릴 정도의 파열음을 내며 폭발하는데, 페니스의 끝부분은 여왕벌의 몸속에 남는다) 여왕벌은 자신이 지배할 집단 전체에 필요한 인원을 낳기에 충분한 정자를 몸속에 지니고서 귀환한다. 여왕벌은 3년 동안 살면서 매일 최대 1500개의 알을 낳는다. 시중을 드는 일벌이 끊임없이 여왕벌에게 먹이를 주고 몸단장을 해준다. 아주 드물게 화학적 균형이 흔들리면 암컷 일벌도 알을 낳는데, 그런 반역자들은 가차 없이 처단되고 반역자가 낳은 알은 모두 동료 일벌이 즉시 먹어치운다.

양봉꿀벌*Apis mellifera*은 분비물인 꿀을 인간에게 제공하는데, 인간이 동물을 해치지 않으면서 얻을 수 있는 분비물은 우유와 꿀뿐이다. 잘 봉인되고 저장된 꿀은 썩지 않는다. 고고학자들은 이집트 파라오의 무덤에서 발견된 3천 년 된 꿀을 맛보고 먹을 수 있음을 발견했다. 꿀은 '흡습성'을 지녔다. 쉽게 말해서 습기를 빨아들여 보유한다. 그래서 꿀에 접촉하는 곰팡이와 박테리아는 자신의 습기를 신속하게 잃고 죽는다. 그러나 꿀은 벌이 지닌 경제적 가치의 50분의 1을 담당할 뿐이다. 벌은 매년 미국에서만 190억 달러 상당의 농작물을 수정시킨다. 벌들이 없으면 농업은 불가능할 것이다. 우리가 먹는 식량의 3분의 1은 벌 덕분에 존재한다.

일벌의 탄생

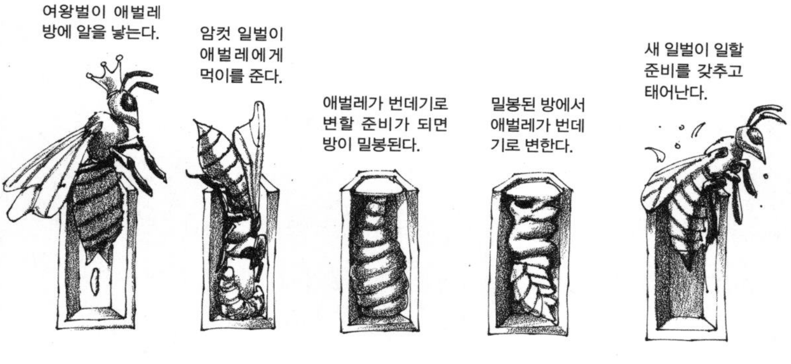

Starfish

불가사리

뇌가 없고 발이 영리한 놈

불가사리는 영어로 'starfish(별 물고기)'이지만 물고기가 아니다. 녀석은 물고기보다 훨씬 더 오래된 생물인 극피동물이다. 극피동물(echinoderm, '가시 돋친 피부'라는 뜻)은 성게와 해삼도 아우르며 캄브리아기 초기인 약 5억 5000만 년 전에 등장해 지금까지 거의 변화하지 않았다. 연체동물이나 곤충과 달리 극피동물은 '소골편ossicle'이라는 탄산칼슘 판들로 이루어진 내골격을 지녔다. 그래서 녀석은 인간을 포함한 모든 척추동물의 직접적인 친척이다.

극피동물은 집중된 뇌가 없고, 별 모양이라서 앞뒤도 없다. 녀석이 뇌와 비슷한 것을 지녔다면, 그것은 입 주위에 고리처럼 분포한 신경들이다. 그 신경고리에서 각각의 다리로 신경이 뻗어나간다. 다리 하나(대개 먹이에 가장 가까운 다리)가 움직이면, 신경고리는 그 움직임을 다른 다리에게 알려 뒤따르게 한다. 이 시스템이 지닌 대단한 장점은 다리를 재생하는 능력이다. 링키아불가사리*Linckia* 종들은 절단된 다리에서 새로운 불가사리가 재생되기까지 한다. 이 재생의 초기 단계에 있는 불가사리는 긴 다

불가사리는 물이 채워진 빨판에서 추진력을 얻어 지형지물을 스치듯이 이동한다.

경영학에서 '불가사리 조직'은 완전히 탈중심화된 조직을 뜻한다. 다른 한편 수동적인 섹스파트너를 불가사리라고 부르기도 하는데, 이는 '그냥 누워 있기만 하는' 파트너라는 뜻이다.

리 하나에 작은 몸통과 작은 다리 네 개가 달린 모양이어서 마치 혜성처럼 보인다.

불가사리는 입(밑에 있음)과 항문(위에 있음)을 지녔지만 귀와 눈과 코는 없다. 대신에 불가사리는 아래쪽에 수백 개의 다목적 관족을 지녔다. 관족은 호흡하고 이동하고 먹이에 달라붙는 데 쓰인다. 또한 피부에 있는 감각세포(1제곱센티미터당 40만 개)의 도움을 받아서 코의 기능도 한다. 즉, 주변의 물에서 일어나는 화학적 변화에 반응하고 먹잇감이 방출한 '냄새 가닥'을 추적한다. 불가사리의 다리 각각의 끝에 있는 '안점eyespot'(관족이 돌연변이한 산물일 수도 있다)은 빛을 감지한다.

불가사리는 단순한 유압 시스템을 써서 움직인다. 녀석은 '천공판'이라는 체처럼 생긴 특수한 부위로 바닷물을 빨아들여 모든 관족으로 분배한다. 불가사리는 천공판으로 물을 빨아들이고 관족으로 배출하는 일을 반복함으로써 놀랍도록 빠르게 이동할 수 있다. 어떤 종들은 1분에 90센티미터나 이동한다.

불가사리의 섹스는 서로 간에 엄격하게 거리를 두고 이루어진다. 불가사리의 다리 각각에는 커다란 성기가 있지만, 암컷인지 수컷인지 판별하려면 해부를 해보아야 한다. 산란기가 되면 불가사리는 떼를 지어 알을 탐지한 수컷이 물속으로 정액을 방출한다. 암컷은 한 번에 최대 250만 개의 알을 낳는다. 불가사리 유충은 어미와 전혀 달라서 오히려 떠다니는 플랑크톤을 더 닮았다. 유충에서 다리가 자라고 아래로 가라앉아 바위에 달라붙어 있다가 성체로 탈바꿈한다.

다 자란 불가사리는 천적이 거의 없다. 녀석의 가시 돋친 피부는 아주 작은 집게로 뒤덮여 있다. 그것으로 녀석을 귀찮게 하는 모든 것을 꼬집는다. 또한 불가사리는 피부를 '손질해' 기생충을 제거한다. 어떤 검은 띠불가사리*Luidia*는 포획되면 아예 산산이 해체된다.

불가사리의 식사

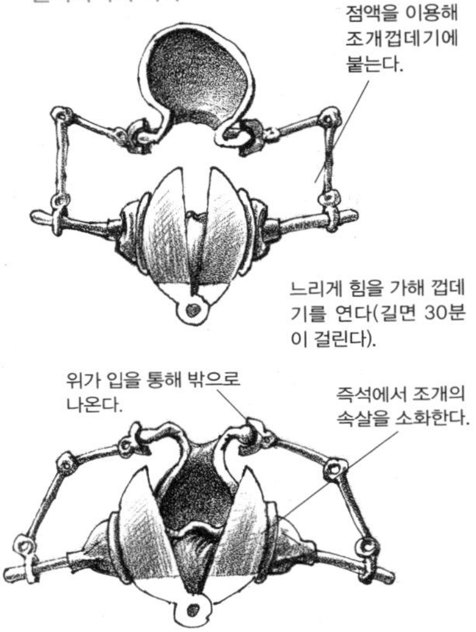

불가사리는 너무 느려서 달아나지 못하는 놈이라면 거의 먹지만 특히 조개와 굴을 즐겨 먹는다. 최근에 프랑스 르모르비앙 앞바다에 2.6제곱킬로미터 규모의 불가사리 떼가 출현했다. 가로세로 30센티미터 면적에 14마리가 있을 정도로 빽빽하게 모인 그 불가사리 떼는 천천히 바다 밑바닥을 가로지르면서 마주치는 모든 것을 먹었다.

Shark

상어

알고 보면 연약한 녀석

100종의 상어 가운데 단 한 종만 사람을 공격한다. 2005년 전 세계에서 보고된 상어의 인간 공격은 58건에 불과했고 사망자는 겨우 4명이었다. 반면에 영국에서 말벌에 희생되는 사람은 매년 평균 4명이며, 필리핀에서 해파리에 희생되는 사람은 해마다 평균 40명에 이른다. 미국에서 상어에 물려 죽는 사람은 개에 물려 죽는 사람이나 악어에 물려 죽는 사람보다 적다. 다른 한편 사람이 사람을 무는 사건은 뉴욕에서 매년 평균 1600건 일어난다. 실은 상어가 인간을 두려워할 이유가 훨씬 더 많다. 우리는 매년 최소 7000만 마리의 상어를 (일부 상어의 고기는 오줌 냄새가 남에도 불구하고) 고기와 (치질 치료용 크림의 재료로 쓰이는) 간을 얻기 위해 죽인다.

상어가 사람보다 바다표범을 더 좋아하는 것은 천만다행한 일이다. 녀석은 엄청난 감시 장비를 지녔다. 상어의 뇌 가운데 3분의 2는 후각에 종사한다. 녀석은 물에 100만 대 1의 비율로 섞인 피와 400미터 떨어져 있는 피를 탐지할 수 있다. 상어는 피를 흘리지 않는 먹이도 얼마든지 포착한다. 떼 지어 다니는 물고기

상어를 뒤집어 배가 위로 가도록 놓으면 '긴장성 부동tonic immobility'이라는 죽은 듯한 상태에 15분 동안 빠진다. 이 현상의 원인은 아무도 모른다.

는 위협을 느끼면 동료에게 알리기 위해 화학물질을 분비한다. 상어는 이 화학물질 신호를 후각으로 포착해 물고기 떼를 찾아낸다. 또 상어는 진동수가 낮은 음파를 포착하는 능력이 있어서 먼 곳에서 물고기의 심장이 박동하는 소리를 들을 수 있고, 몸에 압력 감각기관이 있어서 멀리 떨어진 물고기의 움직임을 물의 미세한 떨림으로 '느낄' 수 있다. 상어 머리의 피부 밑에 있는 세포는 자기장의 미세한 변화와 극히 약한 전기 신호를 포착한다. 이 세포는 상어가 마치 나침반을 지닌 것처럼 방향을 찾는 데 도움을 주고 사냥에도 기여한다. 이 세포 덕분에 상어는 멀리 떨어진 물고기가 심지어 모래 속에 숨어서 근육을 움직이는 것을 감지할 수 있다.

어떤 상어는 중이에 깊이를 측정하는 장치까지 지녔다. 이렇게 정교한 장비를 갖춘 상어는 완전한 암흑 속에서도 사냥할 수 있다. 그러나 암흑 속에서의 사냥은 그다지 완벽하지 않은 듯하다(물론 밝은 곳에서 상어의 시력은 완벽하다). 상어의 위에서 맥주병, 감자 포대, 작은북, 자동차 번호판, 벽돌, 갑옷, 산미치광이 등이 발견되었다. 어느 뱀상어의 위에서 오버코트 세 벌과 레인코트 한 벌, 바지 몇 벌, 신발 한 켤레, 운전면허증, 사슴뿔, 멀쩡한 바닷가재 열두 마리, 반쯤 소화된 닭들이 가득한 닭장 하나가 발견된 일도 있다.

주름상어 암컷은 임신기간이 자연을 통틀어 가장 길다. 무려 3년이다. 자연에서 가장 큰 알은 타조 알이 아니라 고래상어 알이다. 1953년에 발견된 고래상어 알은 길이 30센티미터, 폭 15센티미터, 높이 10센티미터였다. 모래뱀상어의 태아는 어미의 자궁 속에서 서로를 잡아먹는다. 그러나 상어의 인간 공격이 처음 기록된 1580년 이래로 지금까지 보고된 공격은 채 2500건이 되지 않는다. 1996년 화장실에서 부상을 당한 미국인의 수(4만 3687명)의 6퍼센트에 불과한 셈이다.

상어 수컷은 페니스가 없다. 이 한 마디로 많은 것이 설명되었다고 본다.

머리로 전기를 탐지한다

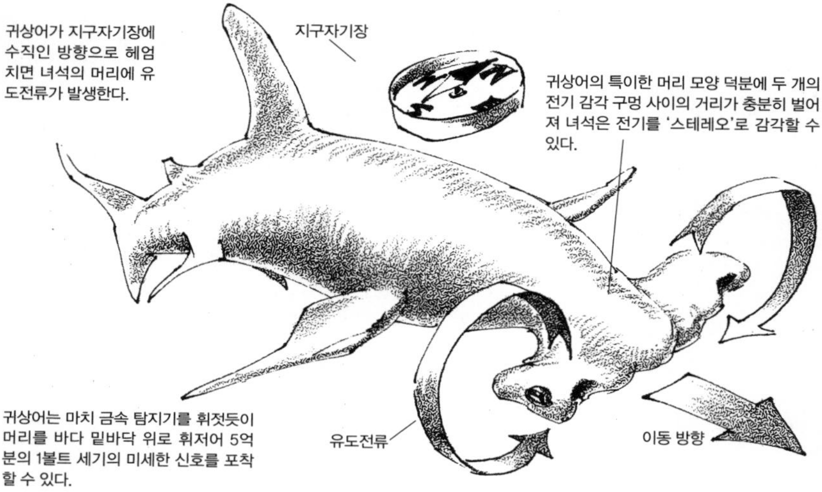

E a g l e

수리

모 든 능 력 을 갖 추 고 모 든 것 을 먹 는 다

수리는 수리과*Accipitridae*에 속한다. 수리과의 학명은 '잡아먹는 새'를 뜻하는 라틴어 '아키피터accipiter'에서 유래했다. 영어에서 '액시피터accipiter'는 '코에 붙이는 밴드'를 뜻하기도 한다. 그 모습이 매의 부리나 발톱을 닮았기 때문이다. 수리의 정체에 대해서는 이견이 분분하다. 수리 종이 서로 어떤 관계가 있는지 아는 사람은 없으며, 수리의 진화에 대한 이해도 빈약하다. 수리는 무엇이 아니라는 식으로, 그러니까 부정적으로 정의된다. 어느 전문적인 정의에 따르면, 수리란 '크거나 매우 크며, 솔개, 독수리, 매, 말똥가리가 아닌 주행성 맹금'이다. 모든 수리 종은 암컷이 수컷보다 크며, 사나운 종일수록 암컷과 수컷의 덩치 차이가 크다.

수리는 몸의 크기 대비 눈의 크기가 최대 인간의 20배이다. 수리의 눈은 워낙 커서 눈구멍 안에서 거의 움직일 수 없다. 그래서 수리는 주위를 둘러보려면 올빼미처럼 머리 전체를 돌려야 한다. 그럼에도 수리의 날카로운 시각은 인간보다 최고 8배 우월하다. 수리는 3.2킬로미터 떨어진 토끼를 포착할 수 있다. 수

수리는 한 번에 두 개의 알을 낳지만, 대개 먼저 태어난 새끼가 동생을 죽인다. 심지어 먹이가 충분할 때도 그렇게 한다. 왜 그렇게 하는지는 아무도 모른다.

힘줄이 조여져 사냥감의 목을 부러뜨린다.

리가 먹이를 향해 급강하할 때 눈의 근육은 끊임없이 수정체의 곡률을 조정해 공격 과정 내내 선명한 초점과 정확한 거리감각을 유지한다. 활공하며 솟아오르는 수리는 공기가 더워져 상승기류가 발생할 때까지 기다려야 한다. 몸무게가 무거운 수리일수록 더 늦은 오후에 사냥을 시작한다. 그러나 수리의 몸무게가 무겁다는 말은 약간 어폐가 있다. 검독수리*Aquila chrysaetos*는 날개폭이 2.3미터인데 몸무게는 4킬로그램에 못 미친다. 흰머리독수리 *Haliaeetus leucocephalus*는 뼈를 다 합친 무게보다 깃털을 다 합친 무게가 두 배 크다.

급강하하는 수리의 속도는 시속 320킬로미터에 달한다. 그러나 그런 급강하 공격은 네 번에 한 번 꼴로만 성과로 이어진다. 어떤 수리들은 푸른 하늘을 떠돌다가 돌처럼 떨어져 내려와 번번이 허탕을 치는 생활을 포기했다. 녀석들은 앉아서 때를 기다리기를 선호한다. 파충류를 (또 몇몇 물고기를) 먹는 수리는 나무 위에 당당하게 앉아 사냥감이 허둥지둥 지나가기를 기다린다. 그러다가 앉은 자리에서 사냥감을 향해 곧장 내리꽂힌다. 쇠항라머리독수리*Aquila pomarina*는 벼락처럼 내리꽂히지도 않고 주위를 도도하게 관찰하지도 않는다. 녀석은 걸어 다니면서 개구리를 잡아먹는다. 수리는 산 것과 죽은 것을 가리지 않고 아무것이나 먹는다. 설치류, 파충류, 새, 물고기뿐 아니라 개미, 흰

여러 유럽 국기에 등장하는 머리가 두 개인 수리는 비잔틴제국의 상징이었다. 한 머리는 옛 로마를, 다른 머리는 '새 로마' 곧 콘스탄티노플을 의미했다.

개미, 죽은 코끼리와 고래, 메뚜기, 새끼 물개, 게, 달팽이, 나무늘보, 뱀, 원숭이도 먹는다. 잔점배무늬독수리*Polemaetus bellicosus*는 개코원숭이를 잡아먹는다. 검독수리는 순록 새끼를 즐겨 먹는다. 참수리*Haliaeetus pelagicus*는 물개 새끼에 사족을 못 쓴다. 관뿔매*Stephanoaetus coronatus*는 맨드릴개코원숭이를 잡아먹고 자기보다 네 배 큰 영양을 죽일 수 있다. 뱀독수리는 뱀을 잡는다. 일부 뱀독수리는 뱀의 머리를 붙잡고 날아가는 반면, 다른 뱀독수리는 뱀을 머리부터 꿀꺽 삼킨다. 그런 다음에 둥지로 돌아오면, 새끼들이 어미의 부리 속에서 뱀의 꼬리를 물고 잡아당겨 밖으로 꺼낸다. 야자민목독수리가 좋아하는 먹이는 야자나무 열매이다.

Owl

올빼미

멍청하고 치명적인 놈

크고 천천히 깜박이는 눈을 지닌 올빼미는 다른 새들과 인상이 다르다. 녀석이 지혜롭다는 평판을 얻게 된 것은 의심할 바 없이 그 인상 때문일 것이다. 그러나 실제로 올빼미의 뇌는 그다지 크지 않다. 녀석의 눈알은 거의 인간의 것만큼 큰 반면, 두개골은 (깃털을 제거하고 보면) 겨우 골프공만 하다. 그러니 뇌가 작을 수밖에 없다. 올빼미의 인상은 녀석이 밤에 작은 사냥감을 잡는 일에 탁월하게 적응한 것에서 비롯한다. 녀석의

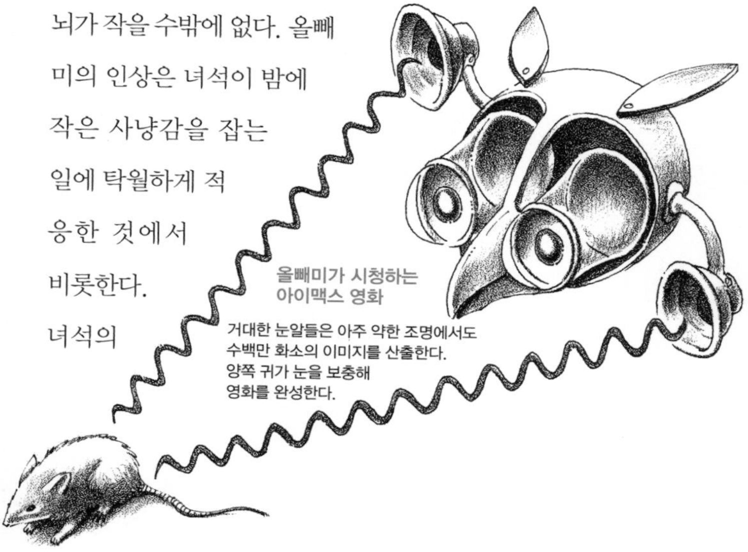

거대한 동공은 많은 빛을 받아들이고 눈알은 공 모양이 아니라 카페의 설탕 통 모양이어서 망막이 있을 자리를 최대한 넓게 제공한다. 망막에는 초점을 맞춰 세세하게 감각하는 원뿔세포보다 빛과 어둠을 구별하는 막대세포가 훨씬 더 많아서, 올빼미는 빛의 세기가 거의 0으로 떨어져도 대상을 볼 수 있다. 칡부엉이의 눈은 초 하나로 축구장을 밝히는 정도의 조명 아래에서 멈춰 있는 쥐를 찾아낼 정도로 민감하다. 눈이 이렇게 커서 생기는 한 가지 문제는, 눈을 돌릴 수 없다는 것이다. 올빼미는 시선을 돌리려면 머리를 돌려야 한다. 대상의 위치를 정확하게 판단하려 할 때 녀석은 약간씩 다른 각도에서 대상을 포착하기 위하여 고개를 갸우뚱거린다.

올빼미는 눈만 예민한 것이 아니라 귀도 매우 예민하다. 녀석의 얼굴에는 깃털이 마치 한 쌍의 접시안테나처럼 오목하게 분포해 있는데, 그 깃털이 소리 파동을 모아서 귀로 전달한다. 녀석의 귀는 두개골 양편에 수직으로 좁고 길게 뚫린 두 개의 틈이다. 몇몇 종의 귀는 한 쪽이 다른 쪽보다 더 높은 비대칭이거나 올빼미 자신이 귀 덮개를 조절해 두 귓구멍의 크기가 달라지게 만들 수 있다. 이 비대칭을 이용해 녀석은 예컨대 쥐가 바스락거리는 소리가 양쪽 귀에 도달하는 시간의 미세한 차이로 사냥감의 위치를 정확히 계산한다. 이 정확한 계산 덕분에 어떤 종은 완전한 암흑 속에서도 사냥을 할 수 있다.

인도에서는 멍청한 사람을 '올빼미'라고 부른다. 올빼미는 나쁜 징조, 불운을 알리는 전령, 저승사자의 하인으로 여겨진다.

올빼미는 특별한 시각과 청각을 진화시켰을 뿐 아니라 소리가 나지 않는 비행 방법도 진화시켰다. 녀석의 몸통과 다리는 솜털 같은 깃털로 빽빽하게 덮여 있고, 날개의 깃털도 열린 지퍼처럼 가장자리가 갈라져 공기의 흐름을 누그러뜨린다. 이 특징들 때문에 녀석은 덩치가 실제보다 훨씬 더 커 보인다. 쥐부엉이는 양 날개 사이의 거리가 90센티미터나 되지만 몸무게는 오렌지보다 가볍다. 그런데도 풍성한 깃털을 갖추고 나뭇가지에 앉은 모습은 꽤 당당하게 보인다.

오랫동안 올빼미는 매로 분류되었지만 지금은 독자적인 목으로 분류된다. 올빼미목의 학명은 '스트리기포르메스*Strigiformes*'인데, 이 단어는 올빼미를 뜻하는 그리스어 '스트릭스strix'에서 유래했다. 영어 '스트라이던트strident(귀에 거슬리는)'의 어원도 '스트릭스'이다. '스트릭스'는 올빼미의 울음소리를 흉내 낸 의성어이다. 올빼미의 영어 이름 '아울owl'도 마찬가지로 의성어이다. 이 이름은 '슬픈 통곡'을 뜻하는 라틴어 '울울라치오ululatio'에서 유래했다. 대부분의 문화에서 올빼미의 울음소리와 야행성 생활은 죽음과 불행의 징조이다.

올빼미는 목뼈의 개수가 포유동물보다 두 배 많은 14개여서 목을 270도까지 돌릴 수 있다.

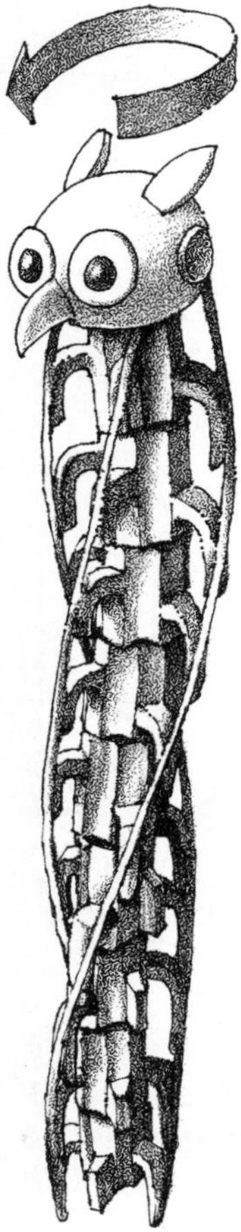

Scorpion

전갈

형광을 내는 자객

전갈은 물에서 나와 뭍에 오른 최초의 포식동물이며 지난 4억 3000만 년 동안 거의 진화하지 않았다. 이미 매우 훌륭해서 진화할 필요가 없었기 때문이다. 전갈의 전성기는 대기에 산소가 풍부했던 석탄기였다. 당시에 전갈은 개만 한 덩치로 땅 위를 돌아다녔고, 물속에는 그보다 두 배 큰 거대한 전갈이 살았다. 같은 거미강에 속한 친척이며 더 나중에 출현한 거미와 마찬가지로 전갈은 강인하고 적응력이 뛰어나다. 녀석은 영하의 온도와 사막의 열기를 버텨낸다. 심지어 물속에 완전히 잠긴 채로 이틀 동안 생존할 수 있다. 전갈은 그린란드와 남극을 제외한 모든 육지에서 발견된다. 영국 켄트 주 시어니스 항의 방파제에는 200년 전에 불법으로 입국한 노란꼬리전갈이 산다.

이 같은 강인함은 매우 효율적인 물질대사에서 연유한다. 전갈은 한 번 먹을 때 천천히 여러 시간 동안 먹는다. 녀석은 먹이를 강력한 위액으로 녹이고, 소화할 수 없는 조직만 작은 공 모양으로 뭉쳐 남긴다. 한 번 먹으면 몸무게가 최대 33퍼센트 늘어나며, 어떤 종은 먹은 것을 간처럼 생

7세기 초반에 백과사전을 펴낸 세비야의 이시도레는 전갈이 게의 시체 조각을 조립한 결과물이며 바질 향을 매우 좋아하고 사람의 손바닥은 절대로 쏘지 않는다고 믿었다.

긴 장기에 포도당의 형태로 저장해 한 끼 식사로 1년 동안 버틸 수 있다. 또 전갈은 곤충과 거미보다 네 배 느리게 에너지를 소비하고, 물을 마셔야 하는 전갈 종은 극히 드물다. 이렇게 느린 물질대사는 포식동물에게 큰 장점이다. 게다가 전갈은 살상무기를 매우 잘 갖췄다. 녀석은 눈을 두 벌 지녔다. 한 벌은 시간을 알려주고, 수정체와 망막을 갖춘 더 복잡한 나머지 한 벌은 무척추동물의 기관을 통틀어 빛에 가장 민감하다. 전갈은 집게다리에 난 털로 먹이의 정확한 위치를 삼각 측량할 수 있고, 먹이가 미세하게(60마이크로미터만큼) 움직일 때 일어나는 진동을 포착할 수 있다.

절지동물로서는 특이하게 전갈 암컷은 새끼를 낳으며, 더욱 특이하게 몇몇 종은 임신 기간이 인간보다 길다. 전갈은 독자적으로 자궁을 진화시킨 극히 드문 무척추동물의 하나이다. 자궁 속의 태아는 (난황에서가 아니라) 어미와 연결된 젖꼭지에서 영양분을 얻는다. 분만은 며칠 동안 이루어질 수도 있다. 최대 100마리의 새끼가 어미의 집게다리를 타고 올라가 독침 바로 밑의 등에 안전하게 자리를 잡는다. 그러면 어느 누구도 새끼들에게 접근할 수 없지만, 어미 자신은 접근할 수 있다. 갑자기 배고픔을 느낀 어미는 새끼를 잡아먹기도 한다.

전갈에게 알코올을 뿌리거나 불을 갖다 대면 미쳐서 스스로 자신에게 독침을 쏘아 죽는다는 속설이 있지만, 이는 사실이 아니다. 전갈은 자기 자신의 독에 해를 입지 않는다. 알려진 전갈 1500종 가운데 인간에게 위험한 독침을 지닌 녀석들은 25종에 불과하다. 대부분의 전갈에 쏘이는 것은 벌에 쏘이는 것보다 덜 위험하다. 전갈의 독은 오히려 생명을 구할 수 있다. 이스라엘 노란전갈의 독은 뇌종양을 죽이는 데

더티 댄싱: 전갈의 '전희'

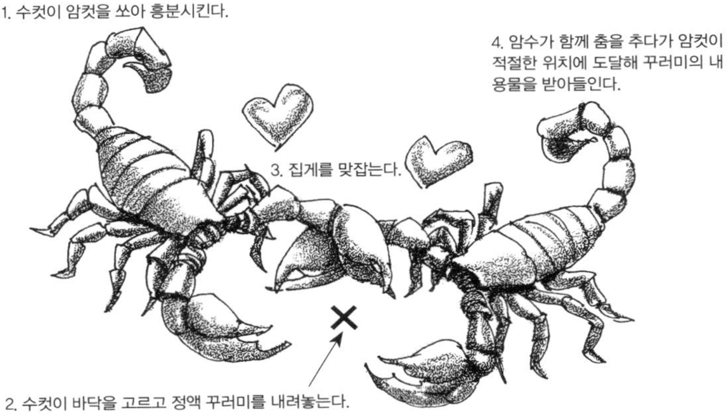

쓰인다.

전갈은 자외선을 받으면 형광螢光을 낸다. 외골격에 특수한 단백질이 있기 때문이다. 그런데 전갈 자신은 그 형광을 보지 못한다. 그렇다면 왜 형광을 내는 것일까? 그 이유는 확실히 밝혀지지 않았다. 곤충을 유혹하는 식물을 흉내 내기 위해서일지도 모르고, 포식자를 쫓아내기 위해서일지도 모르고, 햇볕을 차단하기 위해서일지도 모른다.

E l e p h a n t

코끼리

발끝으로 걷는 거대한 햄스터

코끼리는 가장 큰 육지동물이다. 큰 덩치는 녀석의 성공 비결인 동시에 녀석이 코끼리처럼 생긴 이유이다. 코끼리는 초원에서 영양을 비롯한 수많은 반추동물과 경쟁하기 위해 덩치를 키웠다. 반추동물이 먹을 수 없는 거칠고 딱딱한 식물을 먹으려다 보니 큰 소화기관과 긴 다리가 필요했다. 그래서 코끼리는 커졌고, 늦어도 약 200만 년 전에 오스트레일리아와 남극을 제외한 모든 대륙에 도달했다.

큰 덩치는 여러 과제를 안겨주었다. 큰 포유류는 체온이 너무 오르는 것을 막아야 한다. 코끼리의 귀는 체온을 식히기 위해 진화했다. 코끼리는 거의 온몸이 두꺼운 피부로 덮였는데도 귀의 피부는 종이처럼 얇다. 귀의 크기는 각각 일인용 침대 시트만 한데, 펄럭이면 바람이 일어 피의 온도를 최대 5도 낮출 수 있다. 귀에 실타래처럼 엉켜 있는 혈관이 자동차의 방열기와 같은 구실을 한다. 그 혈관의 패턴은

코끼리마다 고유해서 인간의 지문처럼 코끼리를 식별하는 데 이용할 수 있다.

'소리 없이 걷기'는 발의 뼈와 발바닥 사이에 있는 연골층이 충격을 완충하고 발바닥의 가장자리가 중심보다 먼저 땅에 닿기 때문에 가능하다. 발바닥이 땅에 닿을 때 생기는 소리는 발밑에 형성된 오목한 공간에 갇히게 된다.

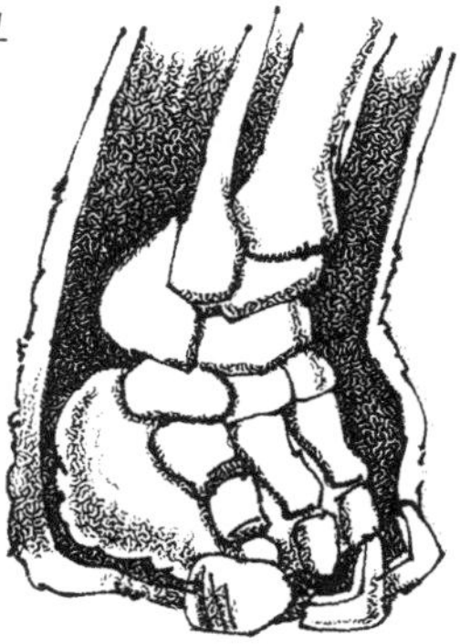

또 다른 과제는 물 마시기이다. 물을 마시려고 무릎을 꿇으면 큰 동물도 공격에 취약해진다. 코끼리는 완벽한 해법을 진화시켰다. 길이 2.1미터에 무게 180킬로그램이며 인간의 온몸에 있는 것보다 100배 많은 근육을 지닌 코가 그 해법이다. 코끼리의 코는 4.5리터의 물을 빨아들일 수 있을 뿐 아니라 팔과 손과 잠수용 호흡기와 무기의 구실을 한다. 사자를 한 방에 죽이기에 충분할 만큼 강력한데다가 끝부분이 손가락처럼 오므라들어 쌀알을 집을 수 있다.

코끼리는 몸무게가 3톤이 넘는데도 대부분의 포유동물과 마찬가지로 발끝으로 걷는다. 그러나 녀석은 네 무릎이 앞으로 굽는 유일한 포유동물이다. 이 같은 신체구조는 코끼리가 일어설 때 지렛대 효과를 추가로 만들어내기 위해 진화했다. 코끼리는 달리거나 뛸 수 없지만 (모든 발이 지면에서 떨어지는 순간이 있을 때 '달린다'고 한다) 최고 시속 24킬로미터로 소리 없이 걸을 수 있다. 또 발을 귀처럼 이용해 무려 10킬로미터 떨어진 다른 코끼리가 내는 매우 낮은 진동수의 (인간은 들을 수 없는) 소리를 들을 수 있다. 수컷과 암컷은 서로의 소리를 이해할 수 없으며, 암컷의 어휘가 훨씬 더 풍부하다.

코끼리는 뇌가 크고 영리하다. 거울 속의 자신을 알아보는 동물은 코끼리와 돌고래와 일부 영장류밖에 없다. 녀석은 12년 동안 유년기

> **코끼리의 걸음걸이는 그루초 막스(Groucho Marx, 미국 코미디언)의 걸음걸이와 약간 비슷하다. 몸을 살짝 굽힌 자세가 부드럽게 움직이는 데 도움이 되는 듯하다.**

를 보내며 많은 행동을 학습한다. 어린 코끼리는 코 쓰는 법을 보고 배워야 한다. 코끼리는 다른 코끼리의 죽음을 애도하는 정교한 풍습을 지녔으며, 죽은 코끼리의 뼈와 상아를 찾아가 어루만지는 일도 흔하다. 기록에 남은 최장수 코끼리는 80세였지만, 코끼리의 수명은 대략 50년이다. 코끼리는 포식자가 (인간 외에는) 거의 없기 때문에 주된 사망 원인은 이빨이 닳아 없어져 굶어죽는 것이다.

현존하는 동물 중에서 코끼리의 가장 가까운 친척은 바다소, 그다음은 바위너구리이다. 바위너구리는 커다란 햄스터처럼 생겼다. 이 세 종은 모두 거대한 바위너구리의 후손이다. 거대한 바위너구리는 반추동물이 등장할 때까지 아프리카의 주요 초식동물이었다.

4장

순식간에 늘어나는 놈

The Book of Animal Ignorance

Worm

꿈틀벌레

구불 꼬물 꿈틀

동물계는 34개의 문으로 구분된다. 문의 정확한 개수와 경계에 대해서는 약간 이론이 있다. 그러나 전체의 절반(일반적으로 17문)이 넘는 문을 다양한 유형의 꿈틀거리는 벌레가 차지한다는 사실에 동의하지 않는 학자는 없다. 종수로 따지면 딱정벌레가 더 많을 수도 있지만, 개체수로 따지면 세상에 가장 많은 생물은 꿈틀벌레이다.(영어 'worm'을 '꿈틀벌레'로 옮긴다. 꿈틀벌레는 다리가 없는 벌레이다. —옮긴이) 들판에 소가 아무리 많더라도 그 아래의 토양에 있는 꿈틀벌레가 항상 더 많을 것이다.

꿈틀벌레의 한 유형인 선형동물은 바다 밑바닥에서부터 인간의 내장까지 지구의 모든 곳에서 발견되는 기생동물이다. 녀석은 지구에서 개체수가 가장 많은 동물이며 길이는 100분의 1센티미터부터 8미터까지 다양하다. 대략 40,000,000,000,000,000,000,000,000,000,000,000,000,000,000,000,000,000,000,000,000,000,000,000,000,000,000마리의 선형동물이 존재하며, 녀석의 DNA는 인간의 DNA와 75퍼센트가 동일하다. 대부분의 선형동물은 유익하다. 녀석들은 겸손하게 생태계에 봉사한다. 그러나 일부 선형동물은 사상충증, 상피병, 십이지장충성 빈혈 등을 일으키는 위험한 기생충이다. 나머지 꿈틀벌레의 유형으로는 편형동물, 환형동물, 의충동물, 성구동물, 유형동물, 유선형동물이 있다. 벨벳벌레는 시든 나뭇잎이나 썩은 나무둥치에서 산다. 녀석은 동물을 마비시키고 타액으로 녹인다. 별벌레아재비는 바다 밑바닥에 판 U자 모양의 굴에서 산다. 녀석은 진흙을 먹고 싼다. 썰물 때 해안에서 보는 작은 똬리 모양의 흙은 별벌레아재비의 똥이다. 물갈퀴갯지렁이를 제외한 모든 꿈틀벌레는 자웅동체이다. 프세우도케로스 비푸르켄스*Pseudoceros bifurcens*는 오스트레일리아 퀸즐랜드의 해저 18미터에 사는 편형동물이다. 녀석은 교미할 때 '페니스 펜싱'이라고 부르는 춤을 춘다. 다시 말해 여러 마리가 길면 한 시간 동안 서로에게 정액을 주입하려고 애쓴다. 수컷, 암컷이 따로 없다. 이기는 놈이 수컷이고, 지는 놈이 암컷이다. 유형동물은 먹이가 없으면 제 몸을 먹는다. 녀석은 제 몸의 95퍼센트를 먹어치우고도 생존한다.

루이스 캐럴은 '아무도 꿈틀벌레를 좋아하지 않기 때문에' 꿈틀벌레를 좋아한다고 말했지만, 찰스 다윈도 꿈틀벌레를 매우 존경했다. 그는 며칠을 투자해서 자기 집의 뜰에 사는 지렁이의 개수를 세었고, 그러는 동안에 그의 아들은 지렁이에게 바순 연주를 들려주었다. 지렁이는 3000종이 있으며 길이는 5센티미터에서 3.4미터이다. 기름진 땅 4000제곱미터에는 지렁이 100만 마리가 산다.

일반적인 지렁이는 폐와 이빨과 눈이 없지만 심장은 10개나 있다. 그 심장은 다섯 쌍으로 배열되어 있다. 지렁이는 눈이 없지만 피부로 빛의 변화를 감지할 수 있다. 녀석의 단순한 뇌는 몸이 빛의 변화에 어떻게 반응해야 하는지 알려주는 일만 한다. 뇌를 제거해도 지

세계사에서 이 미친한 녀석들보다 더 큰 구실을 한 동물이 과연 있을지 따져볼 만하다. —찰스 다윈

렁이의 행동은 별로 바뀌지 않는다. 지렁이의 생식기관은 앞에서부터 몸길이 3분의 1지점에 마치 완장을 두른 것처럼 돌출한 부위인 환대에 있다. 환대를 뜻하는 영어 'clitellum'은 '짐 싣는 안장packsaddle'을 뜻하는 라틴어 '클리텔라에clitellae'에서 나왔다. 지렁이 한 쌍은 머리를 서로 반대 방향으로 놓고 나란히 누운 자세로 교미한다. 두 마리 모두 점액을 분비해 각자 점액으로 된 관에 둘러싸인 상태에서 정액과 알을 교환한다. 지렁이는 토양에 공기가 드나들게 만들어 식물이 성장할 수 있게 해주기 때문에 생명에 필수적이다. 지렁이가 없다면 우리 모두는 머지않아 굶어죽을 것이다. 클레오파트라는 지렁이를 신성시했다. 이집트에서 지렁이 한 마리를 죽이는 행위는 사형에 처해지는 범죄였다. 하지만 지렁이에게 바순 연주를 들려주는 행위는 다윈의 시대에나 지금에나 합법적이다.

담뱃가게 구경

"이봐, 자네 끊은 줄 알았는데……."
"끊었어! 그냥 둘러보는 거야."

선형동물인 예쁜꼬마선충은 가장 단순한 동물들 중 하나이며 아마도 가장 철저하게 연구된 동물일 것이다. 녀석은 최초로 게놈 서열이 밝혀진 동물이다.

예쁜꼬마선충은 니코틴을 좋아한다. 의존증이 생긴 다음에 니코틴 공급을 끊으면, 녀석은 심각한 금단 증상에 시달린다.

Flea

벼룩

스프링을 장착한 섹스의 신

인간의 목숨을 더 많이 앗아간 것은 말라리아모기이지만, 적어도 유럽인의 관점에서 저승사자는 벼룩을 타고 온다. '크세노프실라 케오피스*Xenopsylla cheopis*' 곧 동양쥐벼룩의 이상한 습관이 없었다면, 선페스트가 유럽과 아시아를 여러 번 휩쓰는 일은 일어날 수 없었을 것이다. 벼룩목*Siphonaptera*('날개가 없으며 피를 빨아먹는 놈')에 속한 1800종의 대부분이 그렇듯이 쥐벼룩은 항상 배가 고프며 먹는 자리를 까다롭게 고르지 않는다.

페스트는 설치류(대개 마멋)에서 시작되어 설치류의 피를 빠는 벼룩에 의해 퍼진다. 페스트 박테리아는 매우 빠르게 번식해 벼룩의 소화관을 봉쇄한다. 그러면 주둥이에 감염된 피가 흥건한 굶주린 벼룩이 급증해 공격 범위에 들어온 모든 포유동물을 물어뜯는다. 10억 명이 넘는 인간이 이 같은 벼룩의 공격에 희생되었다.

벼룩이 없어지면 애완동물 용품점은 큰 타격을 입을 것이다. 미국에서만 연간 10억 달러 이상의 벼룩 퇴치 용품이 판매된다. 대플리니우스의 해법은 저렴했다. 그의 벼룩 퇴치법은 봄에 뻐꾸기 울음소리를 처음 들으면 오른발 밑의 흙을 집어서 벼룩에게 뿌리라는 것이었다.

까다롭지 않은 성격은 벼룩의 장점이다. 우리 몸에 사는 사람벼룩*Pulex irritans*은 위생이 향상되어 거의 사라졌지만 돼지의 몸에서는 여전히 발견된다. 여러분의 개에 붙어 있는 벼룩은 아마도 괭이벼룩일 것이다. 괭이벼룩은 가장 흔한 벼룩으로 거의 모든 포유류에 살며 심지어 도마뱀에도 산다. 실제로 벼룩이 숙주가 될 동물에게 일관되게 요구하는 조건은 굴이나 보금자리에서 자야 한다는 것뿐이다. 왜냐하면 벼룩의 알은 숙주에 달라붙지 못하기 때문이다. 바닥에 떨어진 알에서 부화한 유충은 성충벼룩의 배설물을 먹고 자란다. 매우 효율적인 양육방식이다. 벼룩은 하루에 자기 몸무게의 15배에 달하는 피를 먹고 그 배설물로 꿈틀거리는 유충을 먹이는 것이다. 유충은 번데기가 되어 고치 속에 1년 동안 머물 수도 있다. 숙주 동물이 일으킨 진동에 힘입어 고치에서 나오게 될 날을 기다리면서 말이다.

벼룩은 쉽게 털을 헤치고 움직일 수 있는 체형을 지녔고, 주변의 물체에 얽어맬 수 있는 가시와 빗살로 덮여 있어 떼어내기 어렵고 눌러 죽이기는 더 어렵다.

벼룩의 전설적인 높이뛰기 솜씨는 근육의 힘에 의존하지 않는다. 녀석은 날개를 잃었지만, 날개가 몸과 연결되는 부위를 기계적인 스프링으로 탈바꿈시켰다. 그 스프링은 레실린이라는 탄력적인 단백질로 이루어졌는데, 몸이 수축할 때 눌린 채로 잠긴다. 스프링이 그렇게 눌렸다가 풀리면 다리 힘줄을 아래로 밀어 우주왕복선이 발사될 때보다 15배 큰 가속도를 만들어낸다. 벼룩은 운동을 감지하는 털을 이용해 뛰는 거리와 방향을 정확히 조절하며, 다리에 있는 특수한 주머니에 공기를 채워 착지에 앞서 속도를 줄인다.

그러나 벼룩 공학의 진정한 최고봉은 페니스이다. 비율로 볼 때 모든 곤충의 페니스 중에서 가장 긴 그것은 수많은 갈고리와 스프링과 가시가 있어 스위스 군용 칼에 비유되곤 한다. 그러니 그것을 꺼내는 데 긴 시간이 걸릴 만도 하다. 하지만 일단 꺼내면 성교는 최장 세 시간 동안 지속된다. 인간으로 따지면 6주 동안 하는 셈이다. 벼룩은 성충이 되자마자 마라톤 섹스를 할 수 있다. 짐작할 수 있겠지만, 벼룩 한 쌍은 한 달 동안에 새끼를 5만 마리 만들 수 있다. 인간을 위한 피임약을 개발한 칼 제라시가 벼룩용 피임약도 개발했다는 사실은 그리 놀랄 일이 아닐 것이다.

토끼와 함께 사랑을

P i g e o n

비둘기

저평가된 예리한 눈

비둘기를 '날개 달린 쥐'라며 비난하기에 앞서 생각해봐야 할 것이 있다. 양비둘기*Columba livia*는 2500만 년 전에 처음 출현해 지금도 해안 절벽에서 행복하게 사는데, 어찌하여 일부 양비둘기는 이렇게 완벽하게 도시생활자로 변신했을까? 왜 이토록 많은 양비둘기가 우리 주변에 있을까? 도시에는 (우리가 고층 건물이라고 부르는) 인공 암벽이 즐비하고, 사람들은 먹다 만 빵과 햄버거를 던져준다. 불행하게도 먹이는 번식을 유발한다. 그리하여 지금 도시에 사는 비둘기는 끊임없이 번식한다. 일부 암컷은 한 해에 여섯 번 알을 낳고, 한 번에 새끼를 최대 12마리 키운다.

양비둘기는 고대 이집트인이 편지를 전달하고 고기를 얻을 목적으로 처음 길들였다. 도시의 비둘기는 달아난 가축 비둘기가 계속 번식한 결과이다. 비둘기 배설물로 인한 피해는 미국에서만 연간 11억 달러로 추정된다. 그러나 과민반응은 금물이다. 비둘기가 인간의 건강을 심각하게 위협한다는 증거는 거의 없다. 비둘기와 관

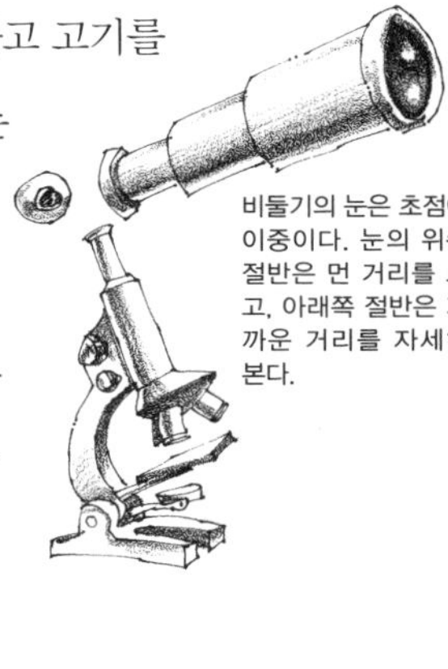

비둘기의 눈은 초점이 이중이다. 눈의 위쪽 절반은 먼 거리를 보고, 아래쪽 절반은 가까운 거리를 자세히 본다.

> **17세기 자연사학자 존 오브리에 따르면, 살무사에 물렸을 때 쓰는 전통적인 처방은 '비둘기의 항문'을 환부에 대어 독을 빨아내는 것이었다.**

련 있는 최악의 병은 앵무병(새에게서 사람에게 전염됨—옮긴이)이다. 비둘기 10만 마리가 사는 뉴욕 시에서 보고되는 앵무병은 한 해에 한 건꼴이며, 비둘기는 H5N1 조류인플루엔자 바이러스에 유난히 저항력이 강하다는 것이 밝혀졌다.

오히려 우리는 녀석이 지닌 능력에 감탄해야 마땅하다. 비둘기는 야생에서 살아남기 위해 눈을 부릅뜨고 포식자들을 살펴야 한다. 녀석의 두 눈은 머리의 양옆에 있어서 거의 340도에 달하는 시야를 확보한다. 또한 빠르게 날기 위해서 녀석은 인간보다 세 배 빨리 시각 정보를 처리한다.

만일 비둘기가 영화를 본다면, 초당 24프레임이 바뀌는 화면이 슬라이드처럼 보일 것이다. 비둘기가 화면 속에서 연속적인 움직임이 일어난다고 착각하려면, 최소한 초당 75프레임이 필요할 것이다(이 때문에 비둘기는 자동차가 다가와도 마지막 순간까지 날아가지 않는다. 녀석에게 자동차는 그리 빠르지 않게 보인다).

미국 해군은 바다에서 실종된 선원을 찾는 데 쓰기 위해 비둘기를 훈련시켰다. 녀석은 멀리 있는 오렌지색 구명보트를 인간보다 훨씬 더 잘 찾아낸다. 또 캡슐 알약의 불량을 검사하는 데도 비둘기가 쓰인다. 비둘기의 시각은 예리할 뿐 아니라 영리하다. 녀석은 피카소의 입체파 작품과 모네의 인상파 작품을 구별하고 심지어 모네의 작품이 거꾸로 걸린 것을 알아챈다. 또 비둘기는 냄새 흔적과 태양의 위치와 지구자기장, 그리고 목표지점에 접근하면 도로망과 같은 시각적인 특징을 지침으로 삼아서 길을 매우 정확하게 찾는다.

비둘기는 평생 해로한다. 짝을 잃은 비둘기는 아주 더디게 새 짝을 받아들인다. 녀석은 모범적인 부모이기도 하다. 암컷과 수컷이 교대로 알을 품고 새끼를 돌본다. 암컷과 수컷이 둘 다 모이주머니에서 '비둘기 젖'을 만들어 새끼에게 먹인다. 비둘기 젖은 진짜 젖이 아니지만(젖당이 들어 있지 않다) 코티지 치즈(숙성시키지 않은 희고 부드러운 치즈—옮긴이)처럼 생겼고 새끼에게 생후 10일까지 먹인다. 우리가 비둘기 새끼를 보지 못하는 이유가 바로 비둘기 젖에 있다. 새끼는 비둘기 젖 덕분에 매우 빠르게 성장해 둥지를 떠날 때가 되면 덩치가 어른 비둘기와 거의 같아진다.

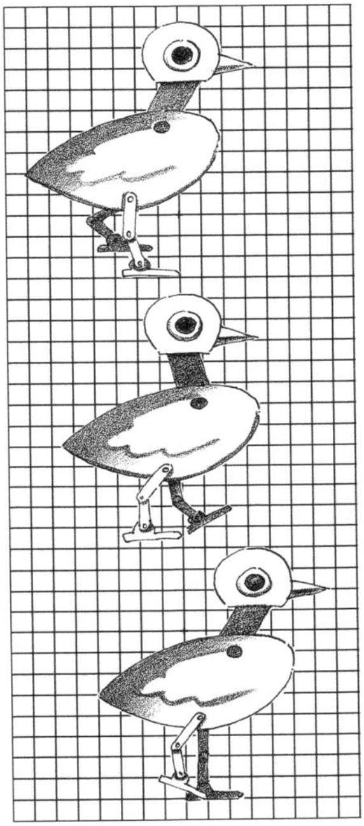

왜 머리를 까닥까닥 할까?

비둘기는 눈알을 움직일 수 없기 때문에, 걸어갈 때 머리를 내밀었다가 당겨서 눈의 초점이 안정적으로 유지되도록 만든다.

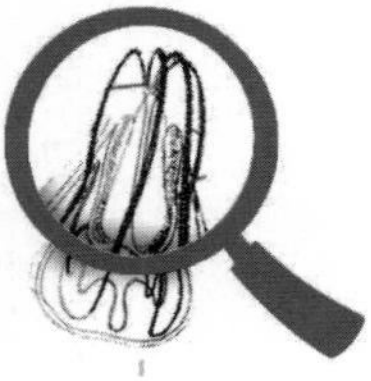

Comb Jelly

빗해파리

어여쁜 속눈썹을 지닌 구스베리

약 5억 5000만 년 전 동물의 형태는 단 네 가지, 꿈틀거리는 벌레, 해면동물, 해파리, 빗해파리뿐이었다. 꿈틀거리는 벌레는 다양하게 분화된 반면, 해면동물과 해파리는 거의 변하지 않았다.

초기의 자연학자들은 해면동물과 해파리가 동물인지 아닌지 판단할 수 없었다. 그리하여 린네는 녀석을 '주파이트zoophyte', 즉 '동물식물'로 분류하는 타협안을 채택했다. 빗해파리는 특히 식물처럼 생겼으며, 녀석의 통상적인 이름—바다구스베리, 바다호두, 멜론해파리—도 과일과 식물의 향기를 물씬 풍긴다. 하지만 녀석은 확실히 동물일 뿐더러 심지어 육식동물이다. 갑각류와 작은 물고기와 동족을 게걸스럽게 먹어치우는 놈이다. 그러나 뇌는 없다. 심장도, 눈도, 귀도, 피도, 뼈도 없다. 빗해파리는 온통 입이다.

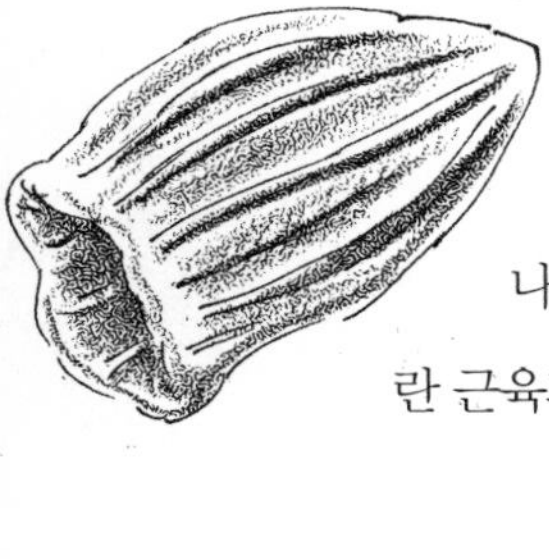

빗해파리는 공 모양이거나 종 모양이며, 크기는 지름이 성냥개비만 한 것부터 사람의 팔보다 긴 것까지 다양하다. 빗해파리는 95퍼센트가 물이고 나머지는 중교mesoglea('중간의 풀')로 되어 있다. 중교란 근육과 골격의 기능을 한꺼번에 하는 콜라겐 섬유 겔이다. 빗해파리를 얼핏 보면 해파리와 비슷하게 보이지만, 실제로 빗해파리와 해파리는 전혀 다른 문에 속하며 인간과 불가사리처럼 관계가 요원하다.

빗해파리는 바다에서 가장 멋진 볼거리 가운데 하나이다. 빗해파리의 섬모가 움직이면, 녀석의 빗들이 여덟 개의 무지개처럼 찬란하게 가물거린다.

빗해파리문은 전문용어로 '유즐동물문*Ctenophora*'인데, 이 영어 명칭은 그리스어에서 빗을 뜻하는 '크테노스ktenos'와 '운반하다'를 뜻하는 '포라phora'를 합쳐서 만들었다.

몸을 움츠려 추진력을 얻는 해파리와 달리, 유즐동물은 여덟 개의 '빗'(한 줄로 늘어선 수천 개의 섬모)을 율동적으로 움직여 추진력을 얻는다. 또한 해파리와 달리 빗해파리는 침을 쏴서 먹이를 잡지 않는다. 대신에 빗해파리는 긴 촉수로 먹이를 잡는다. 촉수에 있는 교포라는 특수한 세포에서 끈끈한 점액이 나와 먹이를 사로잡는 것이다. 그리고 빗해파리는 항문이 있으며(해파리는 입과 항문이 하나이다) 그 옆에 평형포라는 중력 감각기관이 있어서 위아래를 알 수 있다. 해파리는 잘라진 촉수를 복원시킬 수 있는 반면, 빗해파리를 반으로 잘라도 온전한 동물로 재생할 수 있다. 빗해파리의 번식 방법이 더 간단하다. 빗해파리는 자웅동체여서 알과 정자를 한꺼번에 생산할 수 있으며(생식선에서 만들어 입으로 방출할 수 있다) 이론적으로 자가수정할 수 있다. 녀석은 대개 수천 개의 알과 정자를 물속에 방출한다. 어린 새끼는 부화하자마자 번식할 수 있다.

크기가 빗해파리와 비슷하거나 더 큰 동물 가운데 가장 많은 놈은 빗해파리라고 여겨진다. 녀석들은 헤엄을 매우 잘 치고 종종 어마어마한 집단으로 불어나 어부를 위협한다.

베로에의 신중한 선택

베로에 오바타의 알에 여러 정자가 진입하면, 알은 시간을 두고 수정할 정자를 고른다. 때로는 몇 시간 전에 조사한 정자가 선택되기도 한다.

"사랑한다, 안 한다,
사랑한다, 안 한다……."

1990년대 흑해 어업이 붕괴된 원인으로 미국 선박의 바닥짐 탱크에 실려 들어온 '므네미옵시스 레이디*Mnemiopsis leidyi*', 즉 미국빗해파리가 지목되었다. 오늘날 '괴물Monster'이라고 부르는 그 녀석은 하루에 새끼를 8000마리나 낳을 수 있다. 총 무게가 10억 톤을 웃도는 흑해의 미국빗해파리는 한때 그곳의 안초비를 살찌우던 플랑크톤을 깡그리 먹어치운다. '괴물'은 카스피 해도 침범해 철갑상어를 위협하고 있다. 사람들은 2001년에 동족 빗해파리를 잡아먹는 아름답지만 무자비한 '베로에 오바타Beroë ovata'라는 빗해파리를 해결책으로 도입했다.

M o u s e

생쥐

잡 초 같은 생 명 력

인간의 역사와 생쥐*Mus musculus*의 역사는 분리할 수 없다. 생쥐는 원래 인도 북부의 야생에서 수백만 년 동안 행복하게 살았지만, 1만 년 전에 우리의 수렵채집자 조상들이 메소포타미아에서 농사를 시작하자마자 녀석도 생활방식을 바꿨다. 영구적인 집과 곡물창고는 녀석에게 믿음직한 은신처와 먹이를 제공했다. 작고 빠르고 임기응변에 능한 생쥐에게는 더할 나위없는 조건이었다. 생쥐의 영어 이름 '마우스mouse'(라틴어는 '무스mus', 그리스어는 '뮈스mys')는 끝까지 거슬러 올라가면 산스크리트어 '무시mush'에서 유래했는데, 이 단어는 생쥐를 의미하는 동시에 도둑질을 의미한다. 1만 년 전 이래로 우리가 어디를 어떻게(걸어서, 마차를 타고, 또는 배를 타고) 가든 생쥐가 우리와 동행했다.

그 결과 생쥐는 정착한 사람들이 있는 곳이라면 어디에나 (또한 그렇지 않은 많은 곳에도) 산다. 모든 대륙에 산다. 고도 4750미터에도, 북극 근처의 베링 해에도, 남극 근처의 섬에도 산다. 탄광에도 살고, 고기를 보관하는 냉동창고에도 살고, 지하철 터널에도 산다. 이 놀라운 성공은 부분적으로 녀석이 거의 모든 것을 먹을 수 있다는 점에서 비롯된다. 생쥐는 씨앗, 뿌리, 곤충, 유충, 음식 찌꺼기를 먹고살 수 있으며

물은 이슬이나 응결한 물방울을 핥는 정도로 충분하다. 그러나 녀석이 성공한 진짜 이유는 환경에 신속하게 적응하는 능력에 있다. 대부분의 동물은 느리게 변화한다. 그러나 생쥐는 어디에 데려다 놓아도 살아남을 뿐더러 번성할 길을 찾아낸다.

우선 번식력이 엄청나다. 생쥐는 생후 4주가 되면 성적으로 성숙한다. 생쥐 한 쌍이 1년 동안 새끼 500마리를 낳을 수 있다. 번식은 경쟁적으로 이루어지고, 생쥐 암컷은 닥치는 대로 섹스를 한다. 페니스가 큰 수컷일수록 더 자주 더 오랫동안 섹스를 한다. 또 방출하는 정액이 많을수록 암컷이 임신할 확률이 높다. 한 배의 새끼 중 4분의 1은 아비가 다르다. 이 전략은 유전적 다양성을 보장할 뿐만 아니라 새로운 수컷 파트너가 암컷의 새끼를 혹시라도 자기 새끼일 가능성 때문에 잡아먹지 못하게 만든다. 극단적인 경우에 암컷은 태아를 재흡수해 잡아먹히는 일을 방지한다.

생쥐의 섹스에도 낭만적인 구석이 없지 않다. 수컷 생쥐는 상대를 유혹할 때와 섹스 도중에 초음파로 복잡한 노래를 부른다. 진동수를 낮춰 들어보면 어지럽고 혼란스럽게 들리는 노래이다. 생쥐의 소통은 거의 오줌을 통해 이루어진다. 녀석은 끊임없이 오줌을 찔끔거린다.

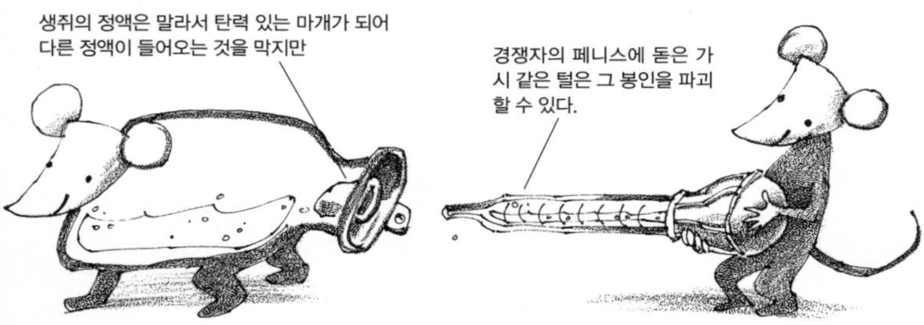

생쥐의 오줌 '서명'에는 나이, 성별, 건강상태, 성적인 상태에 관한 모든 정보가 들어 있다. 수컷의 냄새는 영역 표시에 쓰이고, 암컷의 냄새는 새끼와 관련이 있다. 생쥐가 페퍼민트를 싫어하는 이유는 이런 소통 방식 때문이다. 페퍼민트 향은 녀석의 소통 시스템을 뒤죽박죽으로 만든다.

산스크리트어에는 '생쥐'를 가리키는 단어가 40개 있다. '무시카 mushka'는 '작은 생쥐'를 뜻하지만 '고환'도 뜻한다. 이 단어에서 영어의 'musk(사향)'(사향노루의 사향샘이 고환처럼 생겼기 때문에)와 'muscle(근육)'(피부 아래에서 근육이 생쥐나 고환처럼 움직이기 때문에)이 나왔다.

생쥐의 섹스는 우리에게 어떤 도움을 줄까? 현재 유전학 연구에 쓰이는 동물의 98퍼센트가 생쥐이다. 또한 놀랍게도, 연구용 생쥐의 혈통은 단 두 가지(C57BL/6과 L/10)이다. 연구용 생쥐는 모두 1921년 매사추세츠 주의 교사이며 '애완 생쥐' 사육자인 애비 래스롭이 어느 실험실에 판 생쥐의 후손이다. 더 나아가 생쥐는 육식동물이 연중 가장 긴 시간 동안 잡아먹는 먹이이다. 생쥐의 공로가 어마어마한 셈이다. 만일 생쥐가 없다면, 육식동물은 어쩔 수 없이 인간이 키우는 가축을 잡아먹을 것이다. 심지어 생쥐라는 자그마한 도둑이 없었다면, 고대 이집트인은 애써 고양이를 길들이지 않았을 것이다.

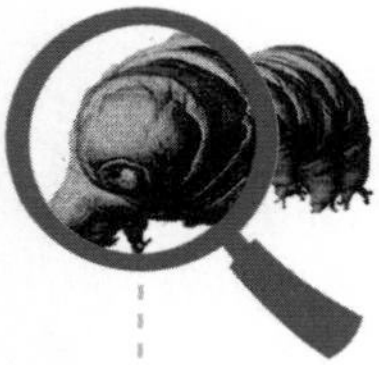

T a r d i g r a d e

완보동물

웬만해서는 안 죽는 곰

완보동물은 지구에서 가장 끈질긴 생명력을 지닌 동물이다. 녀석은 '물곰water bear'이라는 별명도 지녔지만, 이 귀여운 별명에 속지 마시라. 녀석은 물이 있는 곳이라면 어디에서나 산다. 해저 8000미터에서도 살고, 남극과 북극의 빙원에서도 살고, 방사능을 분출하는 뜨거운 온천, 히말라야산맥 꼭대기, 숲의 바닥, 호수 밑바닥, 축축한 해변, 알프스 초원, 오목한 나뭇잎에 고인 물속, 당신이 사는 집 지붕의 이끼 속, 당신의 개가 매일 아침 오줌을 누는 자리에서도 산다.

완보동물은 아주 작고 통통한 동물로 환형동물과 곤충의 중간이다. 녀석은 몸길이가 1밀리미터 정도이지만 머리가 있고 발톱이 달린 짤막한 다리 네 쌍을 지녔고 몸통은 불투명한 소시지 모양이다. 물곰이라는 별명은 녀석의 모양과 움직임 때문에 붙었다. 녀석을 발견할 가능성이 가장 높은 장소는 이끼 속이다.

기록된 완보동물은 800종이며 최소한 1만 종이 명명되기를 기다리고 있다. 완보동물은 워낙 독특해서 독자적인 문으로 분류된다.

휴면 중인 완보동물은 아주 작은 포도주 통과 모양이 비슷하기 때문에 '통tun'이라고 부른다.

육지에 사는 완보동물은 대부분 식물과 균

류를 먹지만, 선형동물과 담륜충을 비롯한 작은 생물을 먹는 육식성 완보동물도 많다. 물에 사는 완보동물(물 0.57리터에 최대 10만 마리가 산다)은 아주 오랫동안 먹지 않아도 생존하는 것으로 보인다. 물론 해삼이나 따개비에 붙어 기생하는 완보동물도 있지만 말이다. 많은 완보동물 종은 암컷만 있다. 완보동물은 느리기 때문에(영어 이름 'tardigrade'은 '느리게 걷는 놈'을 뜻함) 바람이나 튀어 오르는 빗방울에 의지해 새 터전으로 이동한다. 이처럼 이동하기가 쉽지 않으니 자기 알을 스스로 수정시키는 능력은 완보동물에게 확실한 장점이다. 암컷만 있는 완보동물 종은 한 마리가 혼자만의 힘으로 새로운 이끼 숲 전체에 우글거리는 집단으로 번성할 수 있다. 다른 종은 양성생식을 한다. 그런데 우리와 달리 암컷이 수컷 속으로 관을 삽입해 정액을 훔쳐간다. 완보동물의 알은 대단히 아름답다. 모양은 뾰족한 끝이 많은 별이나 멋진 전등갓처럼 둥글고 오목하다. 물론 완보동물의 알이 그런 모양인 이유는 무슨 미적인 배려 때문이 아니라, 내용물을 짓눌리거나 마르지 않게 보존하는 실용적인 목적을 위해서이다.

부활 기계의 내부
자가수정하는 완보동물의 단면

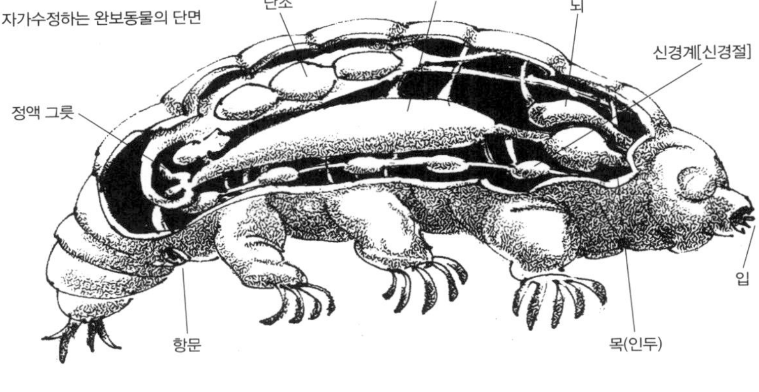

완보동물의 진정한 주특기는 휴면상태에 들어가는 능력이다. 완보동물은 물 공급이 끊기면 말라버린다. 그러면 모든 생명과정이 중단되어 완벽한 휴면상태가 되지만 죽은 것은 아니다. 이 같은 휴면상태는 1776년에 처음으로 확인되었다. 일부 과학자들은 완보동물의 휴면상태가 생명의 기원에 관한 단서를 제공할 가능성이 있다고 믿는다. 휴면상태에 들어가는 완보동물은 자기가 지닌 물을 모조리 배출하고 세포의 지방을 트레할로스라는 당으로 변환한다. 트레할로스는 완보동물의 모든 필수 장기를 둘러싸고 보호한다. 완보동물은 길면 100년 동안 휴면상태로 있다가 물 한 방울이 떨어지면 부활한다.

휴면상태의 완보동물을 죽일 방법은 사실상 없다. 섭씨 영하 272도 아래로 냉각해도 죽지 않고 섭씨 151도로 가열해도 안 죽는다. 액체 헬륨 속에 1주일 동안 넣어도 죽지 않고 인간에게 치명적인 방사능보다 1000배 강한 방사능에 노출시켜도 안 죽는다. 화학물질 용액에 담그고 바다 밑바닥 수압의 6배에 해당하는 압력으로 눌러도 안 죽는다. 휴면 중인 완보동물은 온갖 역경을 거친 후에도 물 한 방울을 떨어뜨리면 마치 인스턴트커피 알갱이가 녹듯이 되살아난다.

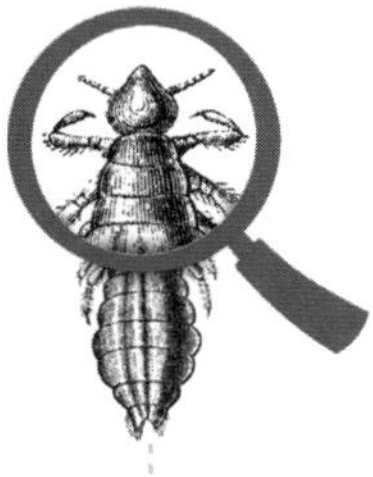

L o u s e

이

친 밀 한 제 보 자

이는 아주 작고 날개가 없는 곤충이며 딱정벌레, 진딧물, 매미의 친척이다. 녀석은 포유동물과 새의 털이나 깃털에 기생하면서 피나 죽은 피부나 깃털을 먹고산다. 동물 종 대부분의 다양한 신체부위에서 한두 종의 이가 산다. 박쥐, 오리너구리, 바늘두더지는 특이하게 이가 없는 동물이다.

인간에 기생하는 이는 세 종이다. 머리에 사는 이, 옷에 사는 이, 사타구니에 사는 이가 있다. 우리는 이 녀석의 DNA와 다른 영장류에 기생하는 녀석의 DNA를 연구하여 우리 자신에 대해 많은 지식을 얻었

이 뻥튀기

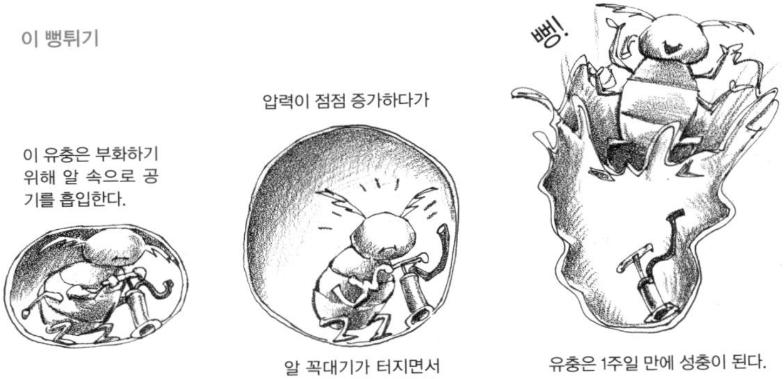

다. 예컨대 사면발이*Pthirus pubis*(인간의 사타구니에 사는 이)는 고릴라 이 *Pthirus gorillae*와 매우 가까운 친척이다. DNA 분석을 통해 그 두 종이 300만 년 남짓 전에 갈라졌음이 밝혀졌다. 그러므로 우리의 호미니드 조상이 가끔 고릴라와 함께 잤거나 고릴라가 버린 보금자리를 이용했다는 결론이 나온다. 이와 유사하게 머릿니*Pediculus humanus capitis*(인간의 머리에 사는 이)를 분석해보니, 우리와 침팬지가 550만 년 전에 갈라졌으며 그로부터 300만 년 후에 우리는 지금은 멸종한 호모에렉투스의 머리에서 또 다른 머릿니 종을 얻었음을 알 수 있었다. 몸니*Pediculus humanus humanus*는 약 7만 년 전에 머릿니에서 진화해 옷에만 산다. 이로부터 우리가 언제 처음으로 옷을 입기 시작했는지 알 수 있다.

이 성충은 아주 작은 게처럼 생겼다. 녀석은 앞다리에 있는 강력한 집게로 털이나 깃털을 움켜쥐고 숙주의 피부에 바투 머문다. 몇몇 새에 기생하는 녀석은 모양이 깃털의 가닥 사이 틈에 꼭 맞도록 진화했기 때문에 새가 부리로 깃털을 다듬어도 떨어지지 않는다(그래서 새는 종종 모래 목욕을 한다).

이는 벼룩처럼 뛰지 못하기 때문에 손만 대면 잡을 수 있다. 새에 기생하는 이 중 몇몇은 숙주가 죽거나 함께 사는 이가 너무 많아지면 지나가는 파리에 올라타 이동한다. 위험한 이동 방법이 아닐 수 없다. 왜냐하면 녀석은 파리에 기생할 수는 없기 때문이다. 대부분의 이는 숙주로부터 분리되면 하루나 이틀밖에 생존하지 못한다. 최근에 일어났으나 가장 관심을 끌지 못한 멸종 중 하나는 나그네비둘기이의 멸종이다. 나그네

멸종 위기에 처했다고 공식적으로 인정을 받은 이는 단 한 종, 난쟁이멧돼지이뿐이다. 이 녀석들은 인도의 사바나 지역에서 살며 개체 수가 급감하는 중인 난쟁이멧돼지에 기생한다.

비둘기가 멸종하면서 나그네비둘기이도 멸종했다. 이와 유사하게 캘리포니아 콘도르를 포획해 보호하고 번식시키는 프로그램은 콘도르에 기생하는 이*Colpocephalum californici*에게 뜻하지 않은 해를 끼쳤다. 포획된 콘도르를 훈증 소독하는 과정도 그 프로그램의 일부였기 때문이다.

이는 때때로 숙주의 종을 바꾼다. 개이는 유럽을 제외한 모든 곳의 개에 기생하지만 오스트레일리아에서는 왈라비에 기생하도록 진화했고 4000년 전 인도네시아 어부가 들어왔을 때 비로소 오스트레일리아 들개에게로 옮겨갔다.

어떤 이는 대단히 해롭다. 인간 몸니의 배설물은 티푸스균과 참호열 바이러스를 옮긴다. 나폴레옹이 모스크바에서 퇴각할 때 매장한 프랑스 병사의 유해에서 이를 발견해 분석해보니 러시아군보다 이가 더 많은 프랑스 병사를 죽였음이 드러났다.

'서캐'는 머릿니의 알이다. 머릿니는 특수한 접착제로 서캐를 머리카락의 맨 아랫부분에 붙인다. 그 접착제는 매우 강력해서 일부 암컷은 서캐를 붙이다가 자기도 달라붙어 굶어죽는다. 암컷 머릿니는 하루에 알을 여섯 개 낳는다. 머릿니가 살기에 가장 적합한 밀도는 머리 하나당 약 100마리이다. 머릿니가 새로운 머리에 진입해 번식하면 약 한 달 만에 그 밀도에 도달한다.

Rat

쥐

사 랑 하 기 가 아 주 , 아 주 어 려 운 놈

남극과 북극의 빙하를 제외하고 세상에서 시궁쥐*Rattus morvegicus*가 없는 유일한 곳은 캐나다 앨버타 주이다. 원산지가 몽골인 시궁쥐는 인간의 도시가 확산됨에 따라 초원지대를 건너고 결국 볼가 강을 헤엄쳐 건너 1727년 서유럽에 들어왔다. 이후 녀석은 배를 타고 전 세계로 퍼져 모든 항구에서 발발거렸고 마침내 1942년 앨버타 주의 동쪽 경계에 도착했다. 앨버타 주 사람들은 시궁쥐의 침입을 막기 위해 640킬로미터의 완충지대를 설정했다. 지금도 쥐 감시대원이 완충지대를 순찰한다. 앨버타 주는 춥고 인간의 거주지가 띄엄띄엄 분포하므로 쥐의 침입을 막아볼 만하다. 그러나 나머지 모든 곳에서 인간은 쥐와의 전쟁을 시작하기도 전에 패배했다. 미국에 사는 시궁쥐는 1억 5000만 마리로 추정된다. 현재 영국에서 시궁쥐는 사람보다 많다. 녀석은 쉽게 제압할 수 있는 상대가 아니다.

어떤 사람은 당신을 중심으로 반경 1.8미터 안에 항상 쥐가 있다고 말하지만, 실제로는 반경 21미터 안에 항상 쥐가 있을 가능성이 더 높다고 나는 믿는다. -토니 스티븐스(해충방역회사 렌토킬 Rentokil 직원)

시궁쥐는 72시간 동안 쉬지 않고 헤엄칠 수 있으며 15미터 높이에서 뛰어내려도 다치지 않는다. 1.3센티미터의 틈을 통과하고, 90센티미터 높이로 도약하고, 수직 벽을 기어오르고 밧줄을 타고 이동할 수 있다. 먹을 수 있는 것은 모조리 먹고 먹을 수 없는 것(예컨대 얇은 납판, 굳지 않은 콘크리트, 벽돌, 목재, 알루미늄)도 많이 먹는다. 게다가 생후 3개월이면 성적으로 성숙해 하루에 최대 20회 상대를 전혀 안 가리고 섹스를 한다. 한창 때의 암컷 한 마리는 1년 동안 무수한 수컷과 500회 이상의 섹스를 하고 새끼를 22마리씩 12번 낳을 수 있다. 한마디로 쥐를 박멸하기란 정말, 너무나도 어렵다.

차라리 녀석을 사랑할 수만 있다면……. 그런데 이것 역시 어려운 문제이다. 시궁쥐는 매년 세계 식량 생산량의 약 5분 1을 먹어치운다. 녀석은 감염성이 매우 높은 병을 70가지나 옮긴다.

쥐는 10억 명의 사망자를 낸 선페스트는 물론 콜레라, 티푸스, 결핵, 바일병, 살모넬라증, 크립토스포리디움증, 대장균, 수족구병, 사스, 기생충 여덟 종을 옮긴다. 모든 전선 손상의 4분의 1이 끝없이 자라는 쥐의 이빨 때문에 생기며 가정에서 일어나는 '원인불명' 화재의 대부분도 마찬가지이다. 생쥐와 마찬가지로 쥐도 소통의 한 방편으로 거의 끊임없이 오줌을 싼다. 녀석은 서로의 몸에 오줌을 싸서 호감과 애정과 지배와 복종을 표시하며, 먹이에 오줌을 싸서 먹을 수 있는 것임을 알린다. 게다가 녀석은 벼룩과 진드기와 이의 집단을 달고서 우리가 다니는 곳이라면 어디에나 다닌다. 쥐를 사랑하기는 아주, 아주 어렵다.

우선 쥐를 잡아서……

아프리카와 동남아시아에서 쥐는 별미로 여겨진다. 광둥 지방에는 바삭하게 구운 쥐 요리, 기름에 볶아서 후추를 뿌린 쥐 요리, 쥐 소금구이, 쥐 꼬치 요리가 있다.

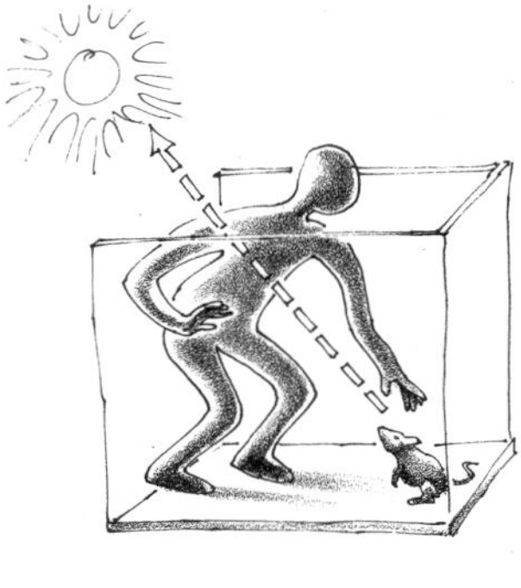

당신이 잡으려고 다가가면 쥐는 때때로 당신을 향해 뛰어오른다. 그러나 당신의 목을 노리는 것은 아니다. 녀석은 당신의 어깨 너머 환한 빛을 향해 뛰어오른다.

물론 쥐는 존경할 만한 점도 지녔다. 녀석은 영리하고 재주가 많다. 빨리 배우며 기억력이 탁월하다. 쥐의 후각은 엄청나게 민감하고 정교해서 왜 그 능력을 하찮은 오줌 싸기 놀이에 허비하는지 의아할 정도이다. 녀석은 재미를 느끼고 초음파로 낄낄거리는 듯하다. 녀석은 간지럼을 탈 때, 섹스를 할 때, 다른 쥐가 호감을 나타내는 오줌을 쌀 때 초음파를 낸다. 녀석은 애완동물로서도 매우 훌륭하다. 정반대의 증거도 있기는 하지만, 쥐는 평생의 거의 절반을 청결한 몸으로 지낸다.

쥐는 우리가 자기네를 어떻게 생각하는지에 관심이 없다. 우리의 낭비 덕분에 녀석은 아무도 범접할 수 없는 진화의 승리자가 되었다. 시궁쥐는 과거에 곰쥐*Rattus rattus*를 몰아냈다. 현재 적어도 영국에서 곰쥐는 멸종 위험에 처해 있다. 어쩌면 시궁쥐도 미래에 다른 종에게 패해 몰려날지 모른다. 그러나 확실히 장담하건대 시궁쥐를 몰아낼 종은 오로지 더 크고 우수하고 영리한 쥐일 것이다.

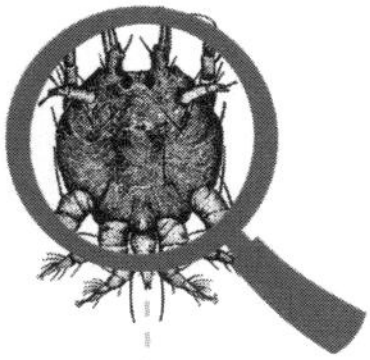

Mite

진드기

보이지 않는 하숙생

진드기는 아주 작다. 녀석은 거미 가문의 일원으로 다리가 여덟 개 달렸지만 너무 작아서 우리 눈에 보이는 녀석은 거의 없다. 진드기는 지구의 동물을 통틀어 곤충 다음으로 다양하다. 우리는 진드기 종이 얼마나 많은지 모른다. 지금까지 4만 8000종 이상이 분류되었지만, 아마 실제로는 이보다 10배는 많을 것이다. 진드기는 육지와 바다, 얼음, 햇빛이 도달하지 못하는 심해, 대부분의 생물을 삶아죽일 정도로 온도가 높은 온천 등을 막론하고 거의 모든 곳에서 살 수 있다. 진드기보다 적응력이 뛰어난 녀석은 박테리아뿐이다. 진드기는 꿀벌의 기관氣管 속에서 번식할 수도 있고, 꽃에 있다가 벌새의 부리에 올라타 이동할 수도 있다. 가로세로 30센티미터의 숲에 200종 이상의 진드기가 100만 마리 산다.

진드기를 만나러 꼭 숲에 갈 필요는 없다. 당신이 이 글을 읽는 지금, 진드기의 일종인 모낭충은 당신의 속눈썹뿌리의 기름샘에서 나오는 기름을 바늘처럼 생긴 주둥이로 맛있게 먹고 있다. 모낭충은 오동통한 칫솔처럼 생겼으며 복부가 길고 발톱이 달린 다리가 네 쌍 있다. 녀석은 모낭 속으로 머리부터 파고들며 소화기관이 워낙 효율적이어

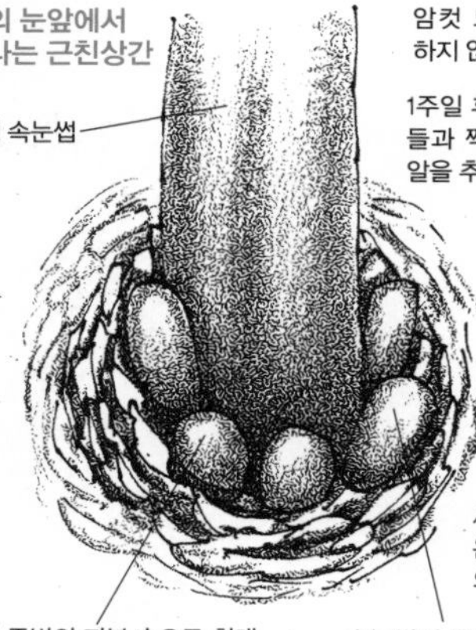

서 배설물을 전혀 산출하지 않는다. 죽을 때는 즉석에서 해체되어 해로운 부작용을 일으키지 않는다.

우리의 집은 독립적인 진드기 왕국들로 가득 찬 거대한 대륙이다. 곡물가루진드기, 치즈진드기, 가구진드기, 말린자두진드기, 곰팡이진드기가 각자 아주 작은 터전에서 먹이활동을 하고 번식한다. 가장 악명 높은 녀석은 아마 집먼지진드기*Dermatophagoides pteranyssinus*일 것이다. 녀석은 인간을 먹이로 삼지는 않지만 우리 몸에서 떨어진 피부 조각을 먹고산다. 한 사람이 1년 동안 떨어뜨리는 피부 조각은 작은 쌀자루를 가득 채울 정도의 양이므로 집먼지진드기의 먹이는 풍부하다. 진공청소기의 필터를 갈 때 맡게 되는 곰팡이 냄새는 집먼지진드기의 소화효소 냄새이다. 찻숟가락 반만큼의 먼지 속에는 진드기 1000마리와 환약 모양의 진드기 똥 25만 개가 들어 있다. 진드기 똥은 천식을 악화시킬 수 있다. 그러나 진드기를 퇴치하려 들기 전에 한 번 더 생각해야 한다. 왜냐하면 녀석은 우리 주변의 비듬과 살비듬을 제거하는 중요한 일을 하기 때문이다. 또 녀석을 장

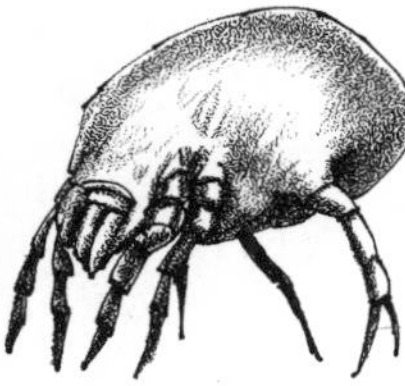

모낭충의 영어 이름 '데모덱스 demodex'는 '돼지기름벌레'를 의미한다. 이 이름을 지은 인물은 '공룡dinosaur'이라는 이름을 지은 것으로 더 유명한 19세기 생물학자 리처드 오웬 경이다.

기적으로 제거하는 것은 불가능하다. 강박적인 진공청소기 사용은 집먼지진드기와 녀석의 알을 집안에 골고루 퍼뜨리는 효과만 일으킬 뿐더러 더욱 심각하게도 녀석의 주요 천적이며 덩치가 더 큰 발톱진드기 *Cheyletidae*를 소탕하는 결과를 가져온다. 발톱진드기는 집먼지진드기의 개체수가 일정하게 유지되는 데 기여한다. 카펫 세탁은 더욱 바람직하지 않다. 그것은 집먼지진드기가 번성하기에 적합한 따뜻하고 축축한 터전을 만들어주는 일이다.

물론 진드기와 틱진드기의 위험성을 무시할 생각은 없다. 녀석의 몸에 묻어 있고 타액에 들어 있는 박테리아가 인간에게 옮겨가면 옴, 라임병, 피부병, 티푸스를 일으키고, 동물에게 옮겨가면 옴을 일으킨다. 진드기의 일종인 꿀벌응애는 전 세계의 꿀벌을 거의 멸종시킨 바 있다. 절대 다수의 진드기 종은 식물을 먹이로 삼으며 농작물에 심각한 피해를 입힐 수 있다. 매년 수십 억 달러 규모의 농작물 피해가 진드기로 인해 발생한다. 그러나 진드기의 다양성은 녀석의 약점일 수도 있다. 심지어 진드기에 기생하는 진드기도 있다. 진드기로 진드기를 퇴치한 사례도 있다. 2001년 사람들은 아프리카의 카사바 수확량을 10분의 1로 감소시킨 녹색진드기를 브라질에서 수입한 육식성 진드기로 퇴치했다. 브라질은 카사바의 원산지이다.

Rabbit

토끼

걷잡을 수 없이 늘어나는 놈

"토끼 몇 마리를 들여와도 해가 될 일은 거의 없을 것이다. 오히려 약간이나마 고향의 느낌이 들고 사냥터까지 얻게 될 것이다." 인간의 예측이 이토록 심하게 빗나간 경우는 거의 없다. 이것은 오스트레일리아에 정착한 영국인 토머스 오스틴의 말이다. 그는 1859년 자신의 농장에 토끼 24마리를 풀어놓았다. 10년 후 오스트레일리아 전역에 토끼가 너무 많아서 200만 마리를 도태시켰지만 효과가 거의 없었다. 급기야 1950년 점액종증(토끼에게 치명적인 병—옮긴이) 바이러스가 생물학적 통제수단으로 도입되었다. 그 당시 오스트레일리아에 10억 마리가 넘는 토끼가 있었다. 이는 기록된 포유동물의 개체수 증가 사례 가운데 가장 빠른 것이었다. 토끼가 급속도로 늘어난 결과, 오스트레일리아 토종 포유동물 전체의 8분의 1과 셀 수 없이 많은 식물 종이 사라졌다. 그들의 터전은 풀이 부족해지고 침

세계에서 세 번째로 인기 있는 애완동물

식이 일어나 파괴되었다. 점액종증은 효과를 발휘했다. 토끼의 개체수는 급격히 줄었다. 그러나 살아남은 소수는 점액종증에 대한 내성을 얻었고, 이에 대응해 1995년에 새롭고 덜 효과적인 바이러스(토끼 출혈병 바이러스)가 추가로 도입되었다. 현재 오스트레일리아의 토끼는 1억 마리이며 증가하고 있는 중이다.

유럽토끼는 왜 이토록 엄청나게 번성하는 것일까? 첫 번째 원인은 식생활이다. 녀석은 거의 모든 식물을 먹는다. 한 마리가 하루에 큼직한 베개를 가득 채울 만큼의 양을 먹는다. 둘째, 산토끼를 비롯한 대부분의 토끼 종들과 달리 유럽토끼는 굴속에서 공동체를 이뤄 살기 때문에 임신하는 암컷이 더 많다. 마지막으로 유럽토끼는…… 달리 표현할 말이 없다. 유럽토끼는 토끼처럼 번식한다. 암컷은 대개 임신 중이거나 새끼에게 젖을 주는 중이거나 양쪽 모두이다.

유럽토끼 암컷은 1년에 30마리의 새끼를 낳을 수 있고, 새끼는 생후 6개월 내에 번식력을 얻는다. 수컷은 새 터전으로 퍼져나가는 경향이 있는 반면, 암컷은 번식지가 너무 비좁아질 때까지 눌러앉아 번식한다.

토끼는 겉보기와 달리 설치목이 아니라 토끼목에 속한다. 산토끼, 우는토끼, 북아메리카산토끼, 솜꼬리토끼를 비롯한 50여 종이 토끼목을 이룬다. 토끼목 동물은 먹이를 두 번 먹는 특별한 재주를 지녔다. 소는 되새김질을 하는 반면, 토끼목 동물은 제 똥을 먹는다. 하지만 토끼 굴 바깥에 여기저기 보이는 환약 모양의 마른 섬유질 똥을 먹는다는 것이 아니라 큰창자의 내용물을 먹는다. 그 내용물은 생김새가 윤이 나는 청포도 송이를 닮았으며 비

수마트라줄무늬토끼는 워낙 드물고 눈에 띄지 않아서 현지의 언어로는 이름이 없다. 녀석은 1930년대에 멸종했다고 여겨졌지만, 이후 딱 세 번 관찰되었다.

타민B를 비롯한 필수 영양소를 산출하는 박테리아를 풍부하게 지녔다. 이것은 엄밀히 말하면 똥이 아니라 먹이이며 점액으로 덮여 있어서 큰 창자 속에서도 소화가 되지 않는다. 토끼목 동물은 자기 항문에 입을 대고 이 먹이를 먹는다.

여러 모로 유용한 토끼가 영국 농촌의 심각한 문제가 된 것은 19세기 중반에 이르러서였다. 노르만인이 처음 들여왔을 때 토끼는 값비싼 가축이었고 울타리를 두른 번식지에서 고기와 털을 얻을 목적으로 사육되었다. 토끼 밀렵은 가혹한 처벌을 받는 중범죄였다. 그러나 1820년대에 이르자 지주는 자기 땅에 몇 킬로미터나 되는 울타리를 둘러쳐 놓았고(달아난 토끼가 살기에 너무나 좋은 곳들이 생겼다) 과거에 토끼의 개체수를 조절했던 여우, 담비, 족제비, 맹금류는 총과 독과 덫으로 무분별하게 남획되어 거의 자취를 감췄다. 얄궂게도 토머스 오스틴이 오스트레일리아에서 꿈꾼 '사냥터'는 그의 고향인 영국에서 유용한 가축이었던 토끼를 걷잡을 수 없이 확산되는 골칫거리로 변신시켰다. 오늘날 영국 농업은 토끼로 인해 매년 1.6억 달러의 피해를 입는다. 역설적인 일이지만, 현재 영국인의 식탁에 오르는 토끼고기의 대부분은 중국, 헝가리, 폴란드에서 대량생산된 수입품이다.

F l y

파리

정 액 의 제 왕

파리는 한 쌍의 날개가 달린 곤충이다. 하루살이, 잠자리, 반딧불이, 나비는 영어 이름에 'fly'가 들어 있지만 파리가 아니다. 진짜 파리는 알려진 것만 12만 종(영국에 사는 놈만 거의 7000종)이며, 녀석이 보유한 박테리아는 100만 종이 넘는다. 평범한 집파리*Musca domestica*는 세상에서 가장 위험한 동물의 하나이다. 녀석은 쓰레기더미, 하수구, 똥더미에서 번식하며, 음식물 위를 기어 다니며 분비물을 게워내고 배설해 결핵과 장티푸스, 콜레라, 이질, 탄저병, 기생충을 퍼뜨린다.

파리는 탁월한 번식력을 지녔다. 날씨가 따뜻하면, 알에서 구더기를 거쳐 성충이 될 때까지 8일에서 12일밖에 걸리지 않는다. 파리 한 쌍이 4월에 짝짓기를 했다면, 이론적으로 8월까지 총 191,010,000조 마리의 자손이 태어난다. 그 정도면 지구 전체를 14미터 두께의 끔찍한 파리 담요로 덮을 수 있다. 그러나 파리 중에서 해로운 놈은 그리 많지 않다. 거의 모든 파리는 가루받이와 물질의 부패와 순환을 위해 꼭 필요한 존재이다.

중국 중부 뤄양 시의 지방정부는 공공위생을 위해서 주민에게 죽은 파리를 마리당 0.06센트에 수매한다. 이 정책은 마오쩌둥이 1955년에 선포한 '4대 해악' 퇴치 운동을 연상시킨다. 4대 해악은 파리, 쥐, 모기, 참새였다. 이 운동은 참새의 개체수가 급감해 곡식을 먹는 곤충이 폭발적으로 늘어나자 중단되었다.

고금을 막론하고 파리는 많은 오해를 받아왔다. 아리스토텔레스는 파리가 다리 네 개와 '팔' 두 개를 지녔다고 암시해 후대의 사람들을 헛갈리게 만들었다. 이 같은 주장은 1000년 넘게 학술 문헌에 거듭 등장했다. 아무도 파리를 직접 살펴보고 조사하지 않았던 모양이다. 구더기가 고기에서 자연적으로 발생한다는, 아리스토텔레스를 비롯한 모든 사람의 믿음은 1688년에야 이탈리아 생물학자 프란체스코 레디에 의해 반박되었다.

파리는 붕붕거리며 날아올라 앞다리를 내뻗고 몸 전체를 뒤집은 상태로 천장에 붙을 수 있으며, 끈끈한 발 덕분에 천장에서 기어 다닐 수도 있다. 파리의 발은 미세한 털로 덮여 있고, 그 털에서 당과 기름으로 이루어진 끈끈한 물질이 나온다. 또 아주 작은 발톱 한 쌍도 있어서, 이륙할 때 그것을 이용해 표면에서 발을 뗄 수 있다.

초파리는 가장 해로운 파리에 속한다. 초파리는 과일과 채소와 꽃 농사에 매년 수십억 달러의 손해를 입힌다. 하지만 녀석은 가장 많이 연구되었으며 가장 흥미진진한 파리이기도 하다. 초파리는 저렴하고 다루기 쉽고 빨리 마취되며 암컷과 수컷을 구별하기 쉽고 매우 신속하게 번식하기 때문에 단기간에 여러 세대에 걸친 연구를 할 수 있다. 토머스 헌트 모건에게 1933년 노벨상을 안겨준 염색체 발견은 초파리에 대한 연구의 성과였다. 인간이 앓는 병의 61퍼

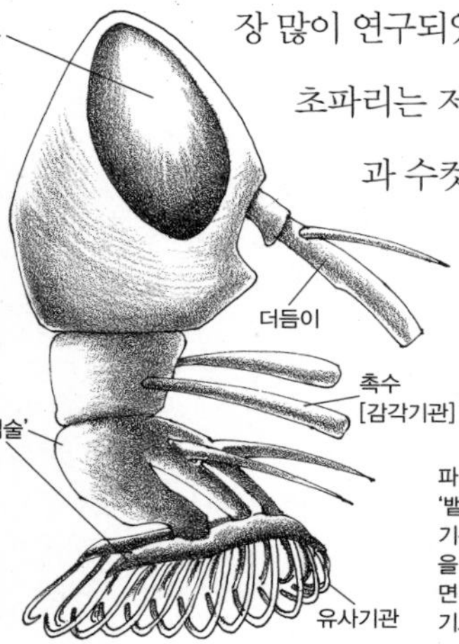

파리는 먹이의 표면에 소화액을 '뱉는다.' 소화액은 파리의 '유사기관pesudotrachea'에 난 구멍을 통해 나온다. 먹이가 용해되면 그 구멍의 기능이 빨아들이기로 전환된다.

센트는 초파리도 앓는다는 사실이 밝혀졌다.

초파리의 유전자를 연구하는 과학자(이른바 '초파리학자drosophilist')는 자신이 발견한 특별한 대상에 적절한 이름을 붙이기를 좋아한다. 이른바 '그루초Groucho' 유전자를 지닌 초파리는 평범한 초파리보다 얼굴에 털이 많고, '매기Maggie' 유전자를 지닌 초파리는 〈심슨 가족〉에 나오는 아기처럼 발달 장애가 있다. '켄과 바비Ken and Barbie' 유전자를 지닌 파리는 외부 생식기가 없다. 물론 아주 드문 초파리이다. 인간의 정자세포는 온몸의 세포들 가운데 가장 작고(길이가 겨우 200분의 1센티미터이다) 흰긴수염고래의 정자세포도 인간의 것보다 겨우 2000분의 1센티미터 더 긴데, 초파리 수컷은 진정한 수컷이다. 어느 초파리 종은 정자세포의 길이가 5.8센티미터(자연을 통틀어 가장 길다)이며 고환의 무게가 몸무게의 11퍼센트를 차지한다. 비율로 보면 우리의 머리보다 크다는 얘기다. 초파리는 최초로 우주에 간 동물이다. 미항공우주국은 지금도 초파리를 애용한다. 중세에 다리가 네 개라고 오해받았던 파리가 출세를 해도 엄청나게 한 셈이다.

5장

가족적인,
너무나 가족적인

The Book of Animal Ignorance

Goose

거위(기러기)

영리하고 건방져

거위*Anser fabalis*는 멍청하다고들 한다. 그러나 여러 증거로 볼 때 거위는 대단한 감수성과 지능을 지녔다. 많은 거위 종은 평생 해로하며 사랑하는 짝이 죽으면 우리와 놀랍도록 유사한 행동을 한다. 녀석은 구슬프게 울고 식음을 전폐하며 깃털을 늘어뜨린다. 그런 채로 몇 달을 보내기도 한다. 거위가 총에 맞아 떨어지면 날아가던 짝이 내려앉아 시체의 곁을 지킨다. 헤어졌다가 다시 만난 거위 쌍은 '승리의 의식'을 행한다. 그것은 녀석들의 사랑을 다시 일으키는 춤과 노래의 조합이다. 심지어 거위를 가르쳐 간단한 과제를 수행하게 만들 수 있다. 19세기의 여러 기록에는 거위가 힘센 목을 팔처럼 써서 고기구이 꼬치를 돌렸다는 이야기가 있다.

굴뚝청소용 거위

프랑스 조류학자 크리스티앙 물렉은 위기에 처한 흰이마기러기*Anser erythropus* 30마리에게 새로운 이주경로

를 가르쳤다. 그는 녀석들이 새끼일 때 친분을 쌓은 다음 초경량 비행기를 타고 녀석들을 이끌어 독일의 야생보호구역과 스웨덴 야생보호구역 사이의 1600킬로미터 구간을 여행했다. 이듬해에 녀석들은 그 여행을 스스로의 힘으로 해냈다. 현재 그 흰이마기러기들은 아주 잘 훈련되어서 여러 에어쇼에 물렉과 함께 자주 등장한다.

농장의 거위는 거의 날지 않지만, 야생거위(기러기)는 놀라운 장거리 비행능력을 지녔다. 흰기러기*Chen caerulescens caerulescence* 600만 마리는 매년 북극지방에서 멕시코 만까지 6400킬로미터를 왕복한다.

줄기러기*Anser indicus*는 중앙아시아에서 8800여 미터의 히말라야산맥을 넘어 인도까지 이동한다. 기러기가 V자 대형으로 날아갈 때 생기는 공기의 소용돌이는 각각의 새에게 더 큰 양력揚力과 탁 트인 시야를 제공한다. 기러기는 급히 고도를 낮추고자 할 때 '휘플링whiffling'을 한다. 휘플링이란 나선을 그리면서 수직 강하하는 동작을 뜻하는데, 이때 기러기는 때때로 배를 하늘로 향한 뒤집힌 자세로 난다.

거위는 약 3000년 전 고대 이집트에서 야생 회색기러기*Anser anser*가 길들여지면서 처음 가축이 되었다. 회색기러기를 길들인 이유는 식량을 얻기 위해서라기보다 다산多産을 위해서였다. 야생 회색기러기는 고대 세계 전체에서 다산을 비는 제의의 핵심 요소였고, 거위의 지방은 강력한 최음제로 여겨졌다. 기원전 390년 갈리아 사람들로부터 로마를 구한 유명한 카피톨리누스 언덕의 거위는 '보초'가 아니라 성적인 상징으로 사육되던 녀석들이었다.

거위와 섹스의 연관성은 지금도 몇몇 전래

거위 깃대는 19세기까지 필기 도구로 쓰였다. 영어 '펜pen'은 '깃털'을 뜻하는 라틴어 '페나penna'에서 나왔다. 세계에서 가장 많이 팔리는 잉크의 이름 '퀸크Quink'는 '흑기러기'의 옛 이름이기도 하다.

동요에서 확인된다. 또한 수백 년 동안 속된 영어에서 'goose'는 창녀를, 'gooser'는 페니스를 의미했다. 동사로 쓴 'goose'는 오늘날에도 '섹스하다'를 뜻한다.

계절 따라 이동하는 거위가 짝짓기를 하고 알을 낳는 것을 본 사람이 영국에는 아무도 없었으므로 수백 년 동안 사람들은 매년 거위가 북극지방에서 도착하는 시기에 해변에 떠밀려온 나무토막에 붙은 따개비에서 새끼가 깨어난다고 생각했다. 이 믿음은 과학자들이 동물종의 명칭을 정하던 시기까지 살아남았다. 그리하여 흰뺨기러기의 영어 이름은 '따개비거위Barnacle goose'가 되었고, 조개삿갓의 영어 이름은 '거위따개비Goose barnacle'가 되었다.

거위 새끼가 따개비에서 깨어난다는 믿음은 가톨릭교회에도 혼란을 일으켰다. 몇몇 교구에서는 거위가 '물고기'이기 때문에 또는 '육肉에서 태어나지 않으므로' 일종의 푸성귀이거나 견과이기 때문에 금식기간에 거위를 먹는 것을 허용했다. 그러다가 1215년 교황 인노첸시우스 3세는 금식기간에 거위를 먹는 것을 금지했다.

P o r c u p i n e

산미치광이

지 저 분 하 고 율 동 적 이 야

산미치광이의 영어 이름 'porcupine'은 글자 그대로의 뜻이 '가시 돋친 돼지'이지만, 녀석은 설치동물이며 돼지나 고슴도치와는 먼 친척관계도 없다. 산미치광이는 총 25종이며 구세계에 사는 종과 신세계에 사는 종이 있다. 신세계 종은 나무에 기어오르고 거미원숭이처럼 꼬리를 이용해 가지에서 가지로 건너뛸 수 있다. 유럽의 산미치광이는 이탈리아와 그리스에만 자생하지만, 1110년 헨리 1세가 산미치광이 한 마리를 애완동물로 선물 받은 이래로 영국에도 알려졌다.

산미치광이를 보면 녀석의 성생활에 대한 의문이 문득 떠오를 수밖에 없다. 가시가 거치적거리지 않을까? 그러나 가시를 피하는 방법 정도는 가장 사소한 세부사항이다. 산미치광이의 섹스는 흔히 암컷과 수컷이 나뭇가지 위에서 뒷다리를 벌리고 걷는 동작으로 시작된다. 이 동작은 녀석의 생식기를 자극하는 구실을 한다. 이윽고 흥분에 휩싸이면 녀석들은 배를 마주 대고 선다. 수컷은 발기한 페니스로 오줌을 싸서 암컷을 머리부터 발끝까지 적시고(오줌발이 1.8미터나 뻗어나간 사례도 있다) 쥐들이 '사랑 노래'를 부르듯이 요란하게 찍찍거리기 시작한다. 암컷은 수컷에

절대로 산미치광이로 엉덩이를 문지르지 말라. –가나 속담

게 등을 돌리고 꼬리를 등 위로 들어올려 구부린다. 암컷의 꼬리 밑과 수컷의 배에는 가시가 전혀 없다. 실제 교미는 겨우 1분 동안 지속된다. 하지만 산미치광이 수컷의 페니스는 비밀 병기이다. 녀석의 페니스는 마치 주머니칼처럼 칼집에 거꾸로 들어 있다가 발기하면서 펴지고 끝에 뻣뻣한 털들이 미늘처럼 달려 있는데, 이는 다른 설치동물과 마찬가지이다. 그러나 산미치광이 페니스의 아랫면에는 뾰족한 '못'이 두 개 달려 있다. 그런 못은 다른 어느 동물에도 없다. 그 못이 페니스를 고정시키기 위한 '걸쇠'인지 아니면 쾌락을 증진시키는 돌기인지 우리는 모른다.

긴 임신기간이 지나면 새끼가 태어난다. 대부분의 설치동물과는 달리 새끼는 오직 한 마리이다. 녀석은 가시가 완전히 발달한 상태로 눈을 번쩍 뜨고 태어난다. 가시는 태어난 지 20분 내에 사용 가능해진다. 인도산미치광이는 매우 행복하게 사는 듯하다.

녀석은 평생 해로하며 설치동물 가운데 유일하게 임신 가능성이 없을 때도 교미를 한다. 이는 일부일처제를 유지하는 데 도움이 되는 적응 특징이다.

구세계 산미치광이를 가리키는 학명은 산미치광이를 뜻

북아메리카산미치광이는 엄격한 채식주의자이기 때문에 염분 섭취량이 부족하다. 이 문제를 해결하기 위해 녀석은 가방, 체육복, 주걱, 야외용 가구 등 인간의 땀이 묻은 것이라면 무엇이든 먹는다.

하는 그리스어 '휘스트릭스Hystrix'에서 나온 반면, 북아메리카산미치광이의 학명은 라틴어 '에레티존 도르사툼*Erethizon dorsatum*'이다. 이 이름을 글자 그대로 해석하면 '나 도발적인 등을 가졌어'이다. 대플리니우스의 주장과 달리 산미치광이는 가시를 발사할 수 없다. 그러나 녀석은 피부에 있는 미세한 근육으로 가시를 곤두세울 수 있다. 그런 다음에 녀석은 꼬리를 좌우로 거칠게 휘두르면서 뒤로 돌진한다. 그러면 호랑이도 무서워서 도망간다.

산미치광이 한 마리는 최대 3만 개 이상의 가시를 지녔다. 빠지면 새로 나는 그 가시는 뒤쪽으로 향한 비늘로 덮여 있어서 다른 동물의 살에 박히면 천천히 파고든다. 파고드는 가시가 필수 장기를 찌르면 치명상이 될 수 있다. 산미치광이의 가시를 제거하려면 먼저 튀어나온 끝 부분을 잘라서 상처 내부와 외부의 기압이 같아지게 만들어야 한다.

아메리카 토착민은 산미치광이의 가시로 신성한 공예품을 만들었다. 아라파호족은 이제 더 이상 그 공예를 하지 않는다. 그 공예를 완벽하게 터득한 마지막 아라파호족 여성 7명이 1930년대에 사망했기 때문이다. 그들은 불완전한 지식으로 가시 공예를 시도하는 것은 위험한 일이라고 여긴다.

아프리카 사람들은 요란한 북소리로 산미치광이를 유인한다. 아프리카산미치광이는 훈련을 받으면 박자에 맞춰 춤을 출 수 있다. 아프리카와 이탈리아에서는 지금도 산미치광이를 먹는다. 녀석을 잘 구우면 돼지고기구이보다 훨씬 더 바삭바삭하다고 한다.

Albatross

알바트로스(신천옹)

쉬지 않고 십 년 동안 나는 놈

갈매기만 한 회색알바트로스*Phoebetria fusca*부터 거대한 나그네알바트로스*Diomendes exulans*(또는 '망명 중인 알바트로스')까지 12종의 알바트로스가 존재한다. 나그네알바트로스 크기의 최대 기록은 양 날개를 편 길이가 3.4미터이다. 녀석은 다른 어떤 새보다 더 멀리 더 오래 난다. 위성으로 추적해보니 어떤 알바트로스는 두 달 안에 지구를 일주하며, 날개를 퍼덕이지 않은 채 6일 동안 활공할 수 있다. 녀석은 포식성 새처럼 상승 온난 기류를 타고 활공하는 대신에 바다 표면 근처에 머물면서 파도에서 비롯된 바람이 만들어내는 양력을 이용한다. 알바트로스의 비행에서 가장 역동적인 단계는 이륙이다. 알바트로스는 이륙할 때만 열심히 날개를 퍼덕일 필요가 있다.

어린 나그네알바트로스는 비행에 익숙해지자마자 땅을 떠나 번식할 준비가 될 때까지 착륙하지 않는데, 그 기간은 무려 10년에 달할 수도 있다. 녀석은 물고기와 오징어와 크릴을 먹고 사는데, 물속으로 잠수하거나 수면 가까이에서 먹이를 낚아챈다. 잘 때도 날면서 자는데, 이때는 뇌의 두 반구가 교대로 작동

> **식탁 위에 신선한 돼지고기가 있었는데도 모두가 알바트로스를 열심히 먹으면서 내게도 먹으라고 권했다. -조지프 뱅크스, 인데버 호 선상에서, 1769**

한다.

알바트로스는 바다제비목에 속하지만, 원래는 '관비목*Tuninares*'에 속했다. '관비'는 '관처럼 생긴 코'를 뜻한다. 그 관들은 알바트로스의 길게 휘어진 부리를 관통해 매우 잘 발달된 후각기관으로 이어져서 녀석이 몇 킬로미터 밖에서도 먹이와 보금자리를 탐지할 수 있게 해준다. 몇몇 종에서 그 관은 두 가지 일을 동시에 수행하는데, 한쪽 관으로 바다 염분을 내뿜으면서 다른 쪽 관으로 숨을 쉰다.

어린 알바트로스는 여러 해 동안 선배들을 지켜보면서 구애를 위해 정교하게 부리를 부딪히는 춤을 배운다. 알바트로스가 파트너를 만나면 평생 해로하며 부부만의 유일무이한 신체언어를 개발하여 오랜 헤어짐 후에 서로 만나 반길 때 쓴다. 녀석은 2년마다 단 하나의 알을 키우는데, 부모가 교대로 둥지에 앉아 있거나 먹이를 찾아다닌다. 새끼에게 단 한 입의 먹을거리를 주려고 보통 1600킬로미터 정도를 난다. 돌아온 어미는 새끼에게 주려고 먹이를 게워내는데, 단단한 먹이는 게워지지만 오랜 여행 탓에 어미의 위 속에서 먹이가 소화되어 걸쭉하고 단백질이 풍부한 기름이 될 수도 있다. 그 기름은 어미의 목마름을 달래는 데 물 대신으로 쓰일 수도 있고, 게워내서 영양 만점의 어죽으로 새끼에게 먹일 수도 있다.

알바트로스의 가장 뚜렷한 특징은 거대한 날개이다. 녀석은 '어깨 자물쇠shoulder lock' 덕분에 매우 적은 근육에너지만으로 날개를 편 자세를 유지한다. 어깨 자물쇠는 특수한 힘줄 구조다.

알바트로스는 60년 동안 살 수 있지만 아주 느리게 번식하기 때문에 멸종 위기에 처했다. 주요 위협은 주낙 어로활동이다. 매년 10만 마리 이상의 알바트로스가 참치를 잡는 데 쓰이는 수백만 개의 낚싯바늘에 걸려 죽는다.

사무엘 테일러 콜리지는 〈옛 선원의 노래The Rime of the Ancient Mariner〉(1798)라는 시에서 알바트로스를 죽이면 불행이 온다는 신화를 사실상 만들어냈다. 실제로 영국 뱃사람은 흔히 알바트로스를 잡아먹었으며 알바트로스의 뼈로 파이프를 만들고 발로 지갑을 만들었다. 더 널리 퍼진 믿음은 알바트로스가 물에 빠져 죽은 선원의 환생이라는 것이었다. 몇몇 스코틀랜드 어부는 지금도 '스완베스타' 표 성냥을 꺼린다. 왜냐하면 성냥갑에 그려진 새가 알바트로스를 닮았기 때문이다.

알바트로스를 처음 본 포르투갈 탐험가들은 그 새에게 알카트라즈alcatraz라는 이름을 붙였는데, 그것은 큰 바닷새를 뜻하는 단어였다. 이 단어는 아랍어 알 가타스al-gattas, 곧 '펠리칸의 부리를 닮은, 수차의 가죽 주머니'에서 나왔다.

W o o d l o u s e

쥐며느리

뒤뜰의 새우

쥐며느리는 육지에 사는 갑각류이며, 겉보기와 달리 노래기나 지네보다 새우와 바닷가재에 훨씬 더 가깝다.

녀석은 피가 파란색이며 아가미로 호흡한다. 아가미는 배에 있는 한 쌍의 '유영각'('헤엄치는 다리')에 붙어 있으며 여러 갈래로 갈라져 망을 이룬 축축한 관들을 지니고 있어서 공기로부터 산소를 추출할 수 있다. 사실 쥐며느리는 물속에서도 최장 한 시간 동안 매우 행복하게 생존한다.

쥐며느리는 영어 별명이 아주 많다. 'sow bug(암퇘지 벌레)', 'ball bug(공벌레)', 'armadillo bug(아르마딜로 벌레)', 'slater(비판자)', 'grammerzow', 'chiggy pig', 'cheeselog(치즈 토막)', 'bibble bug(턱받이 벌레)', 'cud worm(되새김질거리 벌레)', 'coffin cutter(관 절단기)', 'monkey pea(원숭이 완두콩)', 'pea bug(완두콩 벌레)', 'granny-ant(할머니 벌레)', 'granfer(할머니)', 'Billy Baker', 'tiggyhog'. 네덜란드에서는 쥐며느리를 '피세베드pissebed'('이부자리 속에서 오줌을 싼다'는 뜻)라고 부른다. 왜냐하면 쥐며느리가 오줌을 싸는 것을 아무도 보지 못했

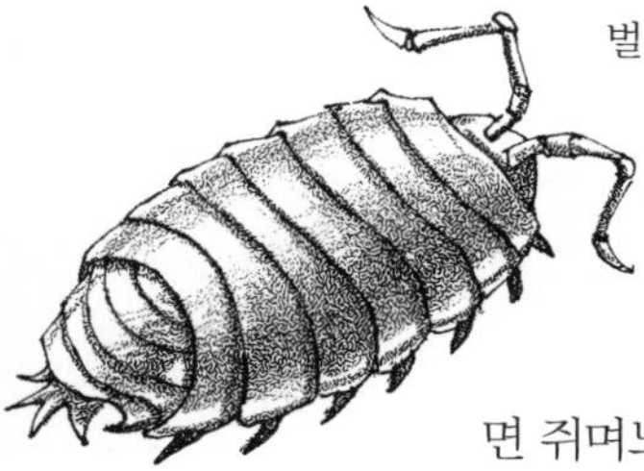

기 때문이다. 쥐며느리의 껍데기에는 미세한 구멍이 많아서 녀석은 노폐물을 액체 오줌이 아니라 암모니아 증기로 배출한다. 녀석은 덩치 대비 질소화합물 배출량이 어느 동물보다 많다.

과거에 사람들은 쥐며느리를 복통을 다스리는 약으로 먹었다. 녀석의 껍데기는 탄산칼슘으로 되어 있어서 위산을 중화하는 작용을 한다.

쥐며느리는 미세한 구멍이 많은 껍데기를 지녔기 때문에 탈수증에 걸릴 위험도 크다. 그래서 녀석은 여러 마리가 뒤엉켜 습기를 유지하고 포식자의 공격을 피하는 습성이 있다. 두꺼비와 뒤쥐와 지네는 쥐며느리라면 사족을 못 쓴다. 검정파리 유충도 쥐며느리를 파고들어가 안에서부터 갉아먹는다. 쥐며느리거미는 오로지 쥐며느리만 먹고 산다. 녀석의 이빨은 쥐며느리 껍데기에 구멍을 뚫기 위해서 특수하게 진화했다.

쥐며느리는 꽁무니로 물을 마신다. '복각uropod'이라는 끝이 두 갈래인 작은 관을 통해 항문으로 물을 빨아들이는 것이다.

녀석은 식성도 까다롭지 않다. 썩은 식물을 좋아하지만, 먹이가 귀할 때는 자기가 싼 똥만 먹어도 만족한다. 뉴질랜드에 사는 쥐며느리 종인 스키팍스 오르나투스*Scyphax ornatus*는 거의 전적으로 익사한 꿀벌만 먹고 산다. 쥐며느리는 두엄이 썩는 데 도움을 주며, 찌꺼기를 갉아먹기를 좋아하기 때문에 자연사박물관에서 섬세한 동물의 골격을 청소하는 데 쓰이기도 한다.

쥐며느리는 복각을 이용해 꽁무니로 물을 마신다.
복각은 독즙을 분비해 거미를 쫓아내는 데도 쓰인다.

쥐며느리는 등각목*Isopoda*('같은 다리들을 지닌 놈들')에 속하며 약 1억 6000만 년 전에 출현했고 현재 3500종이 존재한다. 녀석은 새끼를 주머니에 넣고 다니고 정기적으로 허물을 벗으며 2년 정도 산다. 모든 쥐며느리가 축축한 틈새에서 뒤엉켜 사는 것은 아니다. 사막쥐며느리 *Hemilepistus reaumuri*는 평생 해로하며 태양을 기준으로 방향을 찾고 굴 속에서 조직적인 집단생활을 하는데 가사는 새끼가 맡는다. 녀석은 하루에 몇 킬로미터나 이동할 수 있다.

쥐며느리 수컷의 삶은 녹록치 않다. 암컷은 교미하지 않고도 새끼를 생산할 수 있다(처녀생식). 게다가 특정 박테리아에 감염된 수컷은 암컷으로 변한다.

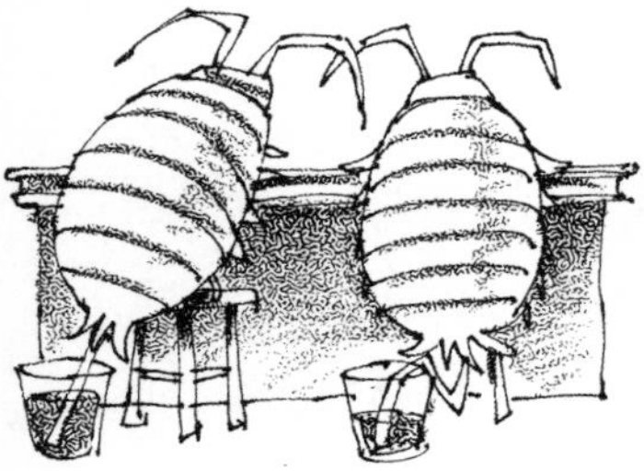

심해등각동물인 바티노무스 기간테우스*Bathynomus giganteus*는 거대한 바다쥐며느리이다. 녀석은 얼음처럼 차갑고 캄캄한 대양의 밑바닥에서 고래의 시체를 먹고 산다. 녀석은 흰색이고 몸길이는 60센티미터, 몸무게는 큼직한 바닷가재와 맞먹는다.

쥐며느리는 완벽한 식품이다. 빈센트 M. 홀트는 논쟁적인 소책자 『왜 곤충을 먹지 않나*Why Not Eat Insects?*』(1885)에서 쥐며느리가 새우보다 맛있다고 평가하면서 생선요리용 쥐며느리 소스 제조법을 제시했다.

Penguin

펭귄

희고 검은 배

남극에 사는 새의 3분의 2는 펭귄이다. 가장 큰 펭귄은 황제펭귄 *Aptenodytes forsteri*('날개가 없고 다이빙하는 놈'이라는 뜻)인데, 120센티미터까지 자라며 15분 동안 숨을 참으면서 해저 520미터까지 잠수할 수 있다. 4000만 년 전 남극에는 훨씬 더 큰 펭귄 종인 안트로포르니스 노르덴스쿄엘디*Anthropornis nordenskjoeldi*가 있었다. 녀석의 키는 170센티미터나 되었다.

황제펭귄은 부모 노릇에 열중하는 것으로 유명하다. 녀석은 살을 에는 영하의 날씨에 교대로 알을 품으면서 먹이를 찾아 먼 거리를 여행하여 몸무게가 40퍼센트 감소한다. 그럼에도 1년 넘게 생존하는 황제펭귄의 새끼는 19퍼센트에 지나지 않는다. 새끼의 죽음은 어미와 아비의 관계를 손상시킬 수밖에 없다.

황제펭귄이 평생 해로한다는 속설이 있지만, 진실은 정반대이다. 녀석은 번식기와 새끼가 자라는 기간에는 부부관계에 충실하지만 다른 때는 더 작은 펭귄 종들보다 훨씬 더 문란하다. 적어도 85퍼센트의 황제펭귄이 바람을 피운다. 하지만 동성애 커플은 거의 없다. 반면에 뉴욕 센트럴파크 동물원의 턱끈펭귄 수컷들인 로이와 사일로는 둥지를 틀고 다른 암컷의 접근을 거부하면서 알을 품어 언론의 화제가 되었다. 나중에 사일로는 로이를 버리고 스크래피라는 암컷과 짝을 이뤘다. 녀석은 아마 기록된 펭귄 중에서 처음으로 동성애에서 이성애로 취향을 바꾼 사례일 것이다.

모든 펭귄이 빙산 위에 사는 것은 결코 아니다. 뉴질랜드의 피요르드랜드펭귄은 해안의 우림에 둥지를 틀며, 갈라파고스펭귄은 열대의 화산동굴에, 페어리펭귄은 땅굴을 파고 그 속에, 칠레의 훔볼트펭귄은 오래된 새똥 무더기 속에 둥지를 튼다. 많은 펭귄은 생애의 75퍼센트를 바다에서 보낸다. 오로지 남극에서만 사는 펭귄은 황제펭귄과 아델리펭귄*Pygoscelis adeliae*뿐이다. 아델리펭귄의 이름은 프랑스 탐험가 쥘 세바스티앙 세사르 뒤몽 뒤르비유(1790~1842)와 관련이 있다. 1840년 뒤르비유의 배는 남극 빙붕에서 약간 떨어진 섬에 도착했고 선원들

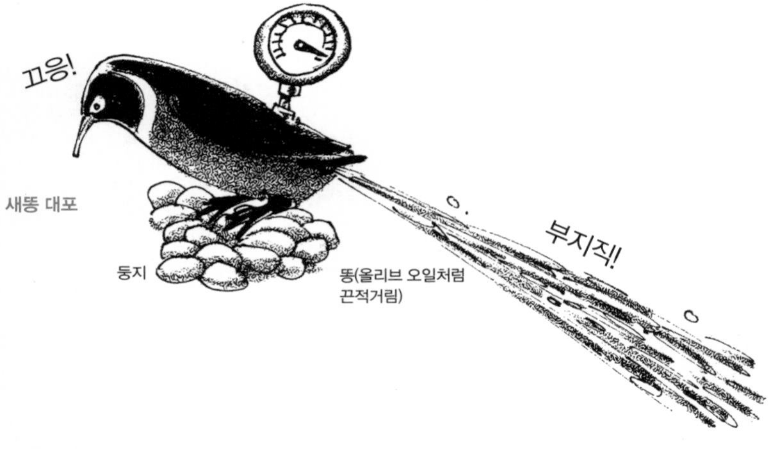

아델리펭귄은 배설할 때 돌로 이루어진 둥지 가장자리에 서서 몸을 앞으로 약간 굽히고 힘을 주어 깃털과 둥지에 똥이 묻지 않게 한다. 녀석은 직장의 압력을 1제곱센티미터당 500그램(소형 맥주 통 내부의 압력과 같다)으로 높일 수 있다. 인간보다 네 배 강한 힘을 주는 셈이다. 배설된 똥은 둥지 바깥으로 40센티미터 날아간다.

은 그 섬을 뒤르비유 섬으로 명명했다. 얼마 후에 일행은 검은 코트에 흰 앞치마를 두른 작고 통통한 펭귄을 발견하고 뒤르비유의 아내의 이름을 따서 아델리펭귄으로 명명했다.

펭귄은 다른 새보다 깃털의 밀도가 훨씬 더 높다. 녀석은 1제곱센티미터당 11개의 깃털을 지녀서 몸이 물에 젖지 않는다. 흰색과 검은색이 배합된 펭귄의 색상은 (물고기와 마찬가지로) 물속에 있을 때 위에서 보거나 아래에서 보거나 잘 안 보이기 위해서 선택되었다.

아델리펭귄은 최대 75만 마리가 거대한 집단을 이루고 산다. 다른 펭귄과 마찬가지로 녀석은 양팔을 등 뒤에 고정하고서 밀집한 펭귄 사이로 지나가는 '날씬하게 걷기' 동작을 한다. 아델리펭귄 암컷은 돌로 둥지를 짓는다. 남극에는 돌이 흔하지 않으므로 녀석은 돌을 얻기 위해 기꺼이 대가를 지불한다. 파트너가 등을 돌리고 있는 동안 암컷은 다른 독신 수컷과 '친밀한 거래'를 하고 그 대가로 더 크고 좋은 돌을 받는다. 이는 유일하게 알려진 새의 성매매 행동이다. '고객' 수컷은 때때로 매우 만족하여, 다시 찾아온 암컷에게 섹스 대접을 받지 않고 돌을 추가로 준다. 가벼운 구애 행동을 하는 것이다. 어떤 유능한 암컷은 이런 식으로 돌 62개를 얻었다. 수컷은 더 많은 새끼의 아비가 될 기회를 얻기 위해 돌을 줄 가치가 있다고 믿는 것이 분명하다. 동물학자들은 암컷이 자기 새끼의 유전적 다양성을 향상시키려 애쓰는 것이라고 추측한다. 아니면 암컷이 그저 즐기는 것일 수도 있다.

Termite

흰개미

가족의 가치

흰개미는 동물계를 통틀어 가장 정교한 가족 조직을 진화시켰으며, 그 조직은 일부일처제를 토대로 삼는다. 흰개미는 수백만 마리가 집단을 이루고 사는데도 불구하고 번식하는 흰개미는 평생 해로한다. 어떤 종은 집단 전체에 왕과 여왕이 오로지 한 쌍만 있다. 다른 종의 집단에는 왕과 여왕이 여러 쌍 있는데, 개미나 벌과 달리 흰개미 왕과 여왕의 관계는 덧없는 연애가 아니라 진정한 혼인이다. 흰개미 왕과 여왕은 여러 해 동안 교미를 계속하기도 한다. 일부일처제와 가족 조직은 흰개미를 개미와 더불어 가장 성공한 곤충으로 만들었다. 흰개미 2600종은 지구 전체 생물량의 10퍼센트를 차지한다. 안타깝게도 흰개미는 섬유질을 많이 먹기 때문에 지구 전체에서 배출되는 총량의 11퍼센트에 달하는 메탄을 배출한다. 메탄 배출에서 흰개

이 나무에서는 어떤 소리가 날까?

흰개미는 나무를 처음 씹을 때 생기는 진동을 기준으로 어떤 나무를 먹을지 결정한다.

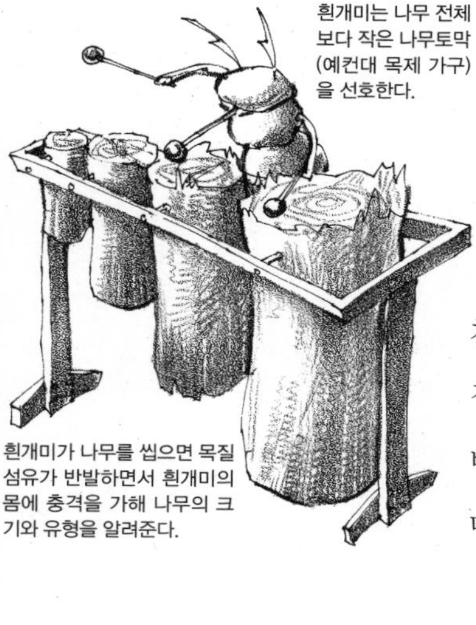

미를 능가하는 동물은 소와 양을 비롯한 반추동물뿐이다.

디저리두(오스트레일리아 토착민의 목관악기—옮긴이)**는 흰개미가 갉아먹어 속이 빈 유칼립투스 나무토막으로 만든다.**

그러나 삶이 늘 순조로울 수는 없다. 흰개미에게도 마찬가지이다. 흰개미의 일종인 조테르몹시스 네바덴시스*Zootermopsis nevadensis*의 이혼율은 약 50퍼센트이다. 때로는 수컷이 떠나지만, 흔히 암컷이 새 수컷과 (짐작하시겠지만) 폭력을 초대한다. 애처로운 풍경이지만, 버림받은 흰개미들은 자기들끼리 교제하는 경향이 있다. 혼인은 흰개미 수컷에게 별다른 영향을 미치지 않는다(물론 대개 수컷이 암컷보다 먼저 죽기는 하지만). 반면에 혼인한 암컷, 즉 여왕은 난소가 팽창하면서 몸집이 300배까지 커진다. 인도둔덕쌓기흰개미*Odontotermes obesus* 여왕은 알을 1초에 1개, 다시 말해 하루에 8만 개 넘게 낳는다. 만일 침입자가 공격해오면, 일개미가 여왕을 끌어서 안전한 곳으로 옮겨야 한다. 여왕은 너무 뚱뚱해서 제 힘으로 움직이지 못한다.

더욱 심각한 문제는 흰개미가 지금 정체성의 위기를 겪는 중이라는 사실이다. 2007년 DNA 연구에서 흰개미가 실은 바퀴벌레라는 것이 드러났다. 과거에 흰개미가 속했던 흰개미목*Isoptera*('똑같은 날개를 가진 놈'이라는 뜻)은 폐기되었고, 흰개미는 바퀴목*Blattodea*('blatta'는 그리스어로 바퀴벌레를 뜻함)으로 이주했다. 이론에 따르면 흰개미는 바퀴벌레를 닮은 조상이 나무를 먹는 능력을 터득하면서 진화한 결과이다.

나무를 우적우적 씹고 소화한 산물을 입이나 항문으로 배출해 집단의 나머지 구성원에게 먹이는 일은 눈먼 일개미의 몫이다. 녀석은 소처럼 여러 격실로 나뉜 위에서 셀룰로스를 분해한다. 녀석의 소화관

흰개미는 콘크리트에 굴을 팔 수 있다. 북아메리카에서 흰개미는 화재와 홍수를 합한 것보다 더 큰 피해를 일으킨다. 오늘날 전 세계에서 흰개미로 인해 발생하는 손해는 50억 달러를 웃돈다.

에 사는 200종의 미생물은 목질을 에너지로 바꾸는 일을 돕는다. 바이오연료 업체는 그 미생물에 대한 연구를 지원한다. 그들은 옥수수에서 청정한 연료를 추출하는 기술을 개발하는 열쇠를 그 미생물에서 얻기를 바란다. 몇몇 흰개미 종에서 일개미는 자기네 배설물을 비료로 삼아 버섯을 기른다. 버섯은 안정적인 단백질 공급원의 구실을 한다.

흰개미 집은 인간을 제외한 동물이 만든 모든 구조 가운데 가장 복잡하다. 높이 7.5미터 이상의 외부 둔덕은 작렬하는 태양으로부터 흰개미 집을 보호하고 흰개미와 버섯이 산출하는 이산화탄소와 열을 배출하고 신선한 산소를 끌어들이는 환기통의 구실을 한다. 심지어 타이완지하흰개미*Coptotermes formosanus*는 개미와 선형동물을 쫓아내기 위해서 집을 나프탈렌으로 소독한다. 나프탈렌은 자연에 존재하지 않는다. 녀석이 어떤 재료로 어떻게 나프탈렌을 만드는지는 밝혀지지 않았다.

흰개미는 가장 인기 있는 식용 곤충의 하나이다. 녀석은 단백질 함량이 우둔살 스테이크보다 75퍼센트 많다. 아마존 습지의 마우에족은 흰개미를 구워 먹고, 카야포족은 흰개미를 독특한 즙에 버무려 볶아 먹거나 으깨서 양념으로 쓴다. 나이지리아에 가면 흰개미를 말려서 상자 모양으로 뭉친 식품을 살 수 있다.

6장

독하고
치명적인 킬러

The Book of Animal Ignorance

F r o g

개구리

유 독 성 파 라 독 스

동화에 나오는 개구리는 못생겼지만 친절하다. 현실에서 개구리는 넋을 잃을 정도로 아름답고 목숨을 잃을 정도로 위험하다. 적어도 화려한 색깔로 치장한 남아메리카의 청개구리는 확실히 그렇다. 녀석의 도드라진 빨강색, 충격적인 오렌지색, 선명한 녹색, 자주색, 파랑색은 가시광선 스펙트럼의 전 영역을 아우르며, 녀석의 눈은 값진 보석처럼 보인다.

세상에서 가장 치명적인 개구리는 황금독화살개구리*Phyllobates terribilis*이다. 녹색이거나 노란색인 녀석은 덩치가 병뚜껑만 하지만 사람 10명이나 생쥐 2만 마리를 죽일 만큼의 독을 지니고 있다. 녀석의 독을 소금 알갱이 세 개의 무게만큼만 주입하면 사람을 죽일 수 있고 심지어 녀석을 손에 쥐고만 있어도 죽을 수 있다. 황금독화살개구리라는 명칭은 입으로 불어 발사하는 독화살에 녀석의 독을 바르기 때문에 생겼다. 제임스 코크레인 선장은 1823년에 처음으로 원주민이 녀석의 독을 이용하는 것을 보았다. 그는 독을 뽑아내는 광경도 보았다. 원주민은 독화살개구리를 꼬챙이에 꿰

일부 개구리 종은 먹은 것을 게울 때 위 전체를 토해낸 다음에 오른쪽 앞발로 잘 씻어서 다시 집어넣는다.

개구리의 사랑

이 사랑의 포옹('포접 amplexus')은 암컷의 알들이 나올 때까지 지속된다.

어떤 수컷은 앞발에 돋은 끈끈한 혼인돌기 nuptial pad로 암컷에 꽉 달라붙는다.

어 고통을 줌으로써 독이 땀처럼 배어나오게 했다.

세상에서 둘째로 독성이 강한 개구리는 콜롬비아의 검은다리화살개구리*Phyllobates bicolor*이다. 녀석은 몸통이 밝은 오렌지색이거나 노란색이며 다리가 파란색이다. 지역 주민은 녀석을 불에 달구어 독을 뿜어내게 한다.

일반적으로 개구리는 예쁘면 예쁠수록 더 위험하다. 이렇게 위험한 놈이 지닌 예쁜 외관을 일컬어 '경고신호aposematism'라고 한다. 빨강색과 흰색의 줄무늬를 지녔고 아주 작으며 에콰도르에 사는 청개구리인 삼색에피페도바테스*Epipedobates tricolor*는 선덜랜드 축구팀의 유니폼이나 이발소의 색등처럼 보인다. 그래서 웃기는 놈 같은가? 천만의 말씀이다. 잘못 건드리면 죽는다.

실제로 위험하지 않지만 위험한 것처럼 보이도록 진화한 종도 있다. 코스타리카의 붉은눈청개구리는 녹색 바탕에 옆구리에 파랑색과 노랑색 줄무늬가 있으며 발은 오렌지색이고 눈은 진홍색이다. 녀석의 울음소리는 새끼 방울뱀의 소리와 비슷하다. 하지만 녀석은 전혀 무해하다. 이렇게 위험하지 않은 놈이 위험한 듯이 행세하는 것을 헨리 월터 베이츠(1825~1892)의 이름을 따서 '베이츠 의태Batesian mimicry'라고 한다. 베이츠는 알프레드 러셀 월리스와 함께 아마존에서 7년 동안 머물며 당대의 과학계에 알려지지 않은 생물을 8000종 발견한 인물이다.

욕망에 들뜬 수컷은 가끔 실수로 죽은 물고기나 낡은 배에 달라붙는다.

트리니다드토바고에 사는 파라독스 개구리*Pseudis paradoxa*는 올챙이 시절의 덩치가 다 자랐을 때보다 세 배 크기 때문에 이름에 '파라독스'가 붙었다. 하지만 일반적으로 개구리와 역설은 동전의 양면과도 같다. 알려진 개구리만 5000종이 넘고 새로운 종이 계속 발견된다. 2002년 스리랑카에서만 100종이 발견되었다. 그러나 다른 한편으로 개구리는 우려할 만한 속도로 멸종하는 중이다. 모든 개구리의 3분의 1이 위험에 처해 있다. 왜냐하면 개구리는 피부로 호흡하기 때문이다. 녀석의 독은 경우에 따라 우리에게 위험할 수 있지만, 인간이 배출하는 독은 녀석에게 훨씬 더 위험하다. 개구리의 고통은 우리와 개구리 모두에게 비극이라고 할 수 있다.

개구리의 독은 코카인, 니코틴, 코데인, 카페인, 퀴닌과 마찬가지로 알칼로이드이다. 과학자들은 개구리가 살아 있는 약상자라는 것을 깨닫는 중이다. 녀석의 치명적인 독이 암에서 알츠하이머병까지 여러 병에 대한 치료약의 재료가 될 수 있음을 깨닫는 중이다. 삼색에피페도바테스는 모르핀보다 200배 강한 진통제를 생산한다. 황금독화살개구리는 모르핀보다 600배 강한 또 다른 진통제를 산출한다. 이 두 진통제는 의존성과 부작용이 없다. 다른 개구리 속에는 근육이완제, 심장흥분제, 뇌졸중 치료제, 박테리아 감염 치료제, 우울증 치료제가 들어 있을 가능성이 있다. 알고 보니 여러 동화에 진실이 담겨 있었다. 개구리는 왕자로 변신할 수 있다.

Toad

두꺼비

두꺼비 폭발의 수수께끼

두꺼비처럼 우리를 움찔하게 만드는 동물은 거의 없다. 추하고 독을 지닌 밤의 생물이요 마녀의 오른팔인 두꺼비는 역사를 통틀어 두려움의 대상이었다. 녀석을 만지면 사마귀가 생기고 녀석과 눈이 마주치면 간질 발작이 일어날 수 있다고 믿었다.

잉글랜드 동부에서 '두꺼비사람toadman'이 된다는 말은 악마와 계약을 맺는다는 뜻이었다. 두꺼비사람 되기는 영국의 민간 마법에서 가장 위험한 입문 의식儀式이었다. 이 의식을 수행하는 사람은 두꺼비 뼈에 온 힘을 집중했다. 다른 사람은 어느 누구도 그 뼈를 보거나 만지지 못하게 되어 있었다.

두꺼비 다리를 찢어서 몸에 두르면 피부병을 예방할 수 있으며, 두꺼비 혀를 몸에 지니면 여성이 거부할 수 없는 매력남이 된다고 믿었다. 살아 있는 두꺼비를 가슴에 문지르면 유방암이 낫고, 마녀에게 대항하는 최선의 방법은 문이나 벽난로 주변에 병에 넣은 두꺼비를 묻어두는 것이라는 믿음도 있었다. 두꺼비를 죽이는 것은 엄

아첨꾼을 뜻하는 영어 'toady'는 18세기에 활동한 2인조 사기꾼 중 한 명을 가리키는 '두꺼비를 먹는 사람toad-eater'에서 나왔다. 그 사기꾼은 대중 앞에서 두꺼비를 삼킨 다음에 돌팔이의사인 짝꿍에게 '마법의 약'으로 치료해달라고 빌곤 했다.

격한 금기였다.

이런 온갖 나쁜 소문에도 불구하고 두꺼비는 분류학적으로 볼 때 개구리 가문(개구리목)의 일원이다. 두꺼비는 350종이 있으며, 개구리와 두꺼비의 가장 큰 차이는 피부와 이빨이다. 개구리는 대개 아주 작은 이빨과 매끄러운 피부를 지닌 반면, 두꺼비는 이빨이 없고 피부가 두껍고 우툴두툴하며 대개 뛰지 않고 걷는다.

또한 대부분의 개구리와 달리 두꺼비는 독을 지녔다. 녀석은 피부의 돌기와 눈 뒤편 한 쌍의 샘에서 우윳빛 액체를 분비한다. 그것이 바로 전설의 '두꺼비 거품' 곧 독이다. 몇몇 종의 독은 환각을 일으키는 화합물을 지녔으며 놀이에 이용하기 위해 '짜낼' 수 있다. 그러나 안타깝게도 그 독은 심장에 돌이킬 수 없는 손상을 입히는 강력한 스테로이드도 지녔다. 그러므로 두꺼비를 핥거나 빨면 기분이 좋아지기 전에 병이 들 가능성이 높다.

매년 영국의 도로에서 20톤의 두꺼비가 깔려 죽는다. 왜냐하면 두꺼비는 수백 년 전부터 똑같은 경로를 거쳐 똑같은 웅덩이로 이동해 번식을 하기 때문이다. 그러다 보니 붐비는 도로를 횡단하는 일이 흔히 발생한다. 사람들이 만든 두꺼비용 지하통로는 효과를 발휘했다.

산파두꺼비*Alytes obstetricans* 수컷은 여러 암컷을 수정시키고 알들을 혼자서 떠맡는다.

내가 없는 동안에 할 일

1. 아이들 태우기
2. 뒷다리 꼬기
3. 3주 동안 돌아다니기
4. 웅덩이에 다리를 집어넣고 아이들이 떠날 때까지 기다리기
5. 내년에 처음부터 다 다시 하기

추신: 까마귀에게 비밀로 할 것

하룻밤에 최대 1500마리의 두꺼비가 그런 지하통로를 지나간다.

영국 요리 '토드인더홀Toad-in-the-hole'은 원래 반죽을 입힌 스테이크를 뜻했지만, 스테이크가 너무 비싸지면서 반죽을 입힌 소시지를 뜻하게 되었다. 이 요리 이름은 지금은 잊혀진 19세기의 소동에서 유래했다. 당시에 고대의 암석 속에서 살아 있는 두꺼비를 발견했다는 보고가 수백 건 있었다. '구멍 속의 두꺼비' 소동은 1830년대에 절정에 이르렀고, 옥스퍼드 대학의 지질학교수 윌리엄 버클랜드는 여러 두꺼비를 돌덩이 속에 집어넣고 녀석의 생존 능력을 시험했다. 몇 마리는 2년이나 생존했지만 대부분은 죽었고, 집단광기라고 할 만한 '구멍 속의 두꺼비' 소동은 잦아들었다.

두꺼비에 관한 또 다른 수수께끼는 2005년 함부르크의 어느 웅덩이에서 발생했다. 두꺼비가 번식기간에 폭발했던 것이다. 1000마리가 넘는 두꺼비가 평소 덩치의 3배로 부풀어 물 밖으로 기어 나와서 섬뜩한 소음을 내며 폭발했다. 녀석의 내장은 90센티미터 밖까지 흩어졌다.

처음에 사람들은 바이러스나 환경오염을 원인으로 추측했지만, 틀린 추측이었다. 그들은 엄청나게 영리한 까마귀의 공격을 받은 것이었다. 까마귀는 두꺼비의 가슴을 한 번만 쪼아서 간을 떼어낼 수 있음을 깨달았다. 그다음 작업은 두꺼비 자신의 방어 메커니즘이 알아서 해준다. 두꺼비는 공격자를 위협하려고 몸을 부풀리고, 그러면 높은 압력에 밀린 두꺼비의 내장이 까마귀가 쫀 상처로 튀어나간다. 치명적인 탈장이 일어나는 것이다.

Wasp

말벌

당분과 종이

수천 종의 말벌 중에서 영국인을 자주 괴롭히는 놈들은 단 두 종, 땅벌 *Vespula vulgaris*과 독일말벌*Vespula germanica*뿐이다. 둘 사이에 차이는 별로 없다. 땅벌과 독일말벌은 둘 다 집단을 이뤄 살고 종이(나무를 씹어서 만든 죽)로 공 모양의 집을 지으며 찌르고 뺄 수 있는 침을 지녔고 초가을에 산과 들에 나온 사람들을 매우 귀찮게 한다. 물론 말벌 자신도 꿀벌이 아니라서 참 불행하다. 녀석은 우리를 위해 꿀을 만들지 않는다. 녀석의 무늬는 강렬하고 섬뜩하며 신비로운 춤을 춘다. 복잡한 사회를 구성하는 꿀벌과 비교할 때 반사회적인 것처럼 보인다. 그러나 이것은 불공정한 평가이다. 우선 꿀벌은 채식성 말벌일 뿐이다. 꿀벌과 말벌은 각자 할 일이 있다. 만일 왕성한 식욕을 지닌 말벌이 없다면 우리의 정원은 곤충으로 뒤덮일 것이다.

겉모습을 보고 말벌의 식성을 짐작하면 실수를 범하게 된다. 꿀벌도 마찬가지이지만, 우리가 보는 말벌의 대부분은 번식력이 없는 암컷이며 겉보기에 무시무시한 아가리를 지녔지만 소화관은 매우 단순하다. 이는 녀석이 달콤한 꿀만 먹을 수 있음을 의미한다. 녀석은 끊임없이 다른 곤충을 죽이고 운반하지만 자기 자신을 위해 그러는 것이

말벌을 죽이는 것은 위험한 짓이다. 죽어가는 말벌은 페로몬을 방출해 동료에게 위험을 알린다. 그러면 몇 초 안에 말벌이 떼로 몰려들 수도 있다.

아니다. 녀석의 아가리는 집에서 항상 배고픈 상태로 기다리는 유충에게 단백질을 씹어 먹이는 데 쓰인다. 녀석은 베이컨 조각이나 딱정벌레를 준 대가로 유충의 입에서 달콤하고 영양이 많은 '수프' 한 방울을 얻는다. 그러나 초가을이 되면 그 수프가 없어진다. 유충을 기르는 일이 끝나고 집단은 해체된다. 이듬해에 여왕이 될 암컷은 은신처를 찾아 겨울을 나는 반면, 나머지 말벌은 차례로 죽는다. 바로 이 시기에 (일거리도 없고 먹을거리도 없는) 일꾼 말벌이 인간을 괴롭힌다. 녀석은 날씨가 추워져 생을 마감하기 전의 마지막 몇 주일 동안 인간의 부엌과 과수원과 소풍 도시락에서 당분을 찾는다. 인간과 말벌이 만나서 때로는 양쪽 모두에게 치명적인 결과가 발생하는 것은 대부분 이때이다.

초가을 말벌 소동은 흔히 누군가가 '말벌*Vespa crabro*'의 공격을 받았다는 이야기에서 절정에 도달한다. '말벌'(다양한 말벌 중에서 *Vespa crabro* 종만 가리키는 우리말 단어가 따로 없기 때문에 부득이하게 홑따옴표를 붙여서 '말벌'로 표기한다—옮긴이)은 유럽의 사회성 말벌 중에서 가장 크고 시끄럽다. 사람들이 오래전부터 '말벌'을 두려워한 것은 틀림없이 녀석의 크기와 요란함 때문일 것이다. 그러나 실제로 인간이 '말벌'에 쏘이면 꿀벌에 쏘이는 것보다 피해가 훨씬 더 적다. 꿀벌은 꿀을 훔치는 척추동물에 대항하기 위해 독을 진화시켰다. 그런 척추동물 중에는 덩치가 곰이나 오소리와 맞먹는 놈도 있다. 반면에 '말벌'의 독은 주로 무척추동물 사냥감을 공격하는 데 쓰인다. '말벌'의 독을 분석해보면, 인간이 '말벌'에 쏘여 죽으려면 대략 1000번 쏘여야 한다는 결론이 나온다.

하지만 중요한 예외가 있다. 한국과 일본 등지에 사는 장수말벌*Vespa mandarinia*은 말벌 가문에서 첫째가는 포식자이다. 녀석은 거대하고(엄지손가락만 하다) 6밀리미터 길이의 침을 지녔으며 빠르고 강하고 무자비하다. 장수말벌 10마리는 꿀벌 집단 전체를 몇 시간 내에 전멸시킬 수 있다. 장수말벌은 무시무시한 아가리로 꿀벌의 머리를 잘라낸다. 장수말벌의 독은 인체 조직을 녹여버릴 정도로 강력하다. 매년 50명 이상이 장수말벌에 쏘여 사망한다. 그러나 인간도 장수말벌에게 멋지게 복수한다. 일본에서는 장수말벌 유충을 날로 먹고 성충은 잘 볶아서 먹는다. 볶은 장수말벌은 새우 맛이 난다고 한다.

독일말벌과 땅벌의 차이

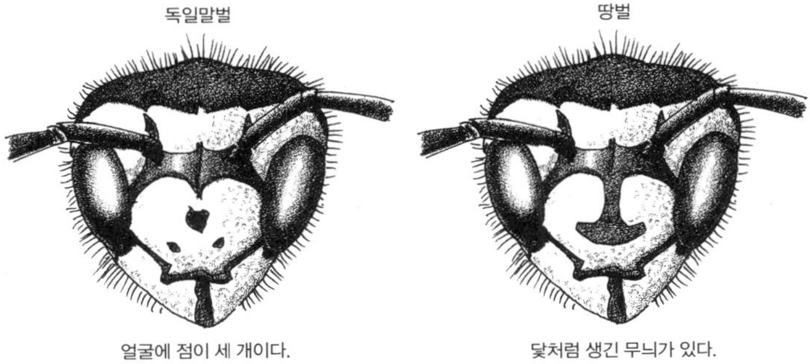

Lion

사자

사하라 이남의 게으름뱅이

수사자의 삶은 녹록지 않다. 사자는 외톨이 사냥꾼 생활을 버리고 사회 조직에 적응한 유일한 고양잇과 동물이지만, 그래서 무슨 이득을 얻었는지는 그리 명확하지 않다. 사자는 사냥할 때 거의 협동하지 않는다. 집단이 절체절명의 위기를 맞아 굶어죽을 지경일 때만 협동한다. 심지어 협동 사냥을 할 때에도 사냥감의 숨통을 끊는 것은 단 한 마리의 사자이며, 그 사자는 대개 암컷이다. 왜냐하면 암사자가 더 빠르고 민첩하기 때문이다. 곧이어 먹이를 먹을 때 사자 사회의 단결력은 완전히 사라진다. 모든 사자는 각자 자기만을 위해 달려든다. 수컷이 게걸스럽게 먹는 동안 온 사방에서 싸움이 벌어진다. 앞발 후리기가 작렬하고, 귀가 찢어져 너덜너덜해지고, 새끼는 야옹야옹 울고, 암컷은 먹이를 꽉 물고 버티면서 자기 권리를 주장한다.

사자는 비교적 최근까지 유럽과 아시아에 널리 분포했다. 카프카스산맥에서는 10세기에 마지막 사자가 죽임을 당했고, 터키에서는 19세기 후반, 이란에서는 1941년에 같은 일이 일어났다. 최후의 야생 아시아 사자 300마리는 인도 북부 구자라트 주 기르 보호구역에 산다.

집단생활은 어린 새끼를 보호하는 데도 별 도움이 안 되는 듯하다. 두 살 넘게 생존하는 새끼는 10퍼센트에 불과하다. 살아남은 새끼는 운이 좋아야 두 자리 숫자의 나이에 진입한다. 사자의 기대수명은 사자에게 쫓기는 영양의 기대수명보다 훨씬 낮다. 확실히 고지방 식생활에 운동을 거의 안 하는 것은 건강에 이로운 생활습관이 아니다. 사자가 사냥할 때 실시하는 단거리 질주는 확실히 에너지 소모가 많지만 의사가 권하는 유형의 운동은 아니다. 특히 콜레스테롤 수치가 높은 동물에게는 더욱 그렇다. 게다가 사자는 스트레스에 시달린다.

어떤 수사자가 얼룩말의 뒷발질을 피하는 중이거나 식사 중에 얼쩡거리는 다른 사자나 하이에나를 쫓아내고 있지 않다면, 그 수사자는 자는 중이거나 암사자의 지칠 줄 모르는 성욕을 충족시키는 중이라고 단언할 수 있다. 암사자가 발정하면 수사자는 무려 나흘 동안 끊임없이 하루에 최대 50회씩의 섹스를 각오해야 한다.

일 년 동안 살아남은 새끼 한 마리가 있다면, 그 어미와 아비는 섹스를 3000회 했다고 추정할 수 있다. 이토록 많은 섹스가 필요한 이유는 자명하지 않다. 애완용 고양이의 경우에서처럼 암컷의 배란에 많은 횟수의 페니스 운동이 필요한 것일지도 모른다. 혹은 단지 암컷이 늙은 수컷의 능력을 확인하고 싶어 하기 때문일지도 모른다.

사자의 포효

사자는 포효할 수 있지만 가르랑거릴 수 없다. 고양이와 달리 사자의 목구멍 뼈들은 단단하지 않다. 그 뼈들은 후두의 팽창과 진동을 허용하는 탄력적인 인대에 의해 연결되어 있다.

사자는 사냥감을 겁먹게 하기 위해서가 아니라 서로 소통하기 위해서 포효한다.

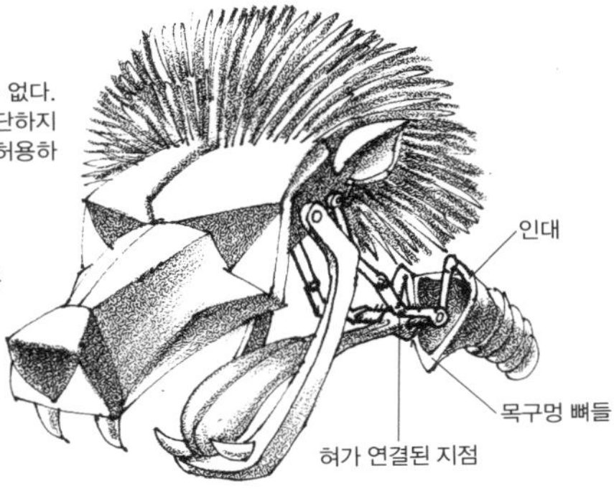

사자를 쓰다듬지 마시오. —체코 동물원 안내판

사자 집단은 가까운 친척 사이인 암컷으로 이루어지며, 이들과 친척관계가 없는 소수의 수컷들이 연합군처럼 그 집단에 봉사한다. 집단과 연합한 수컷들은 종종 낯선 놈의 도전을 받는다. 그런 놈은 대개 끓어오르는 젊음으로 자신의 집단을 거느리기 갈망하는 비교적 어린 수컷이다. 굳이 말할 필요가 있을까 싶지만, 암사자는 가끔 집단을 몰래 벗어나 뜨내기 수컷과 간통을 한다. 그러면 분쟁이 생기고, 수사자 사이의 분쟁은 매우 험악하고 심지어 치명적일 수 있다. 뜨내기 수컷의 승리는 새끼에게 확실히 치명적이다. 집단을 접수한 수컷이 가장 먼저 하는 일은 물러간 패자의 새끼를 죽이고 때때로 잡아먹는 것이다. 거의 모든 연합이 3년 안에 와해되는 것은 놀라운 일이 아니다. 연합을 유지하는 일은 중노동과 거의 다를 바 없다.

수컷다움의 보편적 상징인 수사자의 갈기도 암사자에게는 다른 의미로 해석된다. 풍성하고 짙은 갈기를 지닌 수사자는 암사자의 이상형이 아니다. 그런 갈기는 인간의 수염처럼 늙음의 상징이기 때문이다. 그러나 사람을 덮칠 때 사자는 최상위 포식자 혹은 정글의 왕다운 위용을 드러낸다. 느리고 약하고 항상 돌아다니는 우리는 쉬운 먹잇감이다. 사자가 인간을 덮치는 것은, 우리가 텔레비전을 보며 피자를 먹고 맥주를 마시는 것과 다를 바 없다.

Cane Toad

사탕수수두꺼비

외래종의 침공

1935년 8월 18일 사탕수수두꺼비*Bufo marinus* 102마리가 하와이를 출발해 오스트레일리아에 도착했다. 사람들은 사탕수수딱정벌레로 인한 피해를 줄일 목적으로 녀석들을 퀸즐랜드 주 북부의 사탕수수 농장에 풀어놓았다.

그로부터 70년이 지난 지금 오스트레일리아에 사는 사탕수수두꺼비는 1억 마리에 달한다. 녀석은 영국과 프랑스와 스페인을 합친 것보다 더 큰 면적에 퍼졌고, 매년 서식지의 경계를 56킬로미터씩 확장한다.

전 세계의 양서류 종이 급속히 줄어든다는 점을 감안하면, 좋은 소식처럼 들릴 수도 있다. 그러나 사탕수수두꺼비의 번성은 결코 좋은 소식이 아니다. 녀석은 인간이 자연을 조작하려 할 때 일어날 수 있는 파국의 본보기이다.

사탕수수두꺼비가 유용한 놈으로 판정될 날이 올지도 모른다. 녀석의 올챙이는 모기 유충의 증가를 억제하며, 녀석의 독에는 세로토닌이 들어 있다. 세로토닌은 심장병, 암, 정신병, 알레르기 치료에 쓰일 수 있다.

사탕수수두꺼비는 독성이 매우 강하다. 녀석의 알이나 올챙이나 성체를 먹으면 대부분의 동물이 즉시 심장 기능장애를 일으킨다. 오스트레일리아의 박물관에는 사탕수수두꺼비를 입에 문 채로 죽은 뱀이 전시되어 있다. 오스트레일리아 토종 유대동물인 퀄quoll(토종고양이native cat라고도 함)은 개구리를 잡아먹는 습성이 있어서 멸종 위기에 처했다. 사탕수수두꺼비는 심지어 대형 악어까지 없애버린다. 녀석의 독은 정말 강하다. 녀석이 발을 담근 그릇의 물을 마신 애완용 개가 병들 정도이다.

녀석의 고향인 중앙아메리카와 남아메리카에서 사탕수수두꺼비 개체수는 경쟁과 병과 포식자에 의해 조절된다. 그러나 오스트레일리아에는 다른 두꺼비가 없고 포식자는 드물며 먹을거리는 풍부하다. 처녀지인 그곳에서 녀석은 위협적인 존재가 되었다.

사탕수수두꺼비는 오스트레일리아 토종 개구리 종보다 네 배 많은 알을 낳으며, 녀석의 올챙이는 빨리 성숙하고 독성이 있어 잡아먹히지 않는다. 성장 중이거나 다 자란 사탕수수두꺼비는 다른 개구리나 밥그릇에 담긴 개밥까지 닥치는 대로 먹는다. 먹으면 먹을수록 몸집은 커진다. 어떤 녀석은 몸무게가 2.7킬로그램으로 작은 개와 맞먹었다.

더욱 심각한 문제는 녀석이 새로운 서식지에서 진화하는 것 같다는 점이다. 현재 녀석의 다리는 1930년대에 비해 25퍼센트 길어졌다. 녀석은 그때보다 다섯 배 빠르게 이동할 수 있고, 덤불을 헤쳐 나가는 대신에 인간이 만든 도로와 고속도로를 이용하기 위해 저녁까지 기다릴 줄 안다.

사탕수수두꺼비는 10년 내에 오스트레일리아 남부에 진입할 것으로 예상된다.

사탕수수두꺼비의 확산

을 억제하기 위한 활동이 광범위한 지역에서 이루어지고 있다. 특히 2008년 초에 침공이 예상되는 웨스턴오스트레일리아 주 경계에서 활동이 활발하다. 과거에 두꺼비 퇴치 방법 중 하나는 차를 몰고 돌아다니며 녀석을 깔아뭉개는 것이었다. '사탕수수두꺼비 골프'는 잔인한 방법이지만 여전히 일부의 지지를 받으며, 가장 효과적인 방법은 야간에 녀석이 모인 웅덩이에 '두꺼비 사냥' 부대를 투입하는 것이다. 성과가 좋은 주에는 최고 4만 마리를 포획하기도 한다. 포획된 두꺼비는 독가스에 노출시키거나 얼려서 죽인 다음에 '두꺼비즙ToadJus'이라는 액체 비료로 만들어진다.

녀석이 유전적인 병에 걸려서 번식 불능이 되도록 만드는 생물학적 해법도 있지만, 많은 생태학자들은 반대한다. 반대의 이유는 여럿이지만, 그중 하나는 이 해법이 애초에 문제를 일으킨 발상과 똑같은 유형의 발상이라는 점이다.

사탕수수두꺼비는 부인할 수 없는 생태적 충격을 일으켰지만, 녀석 때문에 멸종한 생물은 아직까지 한 종도 없다. 심지어 몇몇 새와 파충류는 녀석을 뒤집어서 독 샘을 피하고 먹는 법을 터득했다. 다른 많은 종도 녀석과 함께 살 수 있게 되었다. 특히 사탕수수딱정벌레가 그렇다. 오스트레일리아에서 사탕수수딱정벌레의 개체수는 1935년에 비해 늘면 늘었지 줄지 않았다.

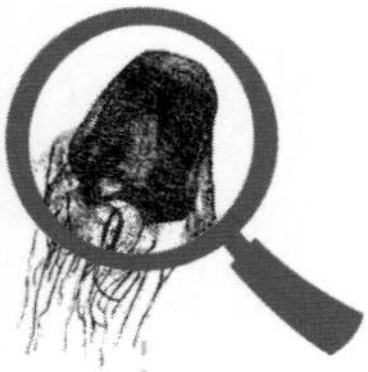

Box Jellyfish

상자해파리

스물네 개의 눈이 달린 위胃

얼핏 촉수로 둘러싸인 입만 있는 것처럼 보이지만, 상자해파리는 우리의 눈과 매우 유사하게 수정체와 각막과 망막을 갖춘 눈을 지녔다. 게다가 기이하게도 녀석의 눈은 그렇게 정교함에도 불구하고 항상 초점이 맞지 않는다. 왜냐하면 상자해파리는 뇌가 없고 입 주위에 신경의 고리만 있기 때문이다. 이처럼 중앙처리장치 없이 흐릿한 시각만 지녔지만 녀석은 알 것은 다 안다. 얼마나 큰 놈인지, 먹을 수 있는 놈인지, 나를 잡아먹을 놈인지, 다 안다.

눈은 상자 같은 몸의 네 면에서 몽둥이처럼 튀어나온 돌출부에 있다. 각각의 돌출부에는 '똑똑한' 눈 두 개 말고도 네 개의 빛 탐지 구멍이 있다. 이런 장치가 추가로 있는 것 역시 감각 정보를 통합할 뇌가 없는 것과 관련이 있다. 상자해파리에게는 포식자를 '보는 일'과 지금이 낮인지 밤인지 알아내는 일이 별개의 감각기관을 필요로 하는 별개의 과제이다.

특이한 눈 때문에 녀석은 다른 참된 해파리들과 구별된다. 녀석은 아주 이른 시기인 5억 5천만 년 전에 참된 해파리 계통에서 갈라졌다.

시각은 다른 방식으로도 유용하다. 느릿느릿 떠다니면서 먹이가 헤엄쳐 다가오기를 기다리는 참된 해파리와 달리 상자해파리는 빠르게 (어떤 종은 초속 1.8미터로) 헤엄치고 장애물을 우회할 수 있다. 요컨대 녀석은 먹이를 '사냥'할 수 있다. 또 녀석이 다른 해파리처럼 알과 정자를 바다에 뿌리는 대신에 암수가 짝을 이뤄 수컷이 촉수를 써서 암컷을 임신시킨다는 증거도 있다.

이 특징은 또 다른 중요한 적응적 특징과 연결된다. 상자해파리는 어마어마한 독을 지녔다. 상자해파리의 일종인 키로넥스 플레케리*Chironex fleckeri*는 지구에서 가장 강력한 독을 지닌 생물일 것이다. 녀석에게 쏘이면 즉시 격렬한 통증과 뜨거움을 느낀다. 녀석의 독은 신경계와 심장, 피부를 공격해 3분 내에 사망에 이르게 할 수 있다. 전 세계에서 매년 최대 1만 명이 녀석에게 쏘이고 그중 상당수가 사망한다.

카루키아 바네시*Carukia barnesi*도 만만치 않다. 투명하고 크기가 땅콩만 해서 물속에서 거의

쏘는 세포(자포)의 작동

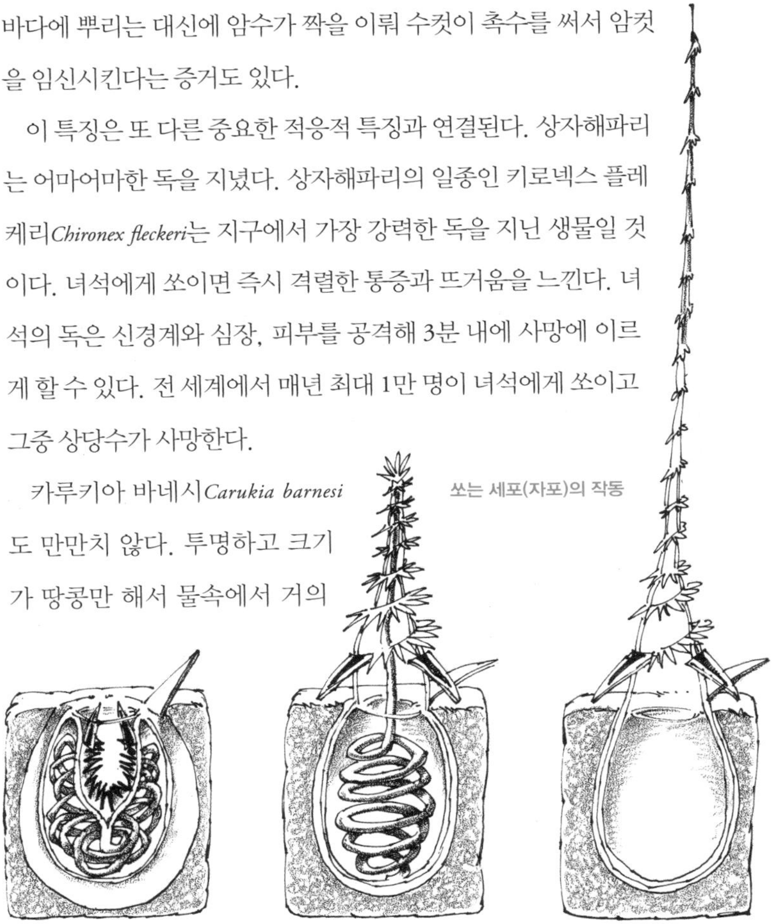

세포가 충격을 받으면 뚜껑문이 열린다.

스프링처럼 움츠린 독관

가시 돋친 작살이 먹이를 향해 초속 14미터로 발사된다.

상자해파리는 오후 3시에 잠들고 새벽에 깨어난다. 어둠이 내리기 시작하면 녀석은 '잠든' 것처럼 바다 밑바닥에 가만히 엎드린다.

보이지 않는 그 녀석은 온몸이 쏘는 세포로 뒤덮여 있다. 녀석에게 쏘이고 살아남은 사람은 극심한 통증, 메스꺼움, 구토, 치명적인 고혈압, 절망감을 일으키는 '이루칸지 증후군Irukandji syndrome'에 시달릴 수 있다. 이 병의 명칭은 바다에서 헤엄친 사람이 끔찍한 병에 걸렸다는 원주민의 말에서 유래했다. 녀석의 독은 스트레스 호르몬인 노르아드레날린의 다량 방출을 유발하기 때문에, 녀석에게 당한 희생자는 흔히 '공황'에 빠져 사망에 이른다.

왜 상자해파리는 그토록 강한 독을 지녔고, 이 특징은 녀석의 시각과 무슨 관련이 있을까? 핵심은 몸집이다. 녀석은 볼 수 있기 때문에 자기보다 더 큰 것을 먹는 경향이 있다. 녀석은 매우 섬세한 촉수가 입는 손상을 최소화하기 위해서 먹잇감을 즉시 마비시킬 필요가 있다. 우리는 녀석에게 한두 방 쏘여서는 죽지 않는다. 하지만 수영을 하다가 녀석과 마주칠 경우 우리는 덩치가 커서 녀석이 먹잇감을 죽일 때 필요한 만큼보다 훨씬 더 많은 자포의 공격을 받고, 그래서 사망에 이르는 것이다.

Cheetah

치타

사바나의 교수형 집행자

한때 치타는 아프리카 전역과 아시아 남부의 대부분에 살았다. 20세기에 녀석의 수는 재미와 가축 보호를 위한 사냥으로 인해 극적으로 줄었다. 남아 있는 1만 2000마리 중에서 아시아에 사는 놈은 100마리에 불과하다. 이란의 산악지대에 있는 손바닥만 한 야생동물 보호구역에 100마리가 산다.

더 먼 과거에 치타는 거의 전멸했었다. 오늘날의 치타는 마지막 빙하시대에 아프리카에서 단일한 집단을 이루고 살아남은 500마리의 후손이다. 그래서 유전학적으로 볼 때 현존하는 모든 치타는 일란성 쌍둥이라고 해도 큰 무리가 없을 만큼 서로 유사하다.

치타는 빨라야 하기 때문에 빠르다. 대부분의 대형 고양잇과 동물과 달리 녀석은 낮에 사냥을 하며, 흰개미 둔덕에 올라 무리를 벗어난 영양이나 가젤을 찾는다. 검은 '눈물'이라고도 하는 눈 밑의 길쭉한 점은 눈부신 빛을 차단한다고 여겨진다. 치타는 망막에 있는 폭이 넓고 매우 민감한 띠로 시야 전체를 예리하게 포착할 수 있기 때문에 거의 완벽하게 방향을 바꾸면서 먹잇감을

고대 이집트의 무덤에 치타의 그림이 있다. 치타를 신으로 숭배했던 것이다. 심지어 치타의 머리는 투탕카멘의 장례용 침대에도 새겨져 있다.

뒤쫓을 수 있다. 치타 주위의 반경 3.2킬로미터 안에 있는 모든 먹잇감은 조심해야 한다.

치타보다 빨리 시속 100킬로미터에 도달할 수 있는 자동차는 손가락으로 꼽을 정도밖에 없으며, 초원에서 그렇게 할 수 있는 자동차는 없다. 치타는 빨라야만 한다. 30초 안에 영양을 잡지 못하면 사냥을 포기해야 하기 때문이다. 녀석은 사냥감을 목 졸라 죽인다. 치타의 이빨은 사자나 표범의 것처럼 길고 날카롭지 않지만, 무는 힘은 더 강해서 사냥감의 숨통을 짓눌러 공기의 흐름을 막는다. 사냥에 성공한 치타는 서둘러 먹이를 삼켜야 한다. 껍질과 뼈와 내장은 남겨둔다. 다 자란 놈은 한 번에 최대 14킬로그램의 고기를 먹고(성인이 양의 다리 6개를 먹어치우는 것과 같다) 5일 동안 버틸 수 있다. 치타가 사냥한 먹이의 절반을 사자와 독수리와 하이에나가 훔쳐가지만, 치타는 항의하지 않는다. '특수 목적에 맞게' 만들어진 자신의 몸에 단 하나의 부상만 생겨도 굶어죽을 수밖에 없다는 것을 알기 때문이다.

암컷 치타는 때때로 영양 새끼를 산 채로 잡아와서 자식을 훈련시키는 데 이용한다. 어린 치타는 생후 18개월에 사냥을 시작하는데, 경험

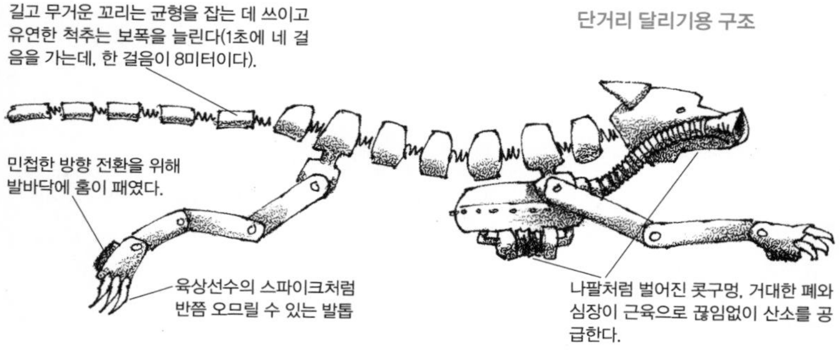

이 없어서 들소와 같은 전혀 엉뚱한 사냥감을 뒤쫓는 일이 종종 생긴다.

치타는 가르랑거리고 찍찍거리고 캥캥거릴 수 있지만 포효하지는 못한다.

'치타cheetah'라는 이름은 원래 힌디어 '치타chita'에서 왔고, 그것은 '점박이'를 뜻하는 산스크리트어 '치트라카chitraka'에서 유래했다. 치타는 오랫동안 표범과 혼동되었다. 중세의 문헌에 등장하는 '표범'은 대개 치타를 의미한다. 치타는 (갈기를 지닌) 사자와 (점박이 무늬를 지닌) '표범' 사이에서 태어난 사생아로 여겨졌다. 실제로 치타 새끼는 갈기를 지녔다(초원에서 몸을 숨길 때 갈기가 도움이 된다). 치타의 라틴어 이름인 아키노닉스 유바투스*Acinonyx jubatus*는 '갈기를 지닌 고정된 발톱'을 의미한다.

고대 이집트와 인도와 페르시아의 사람들은 치타를 훈련시켜 사냥에 이용했다. 치타는 보상으로 버터를 받았고 15가지 명령을 알아들었으며 매처럼 머리덮개를 쓴 채 말을 타고 사냥터로 나가 영양을 뒤쫓았다.

치타는 포획 상태에서 번식시키기 어렵기로 악명이 높다. 왜냐하면 암컷 치타는 여러 수컷에게 쫓긴 다음에야 배란을 할 수 있기 때문이다. 16세기 무굴제국의 악바르 대제는 치타를 1000마리 넘게 키웠지만 단 한 마리의 새끼를 얻었다. 그 다음으로 포획 상태에서 치타 새끼가 태어난 것은 1956년이다.

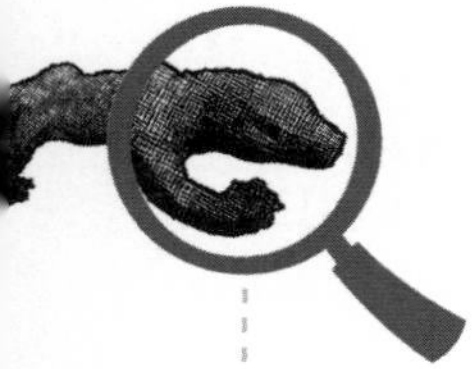

Komodo Dragon

코모도왕도마뱀

사악하고 큰 입

몸길이 3미터에 몸무게 127킬로그램인 코모도왕도마뱀*Varanus komodoensis*은 현존하는 도마뱀 중에서 가장 클 뿐 아니라 이제는 처녀생식을 할 수 있는 가장 큰 육지동물의 지위도 차지했다.

2006년 영국 동물원에 사는 코모도왕도마뱀 세 마리 중 두 마리가 수컷의 도움 없이 '자가수정'으로 알을 낳았다. 코모도왕도마뱀은 새와 마찬가지로 (포유동물과는 달리) 암컷이 두 가지 성 염색체 Z와 W를 지녔다. Z염색체는 수컷을 만들고, W염색체는 암컷을 만든다. 그런데 코모도왕도마뱀이 생산하는 알에는 작은 알 하나가 덧붙어 있다. 정자가 없을 경우 덧붙은 작은 알이 흡수되면서 큰 알을 '수정시켜' 수컷(ZZ) 이란성 쌍둥이가 만들어진다.

이 생식 방법은 생존 전략으로 진화했을 수 있다. 코모도왕도마뱀은 수영을 대단히 잘하며 인도네시아 군도의 중심에 있는 몇 개의 작은 섬에서만 발견된다. 암컷이 바다를 건너 새로운 섬에 도착하면 처녀생식으로 낳은 새끼와 짝짓기를 해 많은 후손을 남길 수 있었을 것이다.

서양 과학자들은 코모도왕도마뱀을 1910년에 처음 발견했다. 물론 섬의 숲 속에 무시무시한 용이 산다는 이야기는 더 일찍부터 전해졌지만 말이다. 1926년 부유한 탐험가인 더글러스 버든은 코모도왕도마뱀을 사로잡기 위해 원정에 나섰다. 원정은 실패했지만 그가 전한 이야기는 할리우드의 영화제작자 메리언 C. 쿠퍼에게 영감을 주어 1933년 영화 〈킹콩〉으로 세상에 나왔다.

코모도왕도마뱀은 흔히 '살아 있는 공룡'이라고 부르지만, 새나 악어와 달리 녀석은 공룡의 직계후손이 아니며 왕도마뱀과에 속하고 이구아나와 뱀의 가까운 친척이다. 녀석은 무시무시한 육식동물이다. 톱니 모양의 이빨(파충류의 이빨보다 상어의 이빨을 닮았다)과 휘어진 형태의 강력한 발톱을 지녔다. 녀석에게 물리면 치명적이다. 녀석의 '살상용 타액'은 전설적인 위력을 지녔다. 거기에는 독성 박테리아 15종이 들어 있다. 게다가 최근의 연구에서 드러났듯이, 녀석은 입속에 있는 샘에서 강력한 독을 분비한다.

코모도왕도마뱀은 고립된 섬에서 최상위 포식자로 사는 덕분에 덩치를 키울 수 있었다. 녀석은 원래 지금은 멸종한 피그미코끼리 종을 잡아먹도록 진화했지만, 지금은 들소, 사슴, 염소, 어린 코모도왕도마뱀까지 마다하지 않고 공격한다. 그래서 어린 코모도왕도마뱀은 나무꼭대기에서 살며 사냥을 할 때는 사냥감의 배설물을 온몸에 묻혀 되도록 맛없게 보이려고 애쓴다.

'용들이 사는 곳'이 표시된 지도는 단 하나뿐이다. 그것은 1507년에 구리로 만든 지구본인 레녹스 글로브Lenox Globe이다. 그 지구본의 아시아 동쪽 해안에 '용들이 사는 곳'이라는 문구가 붙어 있다. 그곳은 코모도왕도마뱀의 서식지에서 그리 멀지 않다.

코모도왕도마뱀은 한 달에 한 번 먹는데, 한 번 먹을 때 자기 몸무게의 4분의 3을 먹어치운다. 먹은 다음에는 따스한 햇볕 아래 누위 소화를 촉진하고 위 속에서 먹이가 썩는 것을 방지한다. 짐작하겠지만 녀석의 섹스는 폭력적이다. 수컷은 뒷다리로 서서 레슬링으로 위계를 정한다. 이긴 놈은 암컷을 꼼짝 못하게 찍어누르고 두 개의 페니스 중 하나를 찔러 넣는다.

코모도왕도마뱀은 매우 영리하다. 포획된 녀석은 사육사를 알아보며 간단한 재주까지 부릴 수 있다. 하지만 필 브론스타인의 봉변을 교훈으로 삼아 코모도왕도마뱀에게 접근할 때는 신발을 반드시 신어야 한다. 어느 신문사의 편집자이며 한때 샤론 스톤의 남편이었던 필은 2001년 로스앤젤레스 동물원에서 '길들여진' 코모도왕도마뱀에게 발을 물려 심한 부상을 당했다.

코모도왕도마뱀은 혀로 냄새를 맡는다

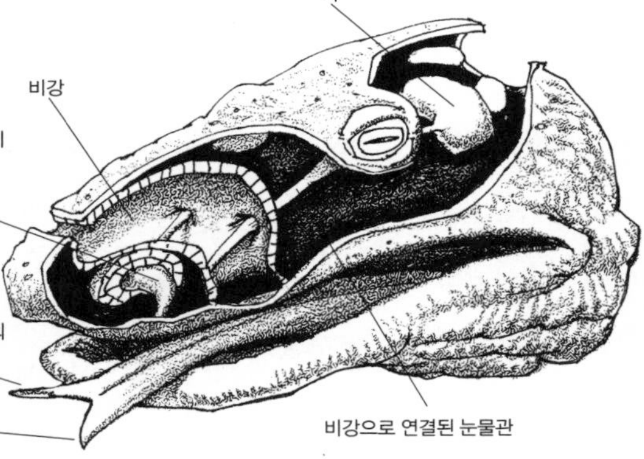

Hyena

하이에나

여성이 지배한다

점박이하이에나*Crocuta crocuta* 암컷의 가랑이에 달린 물건은 지금도 생물학자들을 매혹시키고 난처하게 만든다. 그 물건은 모양, 크기, 발기성에서 수컷의 페니스와 대등한 클리토리스이다. 질은 그 클리토리스와 융합되어 있다. 따라서 점박이하이에나 암컷은 클리토리스 하나로 오줌을 누고 교미를 하고 분만을 한다. 왜 그리고 어떻게 그런 클리토리스가 진화했는지 납득하기 어려울 수도 있다. 적어도 그 클리토리스 때문에 분만 중에 어미는 흔히 열상裂傷을 당해 10분의 1이 죽고 새끼는 짧은 탯줄과 연장된 산도의 부조화 때문에 흔히 질식사한다는 점을 생각할 때, 그 클리토리스의 진화는 납득하기 어렵다. 손쉬운 추측은 자궁 속에 암컷 새끼와 수컷 새끼가 함께 있을 때 수컷으로부터 테스토스테론이 '새어나와' 암컷을 적신다는 것이다. 실제로 생쥐에서는 그런 식으로 '수컷 같은' 암컷이 태어난다. 그러나 점박이하이에나에서는 이 추측을 뒷받침하는 증거가 거의 발견되지 않았으며, 모든 암컷이 수컷 같다.

고대 이집트인은 하이에나를 사로잡아 애완용으로 키우고 살찌워 잡아먹었다. 지금도 에티오피아의 도시 하라르에서는 '하이에나 맨 hyena-man'이라고 불리는 사람들이 해질녘에 고기를 자기 입에 물고 야생 하이에나에게 먹인다.

수수께끼의 열쇠는 사회 조직에 있다. 하

이에나는 암컷이 지배하는 사회를 이루고 산다. 모든 구성원의 지위는 엄격히 정해지며, 암컷은 수컷보다 지위가 높고, 암컷의 지위는 어미로부터 대물림된다. 이 같은 암컷 지배 사회구조는 그 복잡성에서 고등 영장류의 사회구조에 뒤지지 않는다. 하이에나의 사회구조는 사냥할 때 여러 모로 유리하다. 하이에나 집단은 사냥감을 몇 킬로미터나 뒤쫓는다. 필요할 경우 사냥감이 지쳐 포기할 때까지 뒤쫓는다. 사냥감을 따라잡은 하이에나는 몸통과 다리를 찢어발기고 산 채로 먹기 시작한다. 이를 위해서는 협동과 계획이 필요하고, 무엇보다 엄청난 공격성이 필요하다. 이 대목에서 테스토스테론이 요긴해진다. 점박이하이에나는 날 때부터 싸움을 위해 프로그램되었다. 새끼는 지배권을 확립하기 위해서 흔히 쌍둥이 형제(점박이하이에나는 암수가 쌍둥이로 태어난다)를 죽인다.

점박이하이에나는 아프리카의 주요 포식자이다. 사냥 당하는 동물 전체의 4분의 1이 점박이하이에나에게 당한다. 유일한 경쟁자는 사자이다. 점박이하이에나와 사자는 늘 전쟁 중이다. 두 종 모두 서로의 먹이를 훔치며, 대중의 믿음과 달리 사자가 더 자주 훔친다. 많은 지역의 사자는 하이에나가 사냥한 먹이를 주식으로 삼아 살아간다. 하이에나는 빨리 많이 먹는다. 단 30분에 자기 몸무게의 3분의 1, 그러니까 큼직한 새끼 양 한 마리만큼을 먹는다. 또 아무것이나 닥치는 대로 먹는다. 녀석은 소화관 속에 농도 높은 염산이 있어서 껍질과 뼈까지 소화시키고 칼슘이 섞여 하얗게 보이는 똥을 싼다.

수백 년 동안 사람들은 하이에나를 무덤을 파헤쳐 시체를 먹으며 성적으로 타락했으며 비겁하다면서 경원시했다. 이 같은 혐오의 뿌리는 아주 멀리까지 거슬러 오른다. 유럽 북부에서 발견된 가장 오래된 인류의 유적은 70만 년 전의 것인데, 그 근처에는 대개 하이에나가 씹은 뼈들과 화석화된 배설물이 있다. 이 사실은 인간과 하이에나가 썩은 고기를 놓고 겨루었든 사냥감을 놓고 겨루었든 간에 치열하게 경쟁하며 진화했다는 것을 시사한다.

사람의 킬킬거리는 소리를 닮은 하이에나의 으스스한 '웃음소리'는 집단의 우두머리에 대한 복종의 표시이다. 하이에나는 먼 곳으로 신호를 보내기 위해 포효하기도 한다. 흔히 그 웃음과 포효가 다른 동물을 불러 모아 녀석의 먹이를 빼앗게 만든다. 적어도 한 연구는 인간의 음악이 집단적인 사냥 노래에서 시작되었음을 시사한다. 우리 조상은 하이에나를 능가하기 위해 사냥 노래를 불렀다고 한다.

하이에나는 개의 친척이 아니다. 하이에나의 가장 가까운 친척은 사향고양이이다. 현재 하이에나는 땅늑대를 비롯해서 네 종이 있는데, 모두 서식지 파괴와 미신을 믿는 인간의 학대로 멸종 위험에 처해 있다.

장거리 사냥꾼

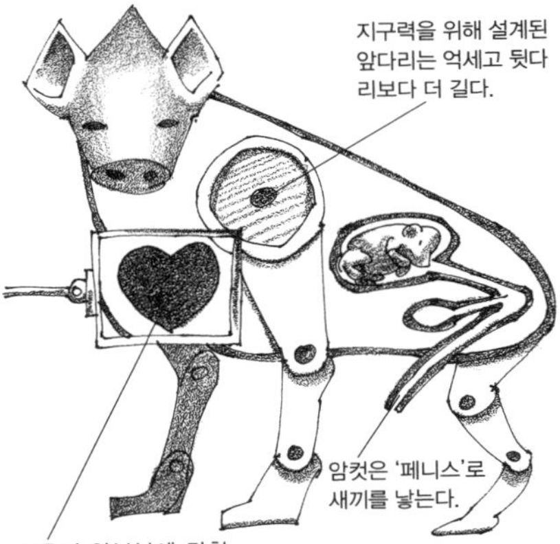

7장

나를
길들여줘

The Book of Animal Ignorance

Dog

개

유능한 늑대

개의 조상은 우리가 알기로 가장 먼저 출현한 육식 포유동물이다. 개는 늑대에서 진화—현존 동물 중에서 개의 가장 가까운 친척은 회색늑대이다—했으며 1만 2000년에서 1만 4000년 전에 처음으로 인간에 의해 길들여졌다. 개 사육이 어느 한 곳에서 시작되어 널리 퍼졌는지 아니면 여러 곳에서 독자적으로 시작되었는지는 밝혀지지 않았다. 늑대가 인간의 쓰레기를 뒤지다가 점차 인간을 두려워하지 않게 되었다는 설도 있고, 인간이 늑대 새끼를 데려다 키우면서 온순한 녀석을 선택했다는 설도 있다. 러시아 과학자 드미트리 벨랴예프는 1950년대에 유명한 사육 실험을 통해서 야생 은여우를 길든 개로 만드는 데 20년이면 충분하다는 것을 보여주었다(259쪽의 '여우' 항목 참조).

오늘날 길든 개는 거의 400종류가 있지만 모두 카니스 파밀리아리스*Canis familiaris*라는 동일한 종이다. 이론적으로 볼 때 몸무게 900그램에 키 5센티미터인 치와와는 키가 90센티미터인 그레이트데인이나 몸무게가 68킬로그램인 세인트버나드와 교미해 새끼를 낳을 수 있다. 개가 이토

티에라 델 푸에고의 원주민은…… 겨울에 굶주리면 개를 잡아먹기 전에 늙은 여성을 잡아먹는다. 로 씨가 어느 소년에게 왜 그렇게 하느냐고 묻자, 이렇게 대답했다. "개는 수달을 잡지만, 할머니들은 못 잡지요." —찰스 다윈

록 다양해진 것은 인간이 가치 있는 유전적 특징을 면밀히 선택했기 때문이지만, 왜소증이나 꼬리의 부재와 같은 예외적인 특징을 부추기고 보존했기 때문이기도 하다. 야생의 개가 그런 예외적인 특징을 지녔다면 번식할 때까지 살아남지 못했을 것이다.

사람들은 특히 개가 특수한 사냥 솜씨를 발전시키도록 만들었다. 스프링어스패니얼은 사냥감을 깜짝 놀라게 만드는 능력을 지녔다. 닥스훈트는 몸이 소시지처럼 생겨서 오소리를 쫓아 굴속까지 들어갈 수 있다('닥스Dachs'는 독일어로 오소리를 뜻한다). 래브라도레트리버는 뉴펀들랜드에서 어망을 회수하는 데 이용하려고 사육되었다. 헤어하운드(토끼 사냥개), 엘크하운드(사슴 사냥개), 쿤하운드(너구리 사냥개)가 있으며, 표범 사냥개, 캥거루 사냥개, 곰 사냥개도 있다.

개 같은 일생

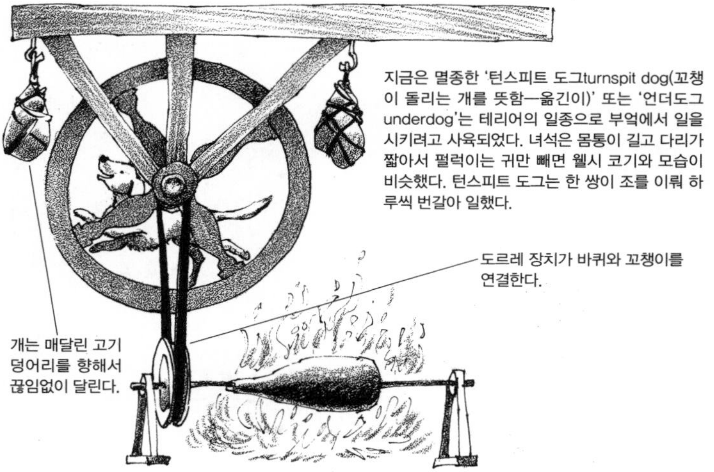

심지어 양몰이 푸들도 있다. 푸들은 원래 오리 사냥개였다. '푸들'이라는 이름은 독일어로 '물속에서 첨벙거리다'를 뜻한다. 개가 사육된 이유는 천차만별이다. 독일의 야간 경비원 루이스 도베르만은 1800년대 후반에 자기 이름과 같은 감시견 품종을 만들어냈다. 발바리를 비롯한 작은 애완용 개는 고대 중국에서 '옷소매 개'로 키워졌다. 귀족 여성의 옷 속에 들어가 몸을 따스하게 해주는 역할을 했던 것이다.

의심의 여지없이 개는 고양이와 달리 유용하다. 개의 코에는 2억 2000만 개의 후각세포가 있다. 반면에 인간의 코에는 고작 500만 개가 있다. 개의 후각은 인간보다 수백 배 뛰어날 뿐 아니라 인간이 만든 최고의 냄새 감지 기계보다 네 배 뛰어나다. 훈련된 개는 거의 모든 것을 냄새로 찾아낼 수 있다. 폭발물, 마약, 밀수된 동물과 식물, 음식, 땅속에 묻힌 지뢰, 물속에 잠긴 시체를 찾아낸다. 심지어 암도 냄새로 찾아낼 수 있다. 캘리포니아의 의사들이 실험해보니 래브라도레트리버와 포르투갈워터도그는 폐암과 유방암을 마모그램(유방 X선 사진)이나 CT 스캔 같은 최첨단 장비보다 더 정확하게 찾아냈다. 개들은 그저 가슴에 코를 대고 냄새만 맡고서 폐암 환자의 99퍼센트와 유방암 환자의 88퍼센트를 정확하게 식별했다. 개는 행복할 때 꼬리를 흔들지만 슬플 때도 흔든다. 즐거운 개는 꼬리를 약간 더 오른쪽으로 흔들고, 슬픈 개는 약간 더 왼쪽으로 흔든다. 개가 꼬리를 오른쪽으로 흔들게 만들자. 녀석은 그럴 자격이 있다.

Donkey

당나귀

천연 비아그라의 원천

당나귀의 젖은 기적의 물질이다. 인도의 시골 사람들은 당나귀 젖이 아기에게 최고의 음식이라고 늘 장담해왔다. 최근에 화학적 분석을 통해 드러났듯이, 당나귀 젖에는 강력한 면역 강화 기능을 지닌 탄수화물인 올리고당이 듬뿍 들어 있다. 당나귀 젖은 AIDS와 암의 치료제로 실험되고 있으며, 일부 과학자들이 주장하는 바로는 비아그라와 유사한 효과가 있다.

당나귀는 에티오피아와 소말리아에서 약 6000년 전에 처음으로 길들여졌다. 현대의 당나귀는 아프리카야생당나귀*Equus asinus*와 동종이다. 아프리카에서 기원해 길들여진 동물은 당나귀가 유일하다. 녀석은 말보다 훨씬 먼저 운송에 이용되었다. 말은 원래 아시아에서 순전히 고기를 얻기 위해 사육되었다.

황무지를 달리는 트럭의 원조

고대 이집트의 무덤에서 나온 유물을 보면 당나귀가 나일 강 유역에서 일종의 고급 자동차였음을 알 수 있다. 당나귀가 많을수록 지위가 높은 인물이었다. 수천 마리를 지닌 사람도 드물지 않았다. 당나귀가 등장하면서 무

역도 등장했다. 아무 불평 없이 자기 몸무게의 30퍼센트를 운반하는 당나귀의 능력은 고대 세계를 열어젖혔다.

> **당나귀는 가정주부와 비슷하다. 심지어 당나귀가 약간 더 낫다. 주인에게 불성실한 당나귀는 절대로 없으니까. –인도 라자스탄주의 교과서**

당나귀의 영어 이름 '동키donkey'는 놀라울 정도로 최근에 등장했다. 제임스 왕 성경이 만들어진 1611년에는 이 단어가 없었으며, 아마도 '애스ass(당나귀)'와 '아스arse(가장자리)'의 혼동을 피하기 위해 18세기 후반에 등장한 것으로 보인다. 옥스퍼드 영어사전에 따르면, '동키'는 원래 '멍키monkey(원숭이)'와 운이 맞게 발음되었으며, 갈색이나 회색을 뜻하는 '던dun'에서 유래했다고 여겨진다.

당나귀 수컷은 '잭jack' 또는 '재캐스jackass'라고 부르며, 암컷은 '제니jenny' 또는 '동키에스donkeyess'라고 부른다. 당나귀다운 성격은 '동키십donkeyship'이라고 한다.

당나귀는 62개의 염색체를 지녔으며(인간보다 16개 많다) 말이나 얼룩말과 교배할 수 있다. 당나귀 수컷과 암말 사이에서 태어난 새끼는 노새라고 한다. 노새 수컷은 '존john', 암컷은 '몰리molly'라고 한다. 당나귀 암컷과 수말 사이에서 태어난 새끼는 버새hinny라고 한다. 얼룩말과 당나귀의 잡종은 영어로 '지브래스zeebrass'와 '종키jonkey'라고 한다. 이 잡종들은 1만 마리에 1마리꼴로만 번식능력이 있다.

당나귀는 고집스럽다고들 하는데, 실제로는 위험에 매우 민감하고 상당히 침착하다. 놀라면 말은 달아나는 반면, 당나귀는 꼼짝 않고 서서 크게 운다. 또 비슷한 크기의 동물 중에서 유일하게 사자와 마주쳤을 때 도망가지 않는다. 아프리카에서는 당나귀가 소 떼를 보호하는 데 쓰인다. 개는 본능적으로 당나귀를 무서워한다. 당나귀는 놀랍도록 정확한 뒷발차기를 구사한다.

1939년 영국에 남은 당나귀는 100마리뿐이었다. 현재 영국의 당나귀는 약 1만 마리인데, 800마리는 면허를 받고 해변에서 일하고 75퍼센트는 당나귀 보호구역에 산다.

모든 당나귀는 등에 십자가 모양의 검은 얼룩이 있는데, 이 얼룩은 예수가 당나귀를 타고 예루살렘에 입성할 때 생겼다는 설이 있다. 그러나 예수와 연관지어지기 이전에 당나귀는 이집트의 태양신 라, 그리고 그리스의 술과 연극의 신 디오니소스와 동일시되었다. 산타클로스는 19세기 중반까지 당나귀를 타고 다녔다.

죽은 당나귀는 길吉하다. 당나귀 시체를 보거들랑 세 번 뛰어넘어라. 기침을 고치려거든 당나귀 털로 샌드위치를 만들어라. 당나귀의 발굽 조각을 적에게 뿌려라. 또는 당나귀 머리를 화덕에 넣고 터질 때까지 구워라. 구운 당나귀 머리를 이용한 '세팔레오노만시 cephaleonomancy'라는 점술이 있다. 1869년 케임브리지 대학의 시드니 서섹스 칼리지에서 열린 고급스런 만찬에 당나귀 요리가 나왔다. 어느 교수는 당나귀의 맛이 "백조와 상당히 비슷하다"고 논평했다.

당나귀는 귀를 이용해 소통을 하고 체온을 식힌다. 당나귀의 귀는 말의 귀보다 훨씬 더 길다.

Pig

돼지

다른 가축들보다 더 유능한 녀석

세상에는 돼지가 약 10억 마리 살고, 그중 절반 이상이 중국에 산다. 중국인과 돼지의 관계는 오래되었다. 중국은 9000여 년 전에 멧돼지가 처음으로 길들여진 장소 중 하나이며, 중국어에서 '고기'는 지금도 '돼지고기'를 뜻한다. 오늘날 돼지고기는 세계에서 가장 인기 있는 고기이다. 매년 850억 톤이 소비된다. 쇠고기나 닭고기보다 33퍼센트 많이 소비되는 셈이다. 전통적으로 돼지고기의 인기는 지방층이 두꺼워서 보존처리에 적합하다는 점에서 비롯되었다(보존처리란 소금에 절이거나 말리거나 훈제해 지방이 산화되는 것을 막는 일이다). 지난 10년 동안 건강에 대한 사람들의 염려 때문에 돼지고기의 지방 성분은 반으로 줄었다. 지방이 빠져나간 자리는 대부분 물이 채웠다. 돼지는 식량뿐만 아니라 인슐린을 비롯한 의약품도 풍부하게 제공한다. 돼지의 피부는 고급 가죽의 재료이며 강모는 페인트용 솔에 쓰인다.

돼지 줄기세포는 인간의 병을 연구하는 데 쓰인다. 인체에 주입한 돼지 줄기세포를 추적하기 위해서 중국 유전학자들은 돼지에게 해파리의 유전자를 이식했다. 그 결과로 만들어진 새끼 돼지는 자외선을 쬐면 녹색 형광을 낸다.

돼지를 이용해온 오랜 역사 내내 인간은 돼지에게 이중적인 태도를 취했다. '돼지 같다'는 말은 많이 먹고 고집이 세고 개인 위생에 무관심하다는 뜻이다. 다른 한편으로 우리는 돼지의 지능과 용기를 존중한다. 녀석은 사교적이고 쾌활한 동물이어서 양이나 소보다 떼로 사육하기가 더 어렵다. 돼지는 달아날 기회가 있으면 달아나는 놈이다. 돼지는 식물과 고기를 다 먹기 때문에 인간이 먹는 음식의 찌꺼기를 처리하는 대단히 값진 일을 한다. 그러나 돼지는 결코 '돼지처럼' 먹지 않는다. 녀석은 우리보다 미뢰가 33퍼센트 많고(돼지는 레몬껍질이나 양파를 싫어한다) 양이나 말과 달리 구토를 거의 하지 않는다.

이렇게 음식 찌꺼기를 처리하다 보니 돼지는 아시아와 유럽의 농부에게 필수적이지 않은 뒤뜰의 가축으로 천시되었다. 돼지가 '불결한' 동물이라는 평판도 부분적으로 이런 사정에서 비롯되었다. 유대인과 무슬림과 제7일안식일예수재림교인은 돼지고기를 불결하다고 여겨 먹지 않는다.

실제로 돼지는 유난히 청결한 동물이다. 녀석은 겉보기에 지저분할 뿐이지, 잠자리를 별도로 두고 깨끗하게 관리하는 유일한 가축이며 배설하는 곳도 따로 있다. 돼지는 어떤 쟁기보다 효율적으로 땅을 간다. 끊임없이 주둥이로 땅을 파기 때문이다. 이 같은 돼지의 행동에 비까지 내리면 땅은 신속하게 진흙 밭으로 변한다. 하지만 돼지는 '돼지처럼 땀을 흘리지' 않는다. 녀석은 땀샘이 없고 단열재 구실을 하는 두꺼운 지방층을 지녔으며 햇볕에 피부가 그을리기 때문에 몸을 식히고 보호하기 위해서 진흙 밭에서 뒹굴 필요가 있다.

돼지는 매우 영리하다. 개와 다를 바 없이 쉽게 대소변을 가리고 물건을 물어오고 앞발을 들도록 훈련시킬 수 있다. 돼지에게 춤, 경주, 수레 끌기, 지뢰 찾기를 가르칠 수 있다. 심지어 주둥이로 조이스틱을 조작해 비디오게임을 하도록 가르칠 수 있다. 이 정도의 행동은 침팬지도 터득하기 어렵다. 18세기와 19세기에 여러 '유식한 돼지들'이 멋진 조끼를 입고 재주를 부려 관객의 경탄을 자아냈다. 돼지는 심지어 살인혐의로 재판을 받고 교수형에 처해지기도 했다. 일부 사람들은 이 같은 돼지의 지능에 불안을 느끼는 것 같다. 돼지의 눈은 정면을 향해 있으며 속눈썹이 길다. 녀석이 그런 눈으로 당신을 바라보며 코(인간의 코보다 2000배 민감하다)를 킁킁거릴 때 당신과 돼지의 관계는 포식자와 먹이의 관계를 훨씬 뛰어넘게 된다.

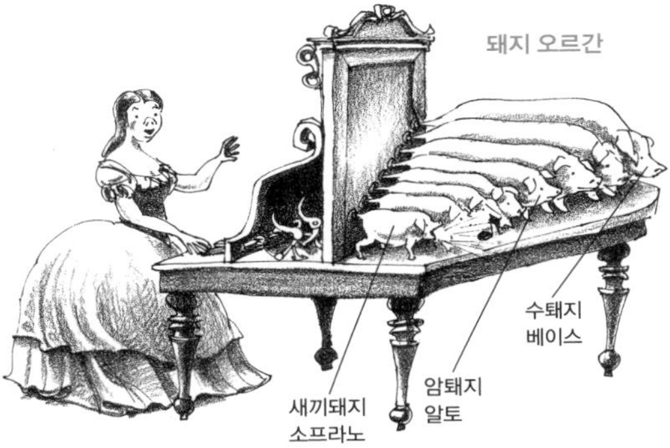

프랑스 왕 루이 11세는 즉위 전인 1450년에 자신이 매우 좋아하는 두 가지 대상인 음악과 돼지를 결합한 오락거리를 만들라고 지시했다. 그리하여 만들어진 돼지 오르간은 대단한 성공작이었다. 청중은 돼지 오르간으로 연주하는 곡을 알아들을 수 있었다.

Horse

말

메이드 인 아메리카

개와 낙타와 마찬가지로 말은 5000만 년 전 북아메리카에서 처음 등장했다. 당시에 말은 열대우림에서 과일을 먹었다. 말의 친척인 맥은 지금도 그러고 산다. 그러나 지구의 온도가 낮아지고 숲이 광활한 초원으로 바뀌자 아메리카의 원시 말은 다양하게 분화해 새로운 환경에 적응했고, 결국 베링 해협을 건너 아시아에 도달했다. 우리가 기르는 모든 말은 에쿠스 카발루스*Equus caballus*라는 단일한 종이다. 이 종은 아메리카에서 건너온 종의 후손이다. 몽골야생말*Equus ferus przewalskii*은 유일하게 살아남은 야생마 종이다.

말은 초원의 동물이다. 녀석이 거친 풀로 덮인 트인 지형에서 번성하도록 해준 적응 특징은 오늘날에도 말의 행동에서 나타난다. 영양이 빈약한 먹이는 큰 소화기관을 요구하므로 말의 소화기관은 커졌다. 말은 반추동물이 아니기 때문에 에너지를 유지하기 위해 조금씩 여러 번 먹어야 한다. '후장 발효 동물'인 말은 위가 아니라 장에서 영양분을 흡수하기 때문에 먹이가 달라지면 심각한 문제가 일어

지금도 많은 문화권에서 말을 먹는다. 특히 카자흐스탄 사람들은 말 창자까지 먹는다. 프랑스 사람도 말을 먹는데, 1807년 아일라우 전투에서 나폴레옹의 군의관이 굶주린 병사들에게 죽은 전투용 말을 먹으라고 조언한 이래로 그런 식성이 생겼다고 한다.

날 수 있다. 영양분이 지나치게 많은 사료, 곰팡이가 슨 건초, 독이 있거나 익숙하지 않은 식물을 먹으면 복통이 일어나거나 심지어 죽을 수 있다. 말은 육식동물의 사냥감이다. 초원에서 최선의 방어는 포식자보다 더 빨리 달리는 것이다. 그래서 말의 눈은 육지포유류 중에서 가장 크고 거의 360도를 볼 수 있게 배치되어 있다. 무엇이든 낯선 것(예컨대 비닐봉지)이 포착되면 즉각 도주 반응이 일어난다. 또 살아남으려면 처음 속도보다 지구력이 더 중요하므로 말의 다리는 더 길고 강해진 대신에 말이 최고속도에 도달하려면 상당한 시간과 공간이 필요하게 되었다. 서 있다가 출발해 45미터 달리기 시합을 한다면, 인간이 말을 이길 수 있다.

이처럼 말의 단거리 달리기 실력이 별로였기 때문이었는지, 이른 시기에 인간과 말의 관계는 대체로 인간이 말을 잡아먹는 방식이었던 것으로 보인다. 유럽에서 가장 오래된 인류 화석인 50만 년 전의 복스그로브인Boxgrove Man은 도살된 말의 화석과 함께 발견되었다. 북아메리카에 남은 말은 마지막 빙하기가 끝날 무렵 인간의 사냥으로 멸종했다. 아메리카 토착민은 1492년 코르테스와 그의 군대가 도래했을 때 비로소 현대의 말을 보았다. 그들은 말을 '큰개'라고 불렀다. 당시까지 개를 운송에 이용하던 사람들이었으므로 아주 합당한 명칭이었다.

우리가 말을 먹기만 하지 않고 타기 시작한 시기를 단정해서 말할 수는 없다. 말은 아마도 여러 곳에서 여러 번 각각 독립적으로 길들여졌을 것이다. 그러나 알려진 최초의 증거는 약 6000년 전 우크라이나를 지목한다. 그 시기는 알려진 가장 오래된 바퀴가 출현하기 몇 백 년 전이다. 바퀴는 인류 역사에서 가장 큰 혁신 중 하나였으며 말의 번성을 위한 토대였다. 갑자기 우리는 먼 거리를 신속하게 이동할 수 있게 되었고 전례 없이 규모가 크고 잔인한 전쟁을 벌일 수 있게 되었다.

말은 유용하고 영양 많은 동물로 머물지 않고 엄청난 상징적 가치를 획득했다. 중국과 몽골에서부터 고대 이집트와 켈트족의 유럽까지 고대 세계 전체가 말을 숭배했다. 오늘날 전쟁과 농사와 운송에서 말의 중요성은 감소했지만, 숭배 대상으로서 말의 중요성은 전혀 줄어들지 않았다. 미국과 영국에서만 1000만 마리의 말이 승마와 경마에 종사하면서 연간 984억 달러의 소득을 창출한다. 가장 가난한 국가의 GDP를 능가하는 수준이다.

서서 자기

말은 무릎 관절을 고정해 근육을 쓰지 않고도 서서 잘 수 있다.

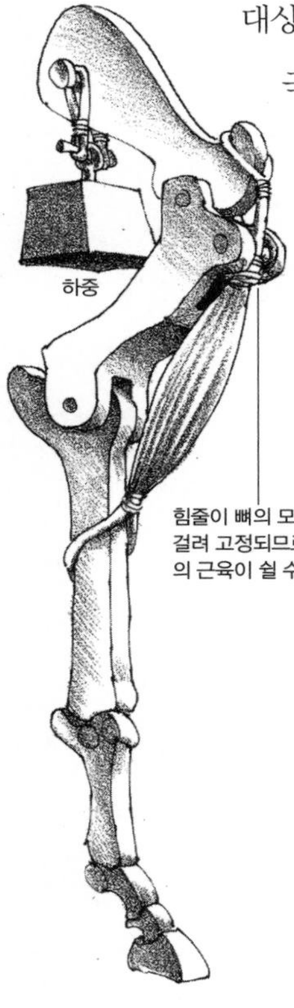

Cow

소

들판의 공장

들에서 평온하게 되새김질을 하는 소를 바라보노라면, 녀석이 율리우스 카이자르를 공포에 떨게 한 사나운 짐승이라는 것을 상상하기 어렵다. "놈들의 힘과 속도는 엄청나다. 놈들은 사람이건 동물이건 눈에 띄는 모든 것을 무사히 놔두지 않는다.…… 심지어 아주 어린놈도 인간과 친해지게 길들일 수 없다." 카이자르의 판단은 명백히 틀렸다. 로마의 소는 인도에서 기원했으며 로마시대보다 6000년 전에 메소포타미아에서 처음 길들여진 오록스라는 야생 소의 후손이었다. 양과 염소와 돼지는 이미 고기를 얻기 위해 사육되고 있었지만, 소를 길들인 것은 문명의 전환점이었다. 농사가 사업으로 바뀌는 순간이었다. 소를 키운다는 것은 농사로 자급자족하겠다는 것 이상의 의미였다. 소를 뜻하는 영어 'cattle'은 원래 '재산'을 의미했다. 소는 부의 상징이었다.

학명이 보스 프리미게니우스*Bos primigenius*인 오록스는 길들이기에 적합한 조건을 모두 갖춘 동물이었다. 덩치가 컸고 풀을 먹었고 고기 맛이 좋았다. 물론 곰과 하마와 코끼리

'창상성 질병hardware disese'에 걸린 소에게 약으로 자석을 먹인다. 창상성 질병은 소가 삼킨 철사 토막이나 핀이나 못 때문에 상처가 생겨 발생한다. 소가 먹은 자석은 첫 번째 위에 들어가 소의 일생 내내 머문다.

도 그렇긴 하지만, 야생 소는 위협을 당하면 도망치거나 공격하지 않고 모여서 떼를 이뤘다. 또 수소는 사납지만, 소 떼에는 엄격한 위계가 있어서 대부분의 소는 고분고분하고 유순하게 구는 데 익숙하다. 반면에 곰과 하마는 위계를 인정하지 않는다. 또한 매일 불평 없이 풍부한 젖을 생산하지도 않는다. 소는 신속하게 가장 신뢰할 만한 기계가 되었다. 거친 풀을 고단백질 식품과 음료로 변환하는 기계 말이다.

소의 방귀는 세계에 심각한 악영향을 끼치지 않지만, 안타깝게도 소의 트림은 그렇다. 소는 하루 평균 340리터의 메탄을 트림으로 배출하는데, 소들의 트림은 전 세계 온실가스 배출의 4퍼센트, 영국 온실가스 배출의 3분의 1을 차지한다.

축산업 전체에서 배출되는 온실가스는 인간에 의해 만들어지는 온실가스의 18퍼센트를 차지한다. 이 양은 자동차를 비롯한 모든 운송수단이 배출하는 것보다 더 많다. 소는 고기 2킬로그램을 제공할 때마다 메탄 1킬로그램을 배출한다. 소의 메탄 배출을 줄이기 위해서 사람

우유와 메탄 생산 기계

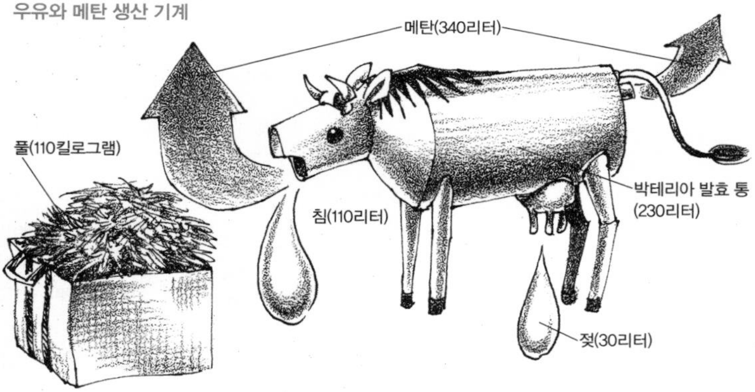

젖소의 하루

의 주먹만 한 환약을 만드는 연구가 진행 중이다. 그 환약은 소의 뱃속에서 몇 달 동안 녹게 된다. 그 환약이 개발된다 하더라도 소 사육에는 비용이 많이 든다. 쇠고기 450그램을 생산하려면 약 120제곱미터의 땅이 필요하다. 같은 무게의 달걀을 생산할 때보다 6배, 감자를 생산할 때보다 40배 넓은 땅이 필요한 셈이다.

다른 한편 소는 고기 생산 외에 다른 여러 면에서도 유용하다. 녀석은 우리가 백신을 통해 질병을 퇴치하는 데 도움을 줄 뿐 아니라('백신'과 관련이 있는 라틴어 'vacca'는 소를 뜻한다), 온몸을 우리에게 제공한다. 대플리니우스는 수소의 따스한 쓸개즙과 리크(백합과의 식물—옮긴이)즙과 인간의 젖을 섞은 혼합액을 귀의 통증을 치유하는 약으로 권했다. 이폴리트 메주무리에Hippolyte Mege-Mouries는 소의 유방을 얇게 썬 조각, 쇠고기 비계, 돼지의 위액, 우유와 중탄산염을 재료로 삼아 최초의 마가린을 만들었다. 소의 폐는 피의 응고를 방지하는 약을 만드는 데 쓰이며 격벽(두 콧구멍을 가르는 연골 조직)은 관절염 치료제의 재료이다. 소의 피는 접착제, 비료, 불을 끄는 거품을 만드는 데 쓰인다. 브레이크에 들어가는 유체는 소의 뼈로 만든다. 심지어 스웨덴에는 소의 내장을 끓여 얻은 메탄을 연료로 쓰는 열차도 있다. 그 열차는 소 한 마리에서 얻은 메탄으로 3.2킬로미터를 달릴 수 있다고 한다. 스웨덴에서 발생하는 온실가스를 줄이는 획기적인 방안일 수도 있겠다.

S h e e p

양

감사의 표시

가축화된 양*Ovis aries*은 오로지 인간 덕분에 존재하는지도 모른다. 그러나 확실히 우리 현대인은 오로지 양 덕분에 존재한다. 양은 개와 순록과 염소가 길들여진 때보다 약간 늦은 기원전 9000년경에 중동과 중앙아시아에서 처음으로 길들여졌다. 오늘날의 모든 양은 고대에 있었던 두 종의 후손이다. 한 종은 멸종한 것으로 보이며, 다른 종은 덩치가 작으며 현재 멸종 위기에 처한 무플런*Ovis musimon*이다.

양 떼 속에서 눈에 띄는 녀석들

국외자
혼자서 무리를 벗어난다. 대개 굶주렸거나 약하다.

주도자
다른 양들이 따르는 녀석이며 목에 방울을 찼다. 대개 거세된 수컷이다.

뒹굴이
벌러덩 넘어졌는데 몸무게가 너무 무거워 일어서지 못하는 녀석이다.

양은 인류가 수렵채집생활에서 농사로 이행하는 데 어마어마하게 기여했다. 양의 기여는 녀석의 가까운 친척인 염소보다도 컸다. 염소는 유목민에게 적합한 가축이었던 반면, 양은 무리를 짓는 습성과 질긴 풀을 뜯어먹는 능력이 있어서 우리가 한 곳에 정착하는 것을 허용했다. 양은 초원의 풀을 뜯어먹으면서 배설물로 토양을 비옥하게 만들어 농사가 잘 되게 해주었으며 고기와 젖을 제공해 우리가 사냥에서 손을 떼게 만들었다.

스코틀랜드 세인트 킬다 제도의 소아이양Soay sheep은 4000년 동안 고립되어 야생 상태로 되돌아갔다. 녀석의 털을 얻으려면 털을 깎는 게 아니라 껍질을 벗기듯이 벗겨야 한다. 또 녀석은 양치기 개가 나타나도 무엇인지 몰라 멀뚱멀뚱 바라보기만 한다.

양을 가장 효율적으로 이용하려면 떼로 사육하면서 보호할 필요가 있었고, 따라서 인간의 정착지는 더 넓어졌다(또한 길들여진 개가 할 일이 더 많아졌다). 흥미롭게도 양을 뜻하는 라틴어 '오비스ovis'와 암양을 뜻하는 영어 '유ewe'는 둘 다 산스크리트어 '아비avi'에서 나왔는데, 이 단어에 들어 있는 어근 '아브av'는 '지키고 보호하다'를 뜻한다. 우리는 양을 돌보면서 문명을 일으켰다.

우리의 조상은 양을 선택적으로 교배함으로써 폭신폭신한 속털이 뻣뻣한 보호 털보다 더 길어지게 만들 수 있음을 깨달았다. 양을 기른 지 3000년 만에 도달한 이 깨달음의 결과는 펠트felt였고 나중에는 모직이었다. 인류는 갑자기 실을 얻었고 이어서 베틀과 직물을 얻었다. 양 사육이 최초의 산업이었다면 양모는 최초의 대규모 교역 품목이었다.

중세에 이르자 양모는 유럽 경제를 주도하는 상품이 되었다. 르네상스를 위한 자금은 대부분 양모 교역에서 조달되었다. 오늘날에는 합성섬유로 인해 유럽과 아메리카의 양모 생산은 극적으로 감소했다. 현재 전 세계 양모의 60퍼센트는 오스트레일리아, 뉴질랜드, 중국에서 생산된다.

양은 이처럼 우리를 위해 자신을 기꺼이 내주는 것처럼 보인다. 아마도 그렇기 때문에 양은 문화적인 의미를 부여 받았고, 그 의미는 희생과 직결된다. 염소에게 섹스를 연상시키는 의미가 부여된 것과 달리, 양은 감사의 선물로 쓰이거나 무고한 희생을 상징했다. 유대교와 기독교와 이슬람교의 경전에는 어린 양과 양 떼와 양치기가 숱하게 등장한다. 최근에 양은 순응과 어리석음의 대명사가 되었다. 그러나 이는 배은망덕할 뿐만 아니라 그릇된 언어 사용이다. 양은 멍청하기는 커녕 기억력이 뛰어나다. 녀석은 다른 떼에서 온 양의 얼굴을 가려내고 자기를 돌보던 양치기의 얼굴을 길면 2년까지 기억한다. 산악지대의 양치기는 양이 지닌 이 같은 능력을 오래전부터 알고 있었다. 양치기와 개는 양에게 어떤 능선과 바위와 냇물이 목초지의 경계인지 가르친다. 그러면 암양이 그 경계를 새끼에게 가르치고, 경계에 대한 지식은 대를 물려 때로는 수백 년 뒤까지 전달된다. 2001년에 수족구병이 일으킨 피해 중 하나는 산악지대의 양 떼를 잃은 것이다. 당시에 영국에서 700만 마리의 양이 도살되었다. 더 최근에는 탈출 방지용 격자(바닥에 가축의 발이 빠질 틈이 촘촘히 나 있어서 가축이 발을 딛기를 꺼리는 구역—옮긴이)를 통과하는 법을 터득한 엄청나게 똑똑한 양도 나타났다. 녀석들은 충분히 도움닫기를 한 뒤에 공처럼 몸을 말고 굴러서 발이 빠질 염려 없이 탈출 방지용 격자를 통과한다.

Fox

여우

영리하지만 매정하지 않아

붉은여우*Vulpes vulpes*는 지구에서 가장 많고 가장 널리 분포하기로 단연 1위인 육식동물이다. 여우는 놀랍도록 적응력이 뛰어나 사막에서부터 북극권까지 거의 모든 곳에서 발견된다. 또한 늑대를 비롯한 가까운 친척과는 달리 멸종 위기에 처하지 않았다. 경지에 이른 낙관론자인 여우는 자신의 야생성을 버리지 않으면서 인간과 함께 사는 법을 터득했다.

그럼에도 도시 여우의 개체수는 '기하급수적으로' 늘지 않는다. 영국 서부의 거의 모든 도시에서 여우의 개체수는 몇 년 전에 지속 가능한 최대치에 도달했으며, 매년 살아남는 새끼의 수는 죽는 여우의 수와 거의 같다. 도시 여우를 아는 사람들이 거의 예외 없이 염두에 두는 여우의 폭발적 증가는 현대의 미신이다. 심지어 용어 자체도 부정확하다. '도시' 여우의 대부분은 교외에 산다. 녀석은 도심을 싫어하고 인구밀도가 낮으며 큰 정원이 딸린 집들이 띄엄띄엄 분포한 지역을 선호한다. 그래서 영국에 도시 여우가 많다(북아메리카의 교외에는 너구리가 많다).

일본의 민간신앙에서 여우는 두려움의 대상이며, '여우에 홀린 것'은 병적인 증상이다. 여우에 홀리면 쌀을 탐내고 타인과 눈을 마주치지 못하는 등의 증상이 나타난다.

도시 여우는 시골 여우 못지않게 건강하다. 도시는 여우에게 시골보다 더 좋으면 좋았지 나쁘지 않은 환경이다. 도시 여우는 쓰레기통을 뒤지는 일을 '주요' 생계수단으로 삼지 않는다. 녀석의 평소 식단에는 지렁이, 곤충, 나방 유충, 비둘기, 설치류, 딱정벌레, 과일과 채소가 포함된다. 가을에는 사과와 블랙베리와 장미 열매가 주식이 된다. 여우는 패거리를 이뤄 사냥을 하거나 고양이를 죽이지 않는다. 녀석은 작은 가족 집단을 이루지만 항상 혼자서 사냥을 한다. 궁지에 몰리지 않는 한 길든 고양이나 개를 공격하는 일은 결코 없다(백조를 공격한다는 이야기가 있기는 하지만 말이다).

또 '재미 삼아' 병아리를 대량 살상하지도 않는다. 여우는 사냥물을 저장한다. 가능한 만큼 많이 사냥한 다음에 나중을 위해 사냥물을 하나씩 '저장소'에 묻어둔다. 녀석이 죽은 병아리를 닭장에 놔두는 까닭은 저장소를 들락거리기가 피곤하기 때문이다.

여우가 일으키는 해악의 대부분은 설치류 사냥꾼으로서 녀석의 이로움에 비하면 아무것도 아니다. 녀석은 잔디밭이나 축구장을 파헤쳐 욕을 먹지만, 그 짜증스러운 버릇도 전적으로 녀석의 잘못이라고 할 수 없다. 여우는 뼈와 피로 만든 비료의 냄새를 잔디밭에서 맡고 거기에 죽은 동물이 있다고 착각해서 파헤치는 것이다. 물론 여우가 당신의 집 밑에 보금자리를 만들도록 놔두지는 말아야 한다. 밤에 여우 새끼가 싸우고 놀면서 우는 소리는 말로 표현하기 어려울 정도로 성가시다. 또 썩은 고기와 오줌과 똥의 냄새도 마찬가지로 괴롭다(여우는 집 밖에 놔둔 신발이나 장난

감에 즐겁게 똥과 오줌을 배설하며 '표시'로 삼을 것이다.) 녀석은 전선과 전화선과 가스 및 수도 파이프를 씹는 것도 좋아한다.

쥐 덮치기

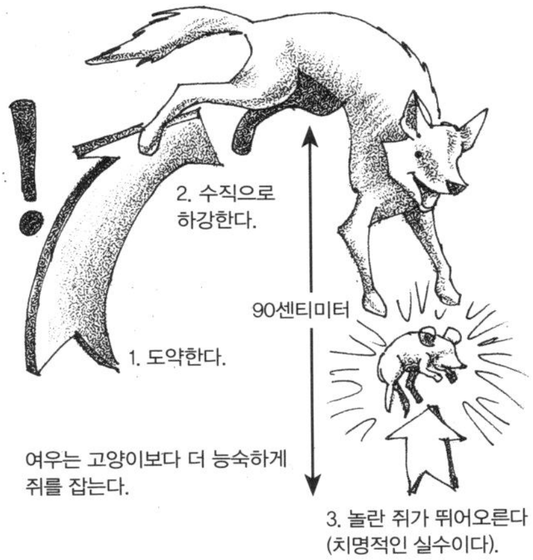

도시 여우는 쉽게 길들여진다. 심지어 손에 있는 먹이를 먹고 애완동물처럼 쓰다듬을 받기도 한다. 러시아에서 1950년대에 선택적인 사육을 통해 여우를 길들이는 실험이 이루어졌다. 사육한 지 채 20년이 안 되어 여우는 인간에 대한 경계심을 완전히 버리고 꼬리를 흔들었으며 펄럭이는 귀와 검은 털과 흰 털을 획득했다. 사실상 '개'가 되어버렸던 것이다.

G o a t

염소

농 부 의 　친 구

염소*Capra bircus*는 소와 양보다 먼저 길들여진 초식동물이다. 1만 년 전 이란의 산악지대에서였다. 염소가 없었다면 농업은 시작될 수 없었을 것이다. 모든 가축 염소의 조상인 야생 염소*Capra aegagrus*는 강인함과 무리짓기 습성과 잡초를 깡그리 없애는 식성으로 신석기시대의 유목민을 유혹했다. 그때나 지금이나 염소는 그냥 풀보다 엉겅퀴와 가시덤불과 나뭇가지를 더 즐겨 먹는다(풀만 먹는 염소는 기생충 감염에 시달린다). 최초의 농부가 중동에서 사방으로 퍼져나가던 무렵 다목적 필수 장비로 염소가 농부의 뒤를 따랐다. 당시에 염소는 트랙터와 콤바인에 못지않은 혁명적인 도우미였다.

지금도 개발도상국에서 염소는 매우 중요한 자원이다. 염소는 같은 덩치의 소보다 젖을 더 많이 생산한다. 또 몇몇 통계에 따르면, 염소고기는 닭고기와 돼지고기를 제치고 세상에서 가장 많이 소비된다. 심지어 미국에서도 현재 축산업 전체에서 가장 빠르게 성장하는 것은 염소 관련 분야이다. 염소고기는 쇠고기나 양고기보다 지방과 콜레스테롤이 훨씬 적고 철이 훨씬 많은 영양식품이다. 염소젖은 우유

비극을 뜻하는 영어 'tragedy'는 '염소 울음'을 뜻하는 고대 그리스어에서 유래했다.

보다 단백질과 칼슘이 더 많고 젖당이 더 적다. 또 염소는 훌륭한 애완동물이지만 놀라울 정도로 성미가 까다롭다. 먹이에 다른 염소의 침이 묻었거나 조금이라도 불결한 것이 있으면 먹기를 거부한다.

염소의 유일한 약점은 냄새이다. '염소 냄새'의 원천은 녀석의 젖과 고기에 들어 있는 세 가지 지방산이다. 그 지방산들은 인간의 겨드랑이에 사는 천만여 마리의 박테리아가 생산하는 폐기물이기도 하다. 아마 그래서 우리는 염소 냄새를 역겨워하는 듯하다. 그러나 발정한 암염소는 그 냄새에 사족을 못 쓴다.

염소는 성욕이 왕성하고 무절제하다는 평판이 있는데, 확실히 근거가 있다. 숫염소는 태어난 지 4개월만 되면 교미를 할 수 있다. 숫염소가 발정하면 강렬한 냄새를 풍기기 시작한다. 녀석은 오줌이 배를 타고 흘러 턱수염을 적시게 하기를 좋아하기 때문에 그 냄새는 가중된다. 제대로 흥분하려는 숫염소는 자기 페니스를 핥은 다음에 교미 상대가 될 암컷의 오줌을 마신다. 암컷은 요청이 들어올 때까지 멀찍이 떨어져 지켜보거나 서로에게 올라타는 행동으로 수컷의 타오르는 욕정에 기름을 붓는다.

염소끼리의 관계 못지않게 인간과 염소의 관계도 친밀할 수 있다. 4년 동안 무인도에 고립되어 로빈슨 크루소의 실제 모델이 된 알렉산더 셀커크Alexander Selkirk는 '가장 큰 쾌감을 준' 염소의 귀에 표시를 하곤 했다. 녀석을 잡아먹지 않고 계속 즐기기 위해서였다. 고대 갈리아 사람은 염소젖을 헤어크림으로 썼다. 무려 1000년 동안 인류의 지식은 모두 염소가죽에 기록되었다. 어린 염소

2006년 수단에서 한 남자가 이웃의 염소와 섹스를 하다가 발각되었다. 그는 주인에게 지참금을 지불하고 그 염소와 결혼하는 벌을 받았다.

의 가죽은 부드러운 장갑이 되었고, 염소의 등에 난 털은 귀부인이 두른 캐시미어 숄이 되었다. '캐시미어cashmere'는 털이 긴 캐시미어 염소의 원산지인 '카슈미르Kashmir'의 옛 표기법이다. 2002년 캐나다 염소에게 거미의 유전자 하나를 이식하는 실험이 이루어졌다. 연구자들은 녀석의 젖에서 추출한 단백질로 거미줄과 동일한 섬유를 만들어냈다. '바이오스틸BioSteel'이라고 명명된 그 섬유는 특허권을 인정받았다.

염소는 신화에 양이나 소보다 훨씬 더 많이 등장한다. 풍요의 뿔(풍요의 상징—옮긴이)은 염소 뿔이다. 판pan과 사탄satan은 염소의 다리와 뿔을 지녔고, 힌두 신화에서 '아자aja'는 염소를 뜻하는 동시에 만물의 근원인 태초의 무를 뜻한다.

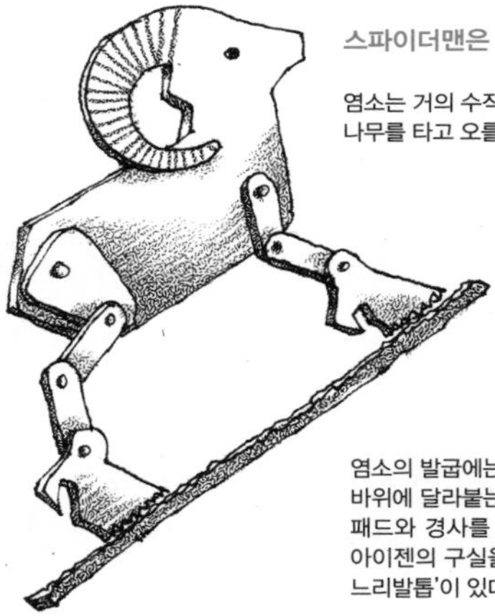

스파이더맨은 저리 가라

염소는 거의 수직인 절벽과 나무를 타고 오를 수 있다.

염소의 발굽에는 빨판처럼 바위에 달라붙는 부드러운 패드와 경사를 내려올 때 아이젠의 구실을 하는 '며느리발톱'이 있다.

Ferret

페럿

춤추는 우울증 치료제

페럿은 족제빗과에서 유일하게 길들여진 동물이며 애완동물로서 인기가 나날이 높아지고 있다. 놀라운 일이 아닐 수 없다. 페럿의 학명인 '무스텔라 푸토리우스 푸로*Mustela putorius Furo*'는 '사향을 지닌 악취 나는 도둑'이다. 물론 이 악명은 조상에게 물려받은 것이긴 하지만 말이다. 페럿은 길든 유럽긴털족제비(긴털족제비의 영어 이름 '포울캣polecat'은 '가금家禽 고양이'를 뜻하는 'poult chat'에서 나왔다)이다. 긴털족제비는 농부와 사냥터 관리인이 몹시 혐오하는 동물이어서 사냥당하고 덫에 걸리고 독가스로 살해되어 19세기 영국 전역에서 거의 멸종했다. 긴털족제비는 닭 사육 농가에게 골칫거리였지만 토끼와 쥐의 개체수를 줄이는 이로운 구실도 했다. 인간이 긴털족제비를 2000여 년 전에 처음 길들인 까닭은 녀석의 타고난 식욕을 이용하기 위해서였다.

긴털족제비와 페럿은 여전히 쉽게 교미하며, 역설적이게도 페럿은 '긴털족제비'의 성향을 지녔기 때문에 멋진 애완동물이다. 햄스터나 기니피그처럼 굼뜨고 집단생활을 하며 풀을 먹는 설치류와는 달리 애완 페럿은

1960년대까지도 페럿은 보잉 항공기 제작 과정에서 사람이 접근할 수 없는 곳으로 케이블을 운반하는 데 이용되었다. 그러나 말을 듣지 않거나 중간에 잠들어버리는 일이 잦아 퇴출되었다.

외로운 사냥꾼으로 남았다. 녀석은 애완 고양이와 마찬가지로 철저한 육식동물이다. 그러나 페럿은 고양이와 달리 전혀 도도하지 않다. 강아지 못지않게 호기심이 많고 대담하며 반응이 확실하다. 훈련된 페럿은 이름을 부르면 달려오고 줄에 매달아 함께 산책할 수 있다. 토끼굴에 들어간 페럿을 치명적인 사냥꾼으로 만드는 탐험 성향은 뒤뜰의 페럿을 정말 재미있는 애완동물로 만든다. '전쟁 춤'이라는 특별한 동작이 있는데, 흥분한 페럿이 뒤나 옆으로 펄쩍펄쩍 뛰면서 찍찍거리는 행동이다. 페럿은 특히 혼자 사는 직장인에게 알맞은 애완동물이다. 녀석은 하루에 18시간 동안 자기 때문에 소음을 거의 내지 않지만, 언제든 주인이 돌아오면 유쾌한 소란을 떤다.

하지만 단점도 있다. 페럿은 자기 영역을 매우 청결하게 유지하지만 악취를 풍기며 관리가 잘된 녀석조차도 너무 야성적이어서 실내생활에 부적합할 수 있다. 또 본래 생기가 넘치는 놈이라서 어느 정도 상식에 반하는 행동을 한다. 실내의 페럿은 벽에 난 구멍, 문짝 뒤, 찬장 속, 소파나 식기세척기 뒤처럼 몸이 꽉 끼이는 틈으로 들어가기를 좋아한다. 집을 떠나면 돌아오는 본능도 없다. 페럿 암컷은 발정기에 짝짓기를 못하면

약삭빠른 토끼 사냥꾼

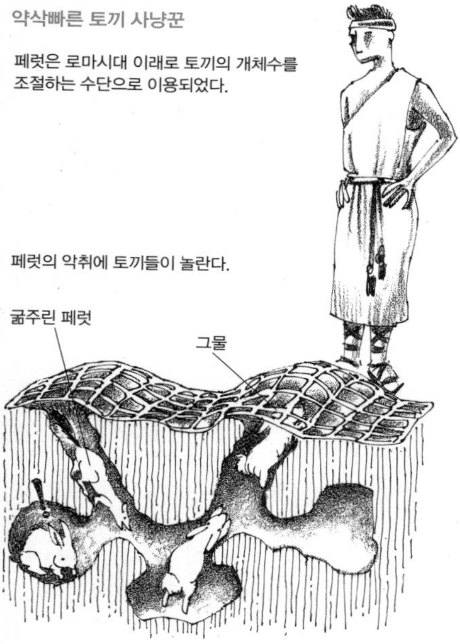

병들 수 있다. 가장 쉬운 방법은 단종된 수컷을 길러 암컷에게 봉사하게 하는 것이다. 번식 능력이 있는 수컷은 1년에 15마리의 새끼를 만들 수 있다. 그런데 주의할 점이 있다. 페럿의 섹스는 메스껍고 잔인하고 오래간다. 수컷은 암컷보다 훨씬 크며 페니스가 하키 스틱처럼 생겼다. 그 페니스가 암컷의 몸속에 박혀 있는 몇 시간 동안 수컷은 암컷을 거칠게 끌어당기며 목을 무는 행동에 탐닉한다. 페럿 암컷은 암코양이와 비슷하게 불쾌한 전희가 적당히 있어야 배란을 하는 듯하다.

페럿은 매우 인간적인 병에 걸리기도 한다. 림프종과 췌장암은 흔한 편이고, 혼자 내버려두면 스트레스성 우울증에 잘 걸린다. 우울증에 걸린 페럿은 흔히 먹이를 거부하고 몇 주 동안 의기소침하게 지낸다. 이런 특징 때문에 사람들은 게르빌루스쥐보다 페럿에게 더 쉽게 정을 준다. 그래서 페럿은 '동물 매개 치료'에 성공적으로 이용되고 있다. 페럿과 함께 보내는 시간은 우울한 노인과 중병에서 회복 중인 아이에게 훌륭한 약이 되는 것으로 보인다.

8장

목소리로 대화를

The Book of Animal Ignorance

W h a l e

고래

놀라운 소리꾼

5500만 년 전 발굽을 가진 작은 육식동물이 뭍을 떠나 바다로 돌아가기 시작했다. 녀석의 다리와 꼬리는 지느러미가 되었고 몸통은 더 길어지고 유선형이 되었으며 콧구멍은 뒤로 또 위로 이동했다. 마치 진화의 시계가 거꾸로 돌아가는 듯한 상황이었다. 오늘날 우리는 DNA 증거를 통해 고래가 바다표범과 바다코끼리 등의 다른 바다 육식동물과 아무 관련이 없음을 안다. 현존하는 동물 중에서 고래의 가장 가까운 친척은 초식을 하는 하마이다. 사슴과 낙타와 돼지는 고래의 아주 먼 친척이다. 고래의 진화에 관한 이야기, 꼴사나운 악어 모양의 수달이 결국 지구에서 가장 크고 우아하고 신비로운 생물이 된 이야기는 진화론에서 가장 주목할 만한 대목의 하나이다.

흰긴수염고래는 역사를 통틀어 탁월하게 가장 큰 동물이다. 녀석 다음으로 큰 포유동물은 아프리카코끼리인데, 녀석은 아프리카코끼리보다 30배 무겁다. 가장 큰 공룡도 녀석보다 2배 넘게 가벼웠다. 일부 흰긴수염고래 암컷은 새끼를 키우는 동안 몸무게가 무

> **흰긴수염고래는 1868년 '유탄 작살'이 발명되면서 비로소 포획되기 시작했다. 1931년 포경기간에만 2만 9000마리가 죽임을 당했다. 현재 남아 있는 흰긴수염고래는 5000마리 미만이다. 바닷속 3만 5000세제곱킬로미터 공간에 한 마리꼴로 남은 셈이다.**

려 50톤이나 감소한다. 갓 난 흰긴수염고래의 몸무게는 코끼리 암컷과 같다. 흰긴수염고래 새끼는 매일 89킬로그램씩, 그러니까 한 시간에 3.7킬로그램씩 몸무게가 는다. 다 자란 흰긴수염고래의 심장은 크기가 일반 승용차만 하고 9100리터의 피를 처리하며 한 번 박동할 때 270리터의 피를 뿜어내며, 대동맥은 다섯 살배기 아이가 헤엄쳐 통과할 만큼 크다.

고래는 물의 부력 덕분에 덩치를 키울 수 있었다. 육지에서는 고래처럼 무거운 동물이 살아남을 수 없다. 움직이고 먹이활동을 하는 데 필요한 에너지가 너무 크기 때문이다. 그러나 온혈동물이 바닷속에 사는 것은 만만치 않은 일이다. 우선 바닷속은 사막과 마찬가지로 마실 물이 없다. 또 춥다. 물은 공기보다 24배 빠르게 열을 전달한다. 덩치가 크면 표면적 대비 몸무게의 비율이 낮아서 열손실을 줄이는 데 유리하다. 그러나 고래의 생존에 결정적으로 기여한 것은 녀석의 지방이다. 고래의 지방은 열손실을 막는 외투와 구명조끼의 구실(밀도가

왜 코가 클까? 향유고래는 온몸의 3분의 1이 머리이다. 머릿속에는 인간의 것보다 4배 큰 뇌와 '경랍spermaceti' 4톤이 들어 있다. 과거에 사람들은 경랍이 향유고래의 정액이라고 여겼다. 인간은 경랍을 동력 전달용 유체, 시계에 치는 기름, 립스틱의 광택제로 이용하지만, 향유고래는 소리로 소통하는 데 이용한다.

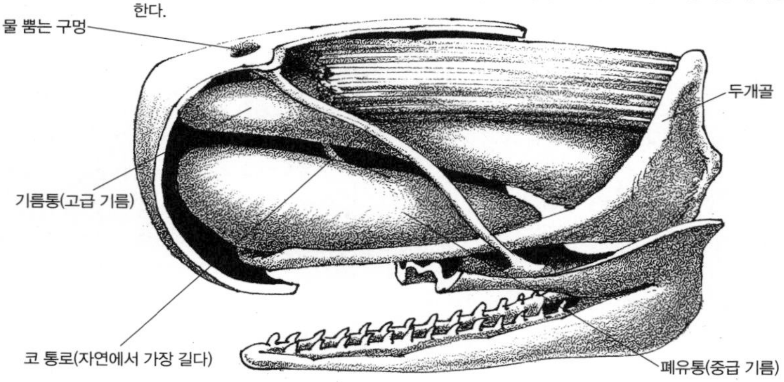

바다 물보다 낮다)을 할 뿐 아니라 먹이에서 추출한 물을 저장하고 먹이가 부족할 때는 편리한 휴대용 식량이 된다.

물속에서 소통하는 일도 만만치 않은 과제이다. 냄새는 소용이 없고 시각은 제한적이며 손가락이 없고 지느러미만 있는 고래의 입장에서 촉각은 애매하다. 그러나 소리 파동은 공기 속에서보다 물속에서 네 배 빠르게 전달되는데, 고래는 바다 자체를 복잡한 통신장치로 사용하는 법을 터득했다. 고래의 노래는 단일한 동물이 내는 소리 중에서 가장 크다. 어떤 노래는 진동수가 매우 낮아서 수천 킬로미터 밖에서도 느낄 수 있다. 향유고래의 거대한 머리는 소리를 모아서 폭발음을 만든다. 그 폭발음은 대왕오징어를 기절시킬 정도로 강할 뿐만 아니라 반향으로 되돌아와 향유고래가 캄캄한 주위 환경을 파악할 수 있게 해준다. 혹등고래는 반시간 동안 지속되는 노래를 부르는데, 그 노래에는 문법이 있다. 소리가 결합해 구조를 이루고, 그 구조가 구문의 역할을 해 노래에 수백만 개의 분절적인 정보가 실린다. 고래는 출신 지역에 따라서 다양한 사투리로 노래하며 장소와 계절에 따라 다르게 노래한다.

고래의 노래가 위성항법 정보인지, 일기예보인지, 사적인 광고인지, 혹은 서정시인지는 영원히 수수께끼로 남을 것이다. 우리가 확실히 아는 것은, 군용 수중 음파 탐지기와 일반적인 바닷속 소음이 고래의 노래가 미치는 범위를 80퍼센트 감소시켰고 해변으로 올라온 많은 고래가 내이에 손상을 입었다는 사실이다. 우리는 과거와 달리 고래를 사냥하지 않는다. 그러나 여전히 고래를 괴롭히고 있다.

G o r i l l a

고릴라

걷는 유인원

고릴라는 현존하는 유인원 중에서 가장 크고 가장 잘못 알려져 있다. '고릴라'라는 이름은 기원전 480년 카르타고의 탐험가 하노Hanno가 어느 아프리카 부족을 '털북숭이 여자'라고 묘사한 것에서 유래했다. 그는 그들을 '고릴라이Gorillai'라고 칭했다. 그 후 1847년 콩고를 방문해 '원숭이를 닮았으며 덩치와 포악성이 대단한 동물'의 두개골을 본 미국 선교사 토머스 새비지는 '고릴라'를 그 동물의 이름으로 삼았다. 새비지의 고릴라는 대중의 상상 속에서 가장 야만적이고 포악한 동물이 되었다. 이 신화의 절정은 1933년에 개봉된 영화 〈킹콩〉이다.

실제 고릴라는 수줍음이 많고 평화로운 동물이다. 녀석은 초식동물이다. 녹색식물과 나무껍질을 먹는다. 고릴라 수컷이 160킬로그램에 달하는 덩치를 유지하려면 매일 커다란 원통형 건초뭉치 한 개와 무게가 맞먹는 식물을 먹어야 한다. 그래서 고릴라는 (소화기관이 커야 하므로) 배가 크고 (턱 근육이 커야 하므로) 머리가 크다. 자기가 싼 똥을 먹는 습성이 있는 것도 식생활 때문이다. 토끼와 마찬가지로 고릴라는 영양분을 최대한 추출하고 소화를 돕는 박테리아와 효소를 재활용하기 위해서 자신의 배설물을 먹는다. 또한 잎이 많은 식물은 나트륨 함량이 적기 때문에 고릴라는 맛있는 흙을 추가로 먹는다.

고릴라의 두 종인 고릴라*Gorilla gorilla*와 산고릴라*Gorilla beringei*는 모두 아프리카 적도지방의 숲에 산다. 그곳은 식물이 풍부하고 빨리 자란다. 덕분에 녀석은 과일을 먹는 침팬지보다 훨씬 더 좁은 영역에서 산다. 그 결과 등에 흰 털이 난 수컷 지배자가 최대 10마리의 암컷과 새끼를 거느리고 사는 '하렘' 시스템이 생겨났다. 암컷 고릴라의 유일한 소망은 훌륭한 영역을 지닌 크고 강한 수컷이다. 따라서 수컷 고릴라는 암컷보다 훨씬 더 크다. 그러나 고릴라의 섹스는 난잡한 침팬지와 달리 다소곳한 편이다. 수컷의 발기한 페니스는 길이가 고작 4센티미터이다. 일단 가족을 거느린 고릴라는 성적으로 경쟁할 필요가 없다. 가족은 지배자 수컷에게 복종한다. 적어도 더 젊은 수컷이 겁 없이 도전할 때까지는 그렇다. 그럴 때 수컷 고릴라는 판에 박힌 '무시무시한 유인원'의 모습을 내보인다. 몸을 곧추세우고, 오므린 손으로 가슴을 두드리고, 입을 벌려 송곳니를 내보이고, 고함을 지르고, 돌진한다. 실제로 싸움이 벌어지는 일은 드물다. 인간 세계에서와 비슷하게 대개는 요란한 위협과 덩치에 의해 판가름이 난다.

하지만 평소에 고릴라는 조용하고 강한 유인원이다. 녀석은 침팬지처럼 수다스럽거나 솜씨가 현란하지 않지만, 기억력이 더 좋으며 단순히 보상을 받기 위해서가 아니라 독립적으로 일을 한다. 1971년 샌프란시스코 동물원에서 태어난 암컷 고릴라 코코는 기호언어로 최대 1000단어를 숙달했으며, 슬픔과 같은 복잡한 감정을 전달할 수 있고 심지어 농담

그 짐승은 거친 놈이기도 했다. 온 세상을 이길 수 있었다. 그러나 그 짐승이 미녀를 보았을 때, 그녀가 놈을 사로잡았다. 놈은 부드러워졌다. 놈은 자신의 지혜를 잊어버렸고, 조그만 녀석들이 놈을 이겼다. —〈킹콩〉

까지 하는 것으로 보인다. 감동적이게도 녀석은 자신을 '좋은 동물 개체 고릴라'라고 표현한다.

코코는 발달심리학자 페니 패터슨으로부터 30년 동안 교육(그리고 사랑)을 받았다. 코코의 '개체성'이 어느 정도까지 그 교육의 산물인지는 판단하기 어렵다. 역설적이게도 영화 〈킹콩〉의 주인공은 인간과 연대할 수 있는 능력을 지녀서 비극적인 운명을 맞았다. 현재 고릴라의 개체수는 간당간당한 수준이다(고릴라 1만 마리, 산고릴라 400마리). 코코는 기꺼이 우리의 언어를 배워 우리에게 말을 건네려고 한다. 혹시나 하는 바람이겠지만, 우리가 코코의 모습에 감동해 〈킹콩〉의 비극적인 결말을 다시 쓰고 야생 고릴라를 가장 행복한 야생의 상태로 보존할 수 있기를 기대해본다.

도구 사용

고릴라가 도구를 이용하는 모습은 최근에야 관찰되었다. 녀석은 돌을 망치로, 나뭇잎을 냅킨으로, 나뭇가지를 연못의 깊이를 재는 잣대로 이용했다.

Gibbon

긴팔원숭이

말하는 유인원

대형유인원(우리와 가장 가까운 영장류 친척인 침팬지, 고릴라 등)은 이상하게도 음성 소통능력이 우리에 비해 덜 발달했다. 반면에 동남아시아 열대우림에 사는 긴팔원숭이 13종은 그렇지 않다. 긴팔원숭이는 원숭이가 아니라—녀석은 꼬리와 볼주머니가 없다—'소형유인원'이며, 녀석의 울음소리는 동물이 내는 모든 소리 가운데 가장 아름답고 독특한 편에 속한다. 긴팔원숭이는 울음소리로 정확한 메시지를 주고받는다. 같은 가족 집단에 속한 긴팔원숭이들은 소리 요소 각각을 조합해 만든 긴 울음소리의 의미를 이해한다. 언어학에서는 이처럼 소리를 특정한 방법으로 연결하여 의미를 창출하는 방법을 '통사법syntax'이라고 하는데, 통사법은 모든 언어의 기초이다.

긴팔원숭이 언어의 발달은 녀석이 (거의 모든 원숭이와 유인원과 다르게) 일부일처제를 지킨다는 사실과 관련이 있을지도 모른다. 지저귀는 새(참새목 새)와 마찬가지로 긴팔원숭이는 이성을 유혹하고 배우자 관계를 유지하기 위해서, 또 자기 영역을 (특히 자기가 좋아하는 과일나무를) 알리기 위해서 소리를 낸다. 수컷은 최고의 암컷을 차지하기 위해서 노래 솜씨를 연마해야 한다. 암컷은 노래를 잘하는 수컷을 좋은 유전자를 지닌 짝으로 여긴다. 그런 수컷은 안정적인 과일 공급을 의미한다. 긴팔원숭이 부부는 아침마다 서로를 향해 환상적으로 복잡한 노래를 부른다. 수컷은 해뜨기 전에, 때로는 잠자리에서 일어나지 않은 채로(그러니까 높은 나뭇가지에 앉아 팔로 다리를 감싸고 머리를 무릎 사이에 박은 채로) 노래한다.

암컷은 훨씬 더 활동적이고 극적이다. 나뭇가지를 꺾고, 뛰어오르고, 절정에 이르면 '큰 울음'이라는 일련의 소리를 낸다. 짝이 있는 수컷은 근처에 불량한 수컷이 어슬렁거릴 때 더 자주 노래를 부른다. 이유는 족히 짐작할 수 있다.

대부분의 가족집단은 암컷과 수컷과 새끼 서너 마리로 이루어진다. 몇몇 새끼는 열 살이 될 때까지 가족을 떠나지 않는다. 긴팔원숭이는 에너지가 빈약한 먹이(과일, 나뭇잎, 이따금씩 곤충)를 먹기 때문에 모든 시간의 절반을 공중에 매달려 서로의 몸을 단장하면서 보낸다. 암컷이 가족을 지배한다. 수컷은 서열이 새끼보다 낮은 맨 아래이다. 일부 종에서는 젖을 뗀 새끼를 수컷이 돌보면서 매달려 이동하기를 가르친다.

긴팔원숭이는 천성적으로 매달려 이동하기의 명수이다. 녀석의 팔은 다리와 몸을 합친 것보다 길고 시속 56킬로미터로 이동할 힘과 15미터의 간격을 건너뛸 힘을 발휘할 정도로 강하다. 녀석의 손목뼈는 부드러운 패드에 의해 분리되어 있어서 모든 방향으로 굽을 수 있다. 그래서 녀석은 몸을 틀지 않고도 방향을 바꿔 이동할 수 있다. 녀석의 경이로운 운동능력과 에너지 절약의 비결이 바로 그 손목에 있다. 긴팔원숭이는 드물게 땅 위에서 두 발로 걷는다. 이 때문에 이족보행이 나무에 매달려 이동하기의 우연적인 부산물로 발달했을 수 있다는 이론이 제기되었다.

긴팔원숭이의 영어 이름 '기번gibbon'의 유래를 정확히 아는 사람은 없다. 이 이름은 프랑스 자연학자 뷔퐁이 만든 것인데, 고양이를 뜻하는 옛 단어 '깁gibb'의 변형일 수도 있고 뷔퐁의 친구인 역사학자 에드워드 기번을 기리는 뜻일 수도 있다.

태국 신화에서 죽은 애인의 영혼은 긴팔원숭이로 다시 태어난다. 오늘도 어떤 여인이 살해된 남편을 찾아 숲 속을 헤매며 긴팔원숭이처럼 '파우! 파우!'('파우'는 태국어로 남편을 뜻함) 하고 애처롭게 운다는 이야기가 있다.

Hummingbird

벌새

아주 작은 천재

세상에서 가장 작은 새는 몸무게가 1페니 동전(3.56그램)보다 가벼운 꿀벌새*Mellisuga helenae*이다. 총 320종인 벌새는 깃털과 날개 근육을 빼면 별로 남는 것이 없지만 뇌의 크기만큼은 괄목할 만하다. 덩치에 대한 비율로 따지면 벌새의 뇌는 우리 인간의 뇌보다 두 배 크다. 그래서 벌새는 대형 동물을 능가하는 행동을 할 수 있다.

벌새는 인간과 마찬가지로 시간 감각이 정확하다. 갈색벌새*Selasphorus rufus*는 먹이가 있는 곳뿐 아니라 자신이 그곳에 갔던 때도 기억한다. 녀석은 그곳의 꽃들이 꿀을 재충전할 때까지 충분히 기다렸다가 다시 찾아간다.

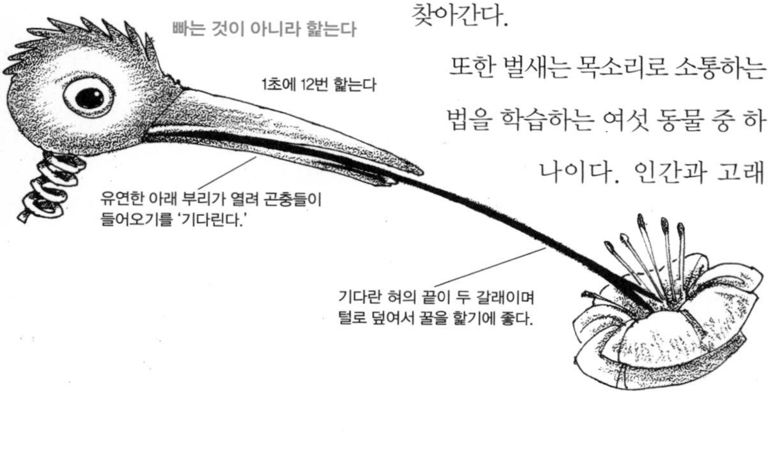

또한 벌새는 목소리로 소통하는 법을 학습하는 여섯 동물 중 하나이다. 인간과 고래

와 박쥐, 그리고 새 중에서는 앵무새와 참새목 새와 벌새가 모방을 통해 학습한 목소리로 소통할 수 있다. 뇌의 전두엽에 있는 특수한 구조가 목소리 학습을 담당하는데, 언급한 세 가지 새는 이 학습능력을 각기 독립적으로 진화시킨 것으로 보인다. 벌새의 경우에는 자기 영역을 확실하게 통제할 필요성이 그 능력의 진화를 촉진했다. 녀석은 에너지 함량이 그리 많지 않은 꿀을 핥아먹고 살기 때문에 자기 먹이를 기웃거리는 이웃을 쫓아내는 일이 생존에 필수적이다. 목소리 소통은 그 일을 위한 가장 효율적인 수단이다.

공중에 뜬 채로 꽃의 꿀을 핥는 독특한 능력도 벌새의 뇌가 특수하게 발달한 덕분이다. 벌새는 자외선 스펙트럼을 다른 새보다 훨씬 더 많이 볼 수 있으며(아마 꽃을 더 잘 알아보기 위해서일 것이다) 상당히 큰 뇌 구역을 시각 조절에 할애해 초당 최대 200회 퍼덕이는 날개가 공기를 휘저음에도 불구하고 대상을 또렷이 볼 수 있다. 또 벌새의 날갯짓은 엄청난 에너지를 소모하기 때문에 벌새는 영리할 뿐 아니라 덩치에 대한 비율로 볼 때 모든 동물 가운데 심장이 가장 크고 물질대사가 가장 빠르다. 벌새의 심장은 1분 동안 최대 1200회 박동할 수 있으며 호흡은 무려 500회 이루어질 수 있다.

벌새의 비행 기술은 다른 새들보다 호박벌을 더 닮았다. 녀석의 어깨 관절은 모든 방향으로 180도 회전할 수 있다. 벌새가 공중에 떠 있을 때 양 날개의 끝은 대부분의 새처럼 위아래로 움직이지 않고 수평으로 8자 패턴을 그린다. 따라서 날개를 앞으로 저을 때뿐

모자와 가방의 재료로 벌새의 '껍질'을 찾는 광적인 수요는 19세기 후반에 절정에 달했다. 런던의 어느 상인은 한 해에 벌새 껍질 40만 점을 수입했다. 기록되지 않은 많은 벌새 종이 인간의 사냥으로 멸종했다. 결국 1918년 벌새 사냥이 금지되었다.

아니라 뒤로 저을 때도 양력이 산출된다. 이 때문에 벌새는 날면서 전진과 후진을 할 수 있고 심지어 배를 하늘로 향한 채 날 수도 있다. 이런 비행능력을 유지하기 위해서 벌새는 하루에 최소 자기 몸무게만큼의 꿀(에너지 공급원)과 곤충(단백질 공급원)을 먹어야 한다. 다시 말해 평균 1500송이의 꽃을 방문해야 한다. 꿀을 먹으면 오줌이 많이 생기므로 벌새는 끊임없이 오줌을 싼다.

벌새의 작은 발은 지상에서 쓸모가 없기 때문에 녀석은 낮 시간의 4분의 3을 나뭇가지에 앉아서 보내며 에너지를 절약한다. 밤에 몇몇 종은 에너지 절약을 위한 무기력—일종의 짧은 동면—상태에 들어간다. 그러면 물질대사가 급감하고 체온은 거의 반으로 떨어진다.

벌새 깃털의 기본 색은 적갈색과 검정색, 그렇게 두 가지이다. 우리가 벌새에서 보는 온갖 현란한 색은 멜라닌 알갱이, 그리고 깃털 속에서 빛을 굴절해 금속성 광채를 만드는 미세한 공기방울에서 비롯된다. 햇빛이 적절한 각도로 비치면 현란한 색들이 보이지만, 그렇지 않으면 칙칙한 '물감' 색들만 보인다.

Parrot

앵무새

활발한 이야기꾼

앵무새는 아마 세상에서 가장 잘 알려진 새일 것이다. 고양이, 개, 토끼를 제외하고 가장 인기 있는 애완동물은 사랑앵무(앵무새의 일종)이다. 거의 모든 앵무새는 밝은 색이며, 영어 이름은 색에 걸맞게 지어졌다. 예컨대 무지개진홍앵무(오색앵무)rainbow lorikeet, 제왕오색앵무Purple-crowned lorikeet, 미성앵무Red-rumped parrot, 사탕앵무Blue-crowned hanging-parrot, 큰유황앵무Sulphur-crested cockatoo, 벚꽃모란앵무Peachfaced lovebird, 노랑배유리앵무Blue-and-yellow macaw가 있다. 앵무새 깃털의 색은 자연에 있는 다른 모든 색을 만들어내는 분자들과는 전혀 다른 분자들에서 유래한다. 대부분의 앵무새는 녹색이며 암수의 색이 거의 동일하지만, 뉴기니아앵무는 수컷이 밝은 녹색 바탕에 겨드랑이가 진홍색이며 암컷이 밝은 빨간색 바탕에 가슴이 청보라색이다. 이들 암수는 여러 해 동안 다른 종으로 여겨졌다. 또 뉴기니아앵무는 앵무새 중에서 유일하게 암컷이 수컷보다 더 화려하다.

앵무새는 매우 이른 시기에 다른 새 계통으로부터 분리되었다. 가장 오래된 앵무새 화석은 5500만 년 전의 것으로 영국 에식스 주 월턴온더네이즈에서 발견되었다.

또 다른 특이한 앵무새로 뉴질랜드에 사는 두 종이 있다. 케아*Nestor noatbilis*는 양의 등에 올라타 산 채로 신장 주위의 지방을 뜯어먹을 수 있을 정도로 크고 강하며, 카카포*Strigops habroptilus*는 야행성인데 세상에서 가장 무겁고 유일하게 날지 못하는 앵무새이다. 가장 작은 앵무새는 몸길이 7.6센티미터의 푸른머리발발이앵무*Micropsitta pusio*이며, 가장 큰 앵무새는 큰유리금강앵무*Anodorhynchus hyacinthinus*로 키가 90센티미터를 넘는다.

대부분의 새가 위아래 부리 중에서 하나만 움직일 수 있는 반면, 앵무새는 둘 다 움직일 수 있다. 앵무새의 부리는 믿기 어려울 정도로 강하다. 부리를 다물 때의 압력이 1제곱센티미터당 25킬로그램에 달한다. 다른 한편, 앵무새의 미뢰는 고작 400개이다. 참고로 사람의 미뢰는 1만 개이며, 이유는 밝혀지지 않았지만 소의 미뢰는 2만 5000개나 된다. 하지만 새로서는 미뢰 400개가 많은 축에 든다. 앵무새는 단것에 관심을 보이는 극소수의 새에 속한다(벌새도 단맛을 좋아하지만, 녀석의 미뢰는 앵무새의 10분의 1에 불과한 40~60개에 지나지 않는다).

앵무새는 시끄럽고 귀에 거슬리는 소리를 낸다. '노래'라고 할 만한 소리를 내는 앵무새 종은 극히 드물다. 그럼에도 고대 로마 사람들은 앵무새가 인간의 말을 할 수 있음을 발견하고서 '카이사르 만세'라고 외치도록 가르쳤다. 말하는 앵무새(인도에서 수입했다)는 처음에 인

사랑의 붕붕 소리

간 노예보다 비싸게 거래되었지만 나중에는 아주 흔해져서 로마 사람들은 앵무새의 말을 듣는 데 싫증을 느끼고 잡아먹기 시작했다.

앵무새가 어떻게 인간의 말을 흉내 내는 대단한 능력을 얻었는지는 아무도 모른다. 야생에서 다른 새나 동물의 소리를 흉내 내는 앵무새는 한 번도 관찰되지 않았다. 그러나 포획된 앵무새는 인간의 말을 비롯해서 자주 들리는 소리(이를테면 문이 닫히는 소리나 자동차 경적 소리)를 쉽게 따라한다. 앵무새는 성인 남성보다 여성이나 아이가 가르치면 말을 더 잘 배운다. 말을 가장 잘 배우는 앵무새는 화려하기로 치면 꼴찌인 회색앵무African Grey이다. 녀석은 인간의 말을 완벽하게 흉내 낸다. 1977년 이렌 페퍼버그가 시카고의 애완동물점에서 구입하여 가르친 '알렉스'라는 회색앵무는 현재 200단어와 50문장을 말할 수 있다. 회색앵무는 평생 어휘가 늘며 수명은 80년이다. 독일 자연학자 알렉산더 폰 훔볼트는 1800년 남아메리카에서 나이 든 아마존앵무새 한 마리를 만났는데, 녀석은 아투레어를 40단어 말할 수 있었다. 당시는 아투레어가 사멸한 지 오랜 뒤였다.

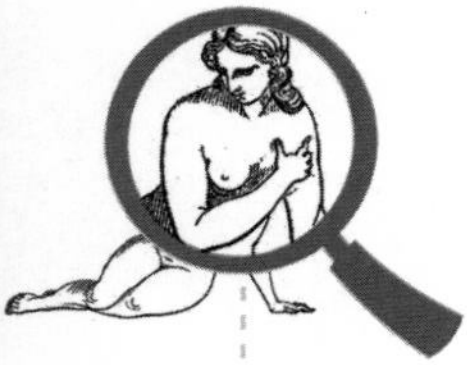

Human

인간

이야기를 지어내는 유인원

다윈의 추측은 인간의 DNA에 의해 입증되었다. 우리는 영장류 사촌들과 놀랄 만큼 유사하다. 우리는 유전자를 고릴라와 약 97퍼센트, 침팬지와 98퍼센트 이상 공유한다. 물론 그 약간의 유전자 차이가 엄청난 결과를 빚어낸다는 것은 명백한 사실이지만 말이다(흥미롭게도 인간은 침팬지보다 털이 더 많다. 정확히 말해서 모낭이 더 많다. 하지만 침팬지의 털이 더 굵고 길다). 그러나 생리학적인 차이는 적다. 인간의 손은 엄지와 나머지 손가락으로 양쪽에서 움켜쥘 수 있지만, 침팬지의 손은 그럴 수 없다. 이 한 가지 특징에서 우리의 손이 지닌 온갖 솜씨가 유래했다. 게다가 우리는 점차 뒷다리로 걷기를 선호하게 되었다(사실 이족보행은 지금도 우리의 신체에 물리적인 문제를 일으킨다). 이족보행은 손을 해방시켰고, 손의 해방은 정신의 해방으로 이어졌을 수 있다. 가장 위대한 도구인 언어는 처음에 손짓과 몸짓이었고 그다음에 말이 되었음을 시사하는 강력한 증거가 존재한다. 문화는 우리의 뇌뿐만 아니라 손과 함께 시작되었다.

왜 우리는 충분히 큰 뇌와 솜씨 있는 손을 얻은 후에도 아주 오랜 세월이 지난 다음에야 벽에 그림을 그리고 조각품을 만들고 이야기를 지어내기 시작했을까? 이른바 '대약진'이라고 부르는 획기적인 변화의 원인을 확실히 아는 사람은 없다. 그러나 호모사피엔스의 DNA가 놀라울 정도로 균일하다는 사실은, 인류가 약 7만 년 전에 빙하기 '병목'을 통과했고 당시에 인구가 수천 명에 불과했음을 시사한다. 그들의 삶은 오랫동안 고달팠을 것이다. 그러나 소규모 인간 집단들이 서로 교류하면서 더 커지고, 사회적 관계가 발전하고, 임무가 분담되고, 화톳불이 타올랐을 것이다. 원숭이와 영장류에서 사회집단이 커지면 지능이 발전한다. 모방, 소통, 학습, 문제해결은 모두 영장류의 사회적 교류의 산물이다. 더 나아가 인간은 사회적 교류의 수단으로 언어를 선택했을 것이다. 사회적 교류와 지능의 발달은 서로를 보강하는 순환 고리를 형성한다. 일단 순환이 시작되면, 변화는 걷잡을 수 없이 커진다.

타인의 경험으로부터 배울 능력을 지닌 유일한 존재인 인간은 또한 놀랍게도 그러기를 싫어하는 것처럼 보인다. –더글러스 애덤스

대약진은 우리를 어디로 데려왔을까? 인간은 생물학적 진화와 동떨어져 약진했다. 인간이 다른 종에게 적용되는 개체수 증가 곡선에 맞게 살았다면, 인간의 개체수는 100만 명에 미치지 못했을 것이다. 다른 영장류를 보건대, 인간도 150명이 모여 한 집단을 이뤘을 것이다. 그 정도 규모의 집단은 충분히 번식할 수 있을 만큼 크면서 또한 이방인이 없고 범죄나 사기가 거의 없을 정도로 작다.

그러나 우리 인간 영장류는 DNA가 우리를 바꾸기 전에 우리의 뇌와 손으로 세계를 변형했다. 인간은 생물학을 역사로, 자연을 기술로 바꿨다. 여러분이 이 책을 읽는다는 사실 자체가 지극히 예외적이다. 여러분은 복잡한 언어를 습득했고 글로 쓴 언어의 의미를 해석할 수 있

모든 문제가 생기는 곳

인간의 뇌는 침팬지의 뇌보다 3분의 1 정도 크다. 인간이 소비하는 에너지 전체의 25퍼센트를 뇌가 소비한다.

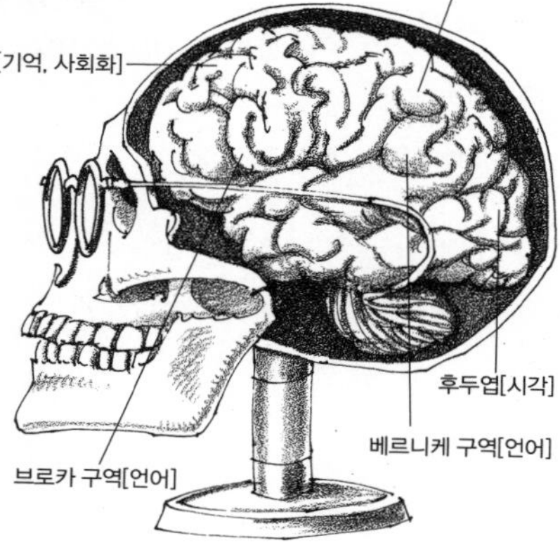

다. 그러나 인간의 대단한 재주는 지금 스스로를 옭아매는 중이다. 인간이 가축과 농작물로 만든 동물과 식물은 유전적 다양성이 부족해서 새로운 병에 걸리고 있다. 지구화는 매 순간 50만 명이 공중에 떠 있고 수백만 명이 이동 중이며 그들의 몸과 가방에 새로운 터전을 찾는 생물들이 득실거림을 의미한다. 인간의 가장 위대한 발명품인 도시는 지구를 질식시키고 생명의 전제조건인 기후의 균형을 위협한다.

모든 문화권에 똑같은 이야기가 있다. 인간이 불을 훔쳐 벌을 받는다는 이야기, 인간이 건설한 모든 것을 쓸어버리는 홍수 이야기. 우리 손의 끝없는 재주로부터 우리를 구할 수 있을 만큼 강한 존재가 있을까? 아마도 이야기, 그리고 이야기를 키우는 상상력밖에 없을 것이다.

C h i m p a n z e e

침팬지

사람과 가장 닮은 유인원

살아 있는 동물 가운데 우리와 가장 가까운 친척인 침팬지를 이야기하려면 우리 자신에 대한 이야기를 빼놓기가 거의 불가능하다. 영국 텔레비전에 방영된 시리즈 광고가 있었다. 인간 가족으로 꾸민 침팬지가 등장하는 그 광고는 무려 46년 동안 지속되다가 2002년에 종결되었다. 사상 최장수 광고였다. 거부할 수 없는 침팬지의 매력은 우리가 녀석을 천진난만한 어린이와 비슷한 존재로 착각하는 것에서 비롯된다. 얄궂게도 진실은 정반대에 더 가까운 것 같다. 인간이 덜 성숙한 침팬지라고 보아야 옳을 듯하다. 물론 그 대신에 우리는 영리해졌지만 말이다.

다 자란 침팬지*Pan troglodytes*의 키는 열 살 어린이와 비슷할 수 있지만 몸무게는 두 배이고, 상체의 힘은 성인의 다섯 배이다. 침팬지는 거울 속의 자기 얼굴을 알아보며, 분명한 발성과 정교한 몸짓으로 소통한다. 어린 침팬지는 즐거울 때나 간지럼을 탈 때 웃는다. 녀석은 감정을 표현하는 것처럼 보인다. 침팬지는 인간의 말을 하는 데 필요한 생리학적 구

'침팬지'라는 이름은 '가짜 사람'을 뜻하는 반투어 '키빌리-침펜제kivili-chimpenze'에서 나왔고 1738년 유럽인에 의해 처음 쓰였다. 16세기 포르투갈 탐험가들은 녀석을 '피그미pygmy'라고 불렀다.

조는 지니지 않았지만, 인간의 몸짓 언어를 부분적으로 배울 수 있다. 하지만 문법이나 통사법은 배우지 못한다. 녀석은 다양한 도구를 사용한다. 나뭇가지로 흰개미를 '낚기도' 하고 돌로 견과를 깨뜨리기도 하고 이빨로 창끝을 다듬기도 한다. 녀석은 서로에게서 배운다. 다양한 침팬지 집단은 이 정도 수준에서 각자 고유한 '문화'를 지녔다.

특히 침팬지의 자매종인 보노보*Pan paniscus*(1929년에 이르러서야 침팬지와 구별되었다)는 먹이 분배와 번식이라는 공통의 문제에 훨씬 더 멋진 방식으로 접근하는 듯하다. 침팬지 집단은 지배적인 수컷에 의해 다스려지는 반면, 보노보는 여권주의 히피 집단과 유사하다. 암컷과 수컷, 암컷과 암컷, 어른과 아이의 성관계가 보편적인 화합의 수단으로 쓰인다. 어떤 사안에든 두 마리 이상의 보노보가 관심을 갖게 되면, 결국 발생하는 일은 섹스이다.

통상적으로 침팬지라고 부르는 판 트로글로디테스(보노보도 침팬지의 일종이다)와 달리 보노보는 흔히 얼굴을 마주보고 섹스를 한다. 보노보 수컷은 통상적인 침팬지 수컷과 마찬가지로 거대한 고환을 지녔다. 왜냐하면 이 두 종의 암컷은 정기적으로 무차별적인 섹스를 하기 때문이다. 일종의 정자 전쟁인 셈이다. 더 많은 섹스와 더 많은 파트너는 자손을 남길 확률의 상승을 의미한다.

이 모든 사실은 우리를 매료시킨다. 왜 그럴까? 침팬지와 보노보는 우리의 친척인 동시에 고릴라의 친척인데 우리와 더 가깝다. 녀석과 우리는 유전물질의 98.5퍼센트를 공유하며, 녀석의 행동은 우리의 행동과 유사하기도 하고 전혀 다르기도 하다. 그러나 침팬지와 보노보는 인간이 되는 도중에 멈춘 존재가 아니다. 침팬지와 우리는 공통 조상으로부터 500만 년 전에 갈라졌고, 게놈을 분석해보면 침팬지가 우리보다 더 많이 '진화'했음을 알 수 있다(자연선택의 압력으로 인해 녀석의 유전자가 우리의 유전자보다 더 많이 변화했다). 또 녀석은 인간보다 유전적 다양성이 훨씬 더 크다. 과거 한때 녀석은 흔했고 우리는 드물었다는 것을 시사하는 대목이다. 우리는 어떤 작은 유전적 변화를 겪어 직립할 수 있게 되고 손을 놀려 물건을 집을 수 있게 되고 뇌가 성장했지만, 다른 종들은 그런 변화를 겪지 않았다. 그러나 이 차이는 단지 차이일 뿐 다른 종들의 결함이 아니다. 또한 다윈이 언급했듯이 정도의 차이이지 종류의 차이가 아니다.

야생에 남은 침팬지와 보노보는 20만 마리에 못 미친다. 녀석은 인간이 개입하기 전부터 줄어들기 시작했지만, 인간은 녀석에게 악영향을 끼쳐왔다. 매년 인간에게 먹히는 침팬지가 전 세계 동물원에 수용된 침팬지보다 더 많다. 침팬지가 없는 세상을 상상해보라. 우리는 침팬지를 구할 수 있지만, 침팬지는 스스로를 구할 수 없다. 바로 그렇기 때문에 우리가 침팬지를 구해야 한다.

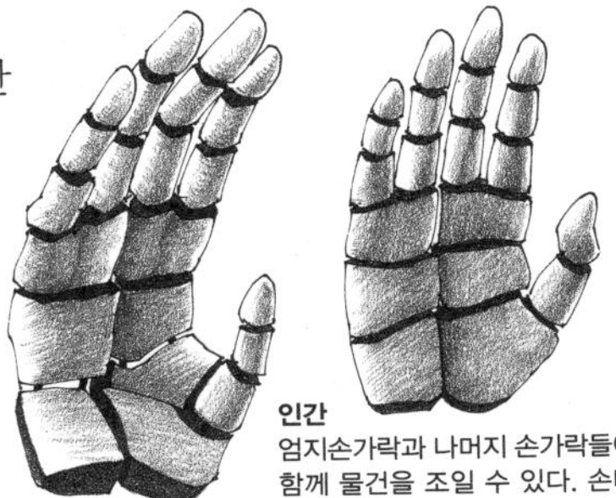

인간
엄지손가락과 나머지 손가락들이 함께 물건을 조일 수 있다. 손바닥도 짧아서 길고 강력한 엄지손가락을 나머지 네 손가락으로 쥐어짤 수 있다.

침팬지
네 손가락이 (나뭇가지를 잡기 편하게) 더 길고 휘어졌다.
손가락 관절이 (땅을 짚고 걷기 편하게) 강하다.
엄지손가락이 짧고 약하다(도구 사용에 한계가 있다).

이것이 공을 움켜쥔 침팬지의 손이다.
보라, 엄지는 헛것이다.

9장

은둔자 혹은 외톨이

The Book of Animal Ignorance

E c h i d n a

가시두더지

가시 돋친 개미핥기가 아닌 놈

주둥이는 새를 닮고, 가시는 고슴도치를 닮고, 파충류처럼 알을 낳으면서, 유대류처럼 주머니가 있고, 수명은 코끼리와 비슷하고, 페니스는 각목처럼 생긴 놈은 무엇일까? 정답은 오스트레일리아에 사는 가시두더지이다. 개미핥기와 헛갈리기 쉬운 녀석이다. 개미핥기와 마찬가지로 가시두더지는 길고 끈끈한 혀와 강력한 앞다리, 사회적 곤충에 대한 엄청난 식욕이 있다. 하지만 개미핥기와 가시두더지의 공통점은 거기까지가 전부이다.

가시두더지는 유대류조차 아니다. 녀석은 단공류('구멍이 하나인 동물')이다. 이 명칭은 녀석이 새와 파충류처럼 하나의 구멍으로 배설과 생식을 한다는 뜻이다. 가시두더지 네 종과 오리너구리는 판게아라는 초대륙이 쥐라기인 1억 8000만 년 전에 분열을 시작하기 이전에 북반구 포유류로부터 갈라진 남반구 포유류의 유일한 후손들이라고 여겨진다. 그러므로 녀석들은 현존하는 가장 오래된 포유류이다.

인간의 뇌에서 성격과 추론을 담당하는 신피질은 가시두더지의 뇌에서 전체 부피의 절반을 차지한다. 더 '고등한' 포유류의 뇌에서 신피질은 전체 부피의 3분의 1에 불과한데 말이다. 가시두더지가 그렇게 큰 신피질을 어디에 쓰는지 아무도 모른다.

짧은부리가시두더지 *Tachyglossus aculeatus*('가

시 돋친 날렵한 혀'라는 뜻)는 오스트레일리아에서 가장 널리 분포하는 포유동물이다. 녀석은 황량하고 넓은 지역에 사는 외롭고 수줍은 동물이다(짧은부리가시두더지가 싸우는 모습을 본 사람은 아무도 없다). 녀석이 포식자를 피하는 전략은 두 가지이다. 가시 돋친 공이 되는 전략(가시두더지는 땅을 파고 들어가 가시만 간신히 보이게 만들 수 있다)과 침몰하는 배가 되는 전략이다. 녀석은 모든 포유류 중에서 체온이 가장 낮으며, 에너지를 절약하기 위해서 체온을 섭씨 4도로 낮추고 3분에 한 번씩만 호흡할 수 있다. 몸을 데우려면 가시 돋친 양탄자처럼 몸을 펼치고 햇볕을 쬔다. 녀석의 가시는 코끼리의 귀처럼 열을 방출한다고 여겨진다. 녀석은 50년 동안 살 수 있다.

짧은부리가시두더지의 짝짓기는 겨울에 이루어진다. 수컷들은 페로몬을 방출하는 암컷의 뒤를 천천히 따라가며 '사랑의 열차'를 이룬다. 이 기묘한 행진은 한 달 넘게 지속될 수도 있다. 준비가 된 암컷은 앞다리로 나무줄기를 잡고 매달리며, 수컷들은 나무 둘레에 25센티미터 깊이로 도넛 모양의 참호를 판다. 그런 다음에 수컷은 짝짓기의 영광을 놓고 머리로 서로를 밀어내며 점잖게 경쟁한다. 승자는 암컷 아래의 참호에 옆구리를 대고 누운 다음에 이상하게 생긴 페니스를 꺼내 자기 배로 암컷의 배를 누르며 짝짓기를 한다. 3주 후 암컷은 포도 알 크기의 알 한 개를 낳고, 알에서 꼬물거리는 콩

알 낳아 주머니에 넣기

가시두더지 암컷은 엉덩이로 앉아서 몸을 구부리고 알을 낳아 주머니로 집어넣는다.

처럼 보이는 '새끼'가 태어난다. 새끼는 8주 동안 빠르게 성장해 가시가 돋기 시작할 무렵에 굴로 옮겨진다.

뉴기니에 사는 긴부리가시두더지*Zaglossus bruijni*('드 브루인의 긴 혀'라는 뜻)보다 더 알려진 바가 없는 동물은 거의 없다. 우리가 아는 것은 다음이 전부이다. 녀석의 몸과 코는 사촌보다 두 배 크다. 털도 더 많다. 녀석은 주로 지렁이를 먹는데, 혀에 돋은 특수한 가시로 찌르고 스파게티처럼 빨아들여서 먹는다. 야행성이다. 코를 킁킁거리는 소리를 많이 낸다. 여기까지가 전부이며, 나머지는 모두 추측이다. 긴부리가시두더지는 세 아종이 있다고 여겨진다. 한 아종(데이비드 아텐보로 경의 이름을 따서 명명되었다)은 1961년에 단 한마리만 (죽은 채로) 발견되었다. 나머지 두 아종은 다리가 네 개 달린 키위처럼 생겼으며 귀엽고 호기심이 많고 사람을 잘 따른다. 그래서 녀석은 사냥하기 쉽다. 과거에 뉴기니 사람들에게 녀석을 죽이는 것은 금기였으나, 유럽인이 도래한 이후 그 금기는 붕괴했다. 파푸아 부족은 개를 이용해 긴부리가시두더지를 사냥하고 구워서 특별음식으로 내놓는다. 녀석이 몇 마리나 남았을까? 아무도 모른다.

Mole

두더지

모든 것을 보는 코

두더지는 장님이 아니지만 작디작은 눈으로 빛과 어둠만 구별할 수 있다. 녀석을 정말 특별한 동물로 만드는 것은 코이다. 두더지는 냄새 맡기 위해서라기보다 '느끼기' 위해서 코를 사용한다.

별코두더지*Condylura cristata*의 코는 유일무이한 걸작이다. 그 코는 얼핏 분홍색 불가사리처럼 보이지만, 실제로는 손가락이 22개이고 움켜쥐는 기능은 없는 손이다. 별코두더지는 그 손으로 지하세계를 완벽하게 파악한다. 별코두더지의 코에 분포한 신경말단의 밀도는 평균적인 클리토리스에 분포한 신경말단의 밀도보다 훨씬 더 높다. 녀석의 코는 다른 포유동물이 시각에 할애하는 것과 비슷한 뇌 용량을 사용한다. 그러니까 그 코는 손이라기보다 눈에 가깝다.

별코두더지는 또 다른 최고 기록을 두 개 보유하고 있다. 녀석은 모든 포유동물 가운데 반사가 가장 빠르다. 곤충의 유충을 발견하고 확인하고 먹는 데 평균 227밀리초가 걸린다. 이 시간은 '두더지'라는 단어를 읽는 데 걸리는 시간보다 짧고, 우리가 빨간 신호등을 보고 브레이크를 밟는

두더지의 영어 이름 '몰mole'은 '흙을 던지는 놈'을 뜻하는 옛 영어 'mouldwarp'에서 나왔다. 옛 사투리에서 두더지는 '운트woont', 두더지 사냥꾼은 '운터woonter', 두더지가 만든 둔덕은 '운티텀프woonty-tump'였다.

데 걸리는 시간보다 세 배 빠르다. 또한 별코두더지는 물속에서 냄새를 맡을 수 있는 유일한 포유동물이다. 녀석은 마치 풍선껌을 부는 아이처럼 콧구멍으로 큼직한 공기방울을 불어 매달고 냄새를 맡는다.

두더지는 8시간 동안 먹지 못하면 죽는다. 유럽두더지의 먹이는 주로 지렁이이다. 유럽두더지가 파놓은 굴은 지렁이를 겨냥한 함정이다. 녀석은 매일 약 100마리의 지렁이를 먹어야 한다. 두더지 한 마리는 지렁이의 머리를 물어 움직이지 못하게 만들어서 지하 '저장소'에 최대 500마리를 산 채로 보관할 수 있다. 두더지는 물도 많이 마신다. 녀석이 파놓은 굴 중에서 최소한 하나는 수로나 웅덩이 근처로 통한다. 사람들의 통념과 달리 녀석은 농작물의 뿌리나 푸성귀를 먹지 않는다. 지렁이가 부족하면, 두더지는 하루에 50미터 길이의 굴을 새로 팔 수 있다. 사람으로 따지면, 흙을 20분마다 4톤(대략 삽질 1000회 분량)씩 옮기는 셈이다.

두더지는 야행성이 아니다. 단지 우리 눈에 띄는 일이 거의 없을 뿐이다. 실제로 녀석은 네 시간 동안 미친 듯이 땅을 파고 먹이활동을 한 다음에 네 시간 동안 자는 생활을 반복한다. 두더지는 외톨이로 자기만의 영역을 차지하는 습성이 강하다. 한 마리의 최대 영토가 축구장 네 개와 맞먹는다. 이 외톨이 생활은 매년 봄 짝짓기를 할 때 몇 시간 동안 중단된다. 짝짓기는 지상에서 이루어진다.

그 외의 모든 시간에 두더지는 44개의 이빨을 이용해 다른 두더지의 접근을 막는다. 암컷도 마찬가지이다. 두더지 암컷은 포유동물계의 명품을 하나 더 지녔다. 그것은 한 쌍의 난소 겸 고환이다. 이 기관은 봄에는 난자를 배출하고 영토를 지켜야 하는 가을에는 테스토스테론을 분비한다. 두더지 암컷과 수컷은 서로 다르다. 수컷이 약간 더 크며, 굴 파기 행동에서도 차이가 있다. 암컷은 불규칙한 터널 망을 만드는 반면, 수컷들은 길고 곧은 터널을 만든다.

두더지가 만든 흙더미는 특별히 고운 토양으로 되어 있어서 최고의 모판흙으로 평가 받는다. 19세기 후반기에 두더지 사냥꾼은 두더지 가죽으로 큰 돈을 벌었다. 남성용 조끼 하나를 만드는 데 두더지 가죽 100장이 들어갔다. 20세기가 시작될 때까지 매년 수백만 장의 두더지 가죽이 영국에서 미국으로 수출되었다.

영국의 두더지는 현재 3500만 마리 이상으로 추정된다. 2002년에 왕립 두더지 사냥꾼 직위가 부활되어 샌드링엄의 빅터 윌리엄슨이 임명되었다.

별코두더지

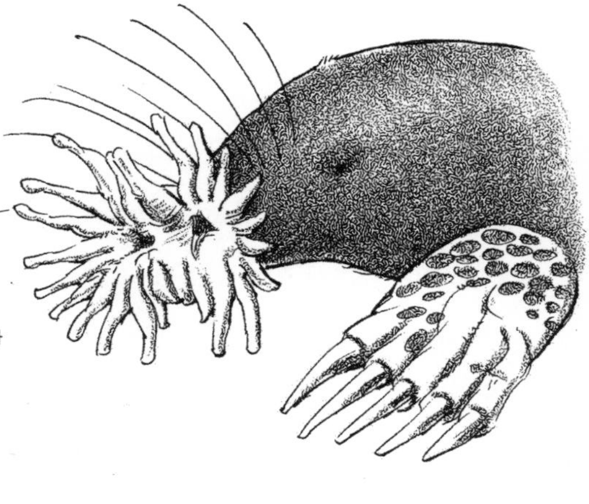

Aardvark

땅돼지

오래되고 기이하고 나름 뛰어난 놈

땅돼지는 공룡의 시대 이래로 아프리카에서 살아온 원시적인 포유류 집단의 마지막 생존자이다. 녀석은 원래 개미핥기와 아르마딜로와 더불어 빈치목('이빨이 빈약하거나 아예 없는 동물')으로 분류되었지만 이 동물들과는 먼 친척관계도 없이 다른 대륙에서 진화했다.

사실 땅돼지는 친척이 전혀 없다. 녀석은 포유류 종 가운데 유일하게 관치목이라는 목 하나를 독차지한다. '관치'는 '관처럼 생긴 이빨'을 뜻한다. 땅돼지의 이빨은 다른 동물의 이빨과 전혀 다르다. 땅돼지는, 육각형 관처럼 생겼고 끝이 평평한 이빨 20개를 입의 뒤쪽에 지녔다. 그 이빨들은 에나멜질로 덮여 있지 않고 보통 이빨의 내부에 있는 물질인 시멘트질로 덮여 있다. 설치류의 이빨과 마찬가지로 땅돼지의 이빨도 계속 자란다.

땅돼지들은 외톨이로 산다. 짝짓기를 할 때 외에는 서로 만나는 일이 드물다.

땅돼지의 모습은 여러 사람이 함께 설계하기라도 한 듯하다. 코는 개미핥기를 닮았고, 귀는 당나귀, 발은 토끼, 꼬리는 거대쥐를 닮았다. 하지만 착각하지 마시

라. 땅돼지는 다른 많은 종들보다 더 오래되었다. 왜냐하면 한 가지를 탁월하게 잘하기 때문이다. 녀석은 흰개미를 잡아먹는 기계이다.

녀석은 어둠이 내리기 무섭게 거처하는 굴을 떠나 주둥이를 땅에 대고 킁킁거리면서 크게 지그재그를 그리며 사바나를 돌아다닌다. 흰개미가 쌓은 둔덕을 찾아 깨뜨려 열고 깨끗이 핥아먹기 위해서이다. 녀석은 하룻저녁에 최대 48킬로미터를 이동하면서 5.7리터 이상의 흰개미를 먹어치울 수 있다. 땅돼지의 코에는 다른 포유류의 코에 있는 것보다 많은 뼈와 냄새 수용기가 있다. 녀석의 귀는 땅속의 미세한 움직임도 포착할 수 있고, 강력한 발톱은 곡괭이질에도 끄떡없는 둔덕을 깨뜨릴 수 있다. 땅돼지는 강하다. 덩치가 럭비 선수만 하게 성장할 수 있고, 성인 여섯 명이 삽으로 파는 것보다 더 빨리 굴을 팔 수 있다. 녀석은 두꺼운 피부로 흰개미의 깨물기 공격으로부터 몸을 보호하면서 길고 끈끈한 혀로 놈들을 감아들여 식사를 즐기는데, 콧구멍을 마음대로 여닫을 수 있어서 흰개미가 콧속으로 들어오는 것을 막을 수 있다.

또한 땅돼지는 '땅돼지오이'라는 식물과 대단히 호혜적인 관계를 맺고 있다. 땅돼지오이의 열매는 땅속에서 자라는데, 땅돼지는 물이 귀할 때 그 열매를 캐서 먹고 씨가 포함된 똥을 파묻어 그 식물의 생존을 보장한다. 칼라하리 사막의 산San족(부시먼)은 땅돼지오이의 열매를 '땅돼지똥'이라고 부른다.

흰개미 킬러

흰개미의 둔덕을 깨뜨린 땅돼지는 그 자리에서 최대 50만 마리의 흰개미를 먹어치운다.

싸움에 능한 땅돼지를 공격할 포식자는 오로지 인간과 하이에나뿐이다. 녀석은 홀로 은둔의 삶을 살지만 궁지에 몰리면 만만치 않은 상대가 된다. 발톱으로 할퀴고 다리를 내지르며 순식간에 앞으로 재주넘기까지 한다.

인간은 고기와 가죽을 얻으려고 땅돼지를 사냥한다. 땅돼지의 영어 이름 'aardvark'는 아프리카어에서 나왔다. 아프리카 사람들은 땅돼지고기가 약간 썩은 돼지고기와 맛이 비슷하다고 한다. 땅돼지는 '개미곰'이라고도 부르지만, 라틴어 학명 오릭테로푸스 아페르*Orycteropus afer*는 '아프리카의 땅 파는 발'이라는 뜻이다. 산족은 땅돼지가 말 그대로 지하세계와 '접촉'하기 때문에 초자연적인 힘을 지녔다고 믿는다.

이 난해한 야행성 동물은 영어권 세계에도 그런대로 알려진 편인데, 아마 사전에 거의 맨 먼저 나오기 때문인 것 같다. 'aardvark'는 1928년판 옥스퍼드 영어 사전에 네 번째 단어로 등재되었다. 이는 '너무 전문적인' 단어라는 조수의 의견을 무시하고 그 단어를 집어넣은 편집자 제임스 머리 덕분이다.

미국 대학생의 속어 'to aardvark(땅돼지하다)'는 '성교하다'를 의미한다. 어둠 속에서 길쭉한 신체 부위로 어딘가를 파헤친다는 뜻이니까.

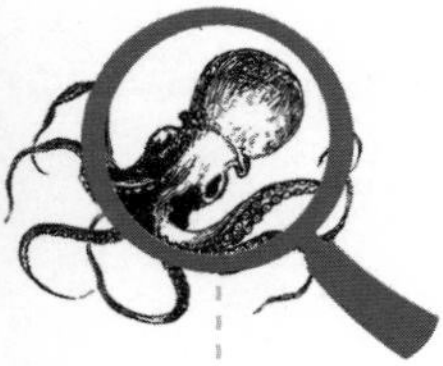

Octopus

문어

대단한 팔

외모로 따지면 문어는 인간과 달라도 너무 다르다. 문어는 몸통이라고 할 만한 부분이 없고 머리와 여덟 개의 팔만 있다.(문어의 팔을 다리나 촉수라고 부르는 것은 생물학적으로 매우 그릇된 호칭이다.) 그러나 흥미롭게도 녀석은 새와 포유동물을 제외한 모든 동물 중에서 몸무게 대비 뇌의 크기가 으뜸이며 쉽게 지루함을 느낀다. 녀석은 아무것도 없는 수조보다 자연적인 특징이 풍부한 환경에서 더 빠르게 성장하고 더 빨리 학습하며 더 많은 것들을 기억한다. 녀석은 먹이가 있을 만한 장소와 이미 사냥을 했던 장소를 기억한다. 또 문어들은 비록 외톨이로 생활하지만 서로 소통할 수 있다는 것을 뒷받침하는 증거가 존재한다. 여러 문어를 함께 키우면, 녀석들은 위계를 정하고 대결을 피한다. 이 모든 이유 때문에 문어는 영국의 실험실들에서 척추동물과 동등한 법적 지위를 인정받는다.

그러나 문어는 다른 문어의 성별을 인지하는 데 그다지 유능하지 않다. 문어 두 마리를 한 수조에 넣으면, 녀석들은 성별과 상관없이 교미하기 시작할 것이다. 교미에 돌입

문어는 흉내를 잘 낸다. 어떤 녀석들은 바다뱀이나 쏠배감펭lionfish 같은 위험한 동물을 흉내 낸다. 떠다니는 해조류나 물속에 잠긴 코코넛을 흉내 내는 녀석들도 있다.

한 수컷과 수컷은 대개 30초 후에 태연히 떨어진다. 그러나 일부 수컷 쌍은 며칠씩 엉켜 있기도 한다. 동종이 아닌 두 수컷이 며칠 동안 엉켜 있었던 사례도 있다. 일본 화가들은 거대한 문어가 여자의 성감대 여덟 곳을 동시에 자극하는 모습을 줄기차게 그리지만, 문어들의 섹스는 한 팔 간격을 두고 공손하게 이루어진다. 수컷의 팔 하나는 교미용인데, 다른 팔들과 달리 아래쪽에 홈이 있고 끝에 움켜쥐는 기능을 하는 '설상부ligula'가 있다. 일부 종의 설상부는 포유동물의 페니스와 아주 흡사하게 피가 고이면 팽창한다.

수컷은 교미용 팔로 정액 꾸러미를 암컷의 외투막에 뚫린 교미용 구멍에 갖다 놓는다. 이어서 설상부가 분리되어 암컷 속에 박힌 채로 머문다. 교미를 끝낸 수컷은 몇 달 안에 죽는다. 문어는 절단된 사지를 재생할 수 있지만, 교미용 팔을 재생할 수는 없다.

담요문어 수컷은 성적인 자기결정권에 대한 통념에 충격을 가하는 동물이다. 녀석은 암컷보다 4만 배 작은데, 놀랍게도 교미용 팔을 끊어 암컷의 표면 어딘가에 놔두고 떠나서 죽는다. 덩치 차이를 감안할

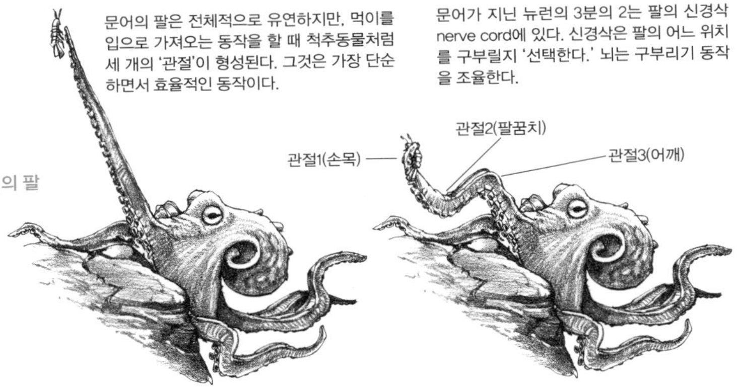

때 청어가 흰긴수염고래를 건드리는 형국이니, 담요문어 암컷은 수컷의 존재조차 알아채지 못할 것이다. 분리된 교미용 팔은 암컷의 아가미 틈으로 기어들어가서 알들이 성숙할 때까지 최장 한 달 동안 생존한다. 이어서 암컷은 그 교미용 팔을 마치 일회용 설탕 봉투처럼 뜯어서 알들 위에 정액을 뿌린다.

문어는 영리할 뿐만 아니라 손재주가 뛰어나다. 녀석은 잼 병을 열 수 있고, 돌멩이로 조개를 깰 수 있으며, 끊어진 해파리 촉수를 무기로 휘두를 수 있다. 어떤 녀석은 마치 이족동물인 것처럼 두 팔로 '걷는다.' 문어는 몸의 근육을 이용해 시속 40킬로미터로 전진할 수 있다. 심지어 포식자를 피해 물 위로 튀어오를 수도 있다. 문어는 골격이 없기 때문에(문어에서 유일하게 단단한 부분은 앵무새 부리를 닮은 부리[이빨에 해당—옮긴이]이다) 자신의 눈알만 한 구멍도 통과할 수 있다.

Anglerfish

아귀

바다 밑에서 정말 황량하게 사는 놈

심해아귀보다 더 황량한 삶을 사는 놈은 정녕 없을 것이다. 수면에서 3200미터 아래의 끝없는 어둠 속에 연골과 퇴화한 근육과 종이처럼 얇은 검은 피부로 이루어진 음침한 덩어리가 오로지 반짝이는 박테리아만을 벗 삼아 가만히 웅크리고 있다. 녀석은 평생 동안 오직 기다리는 일만 한다. 짙은 어둠 너머의 다른 생물이 유혹에 넘어가 녀석의 동굴 같은 아가리에 충분히 접근하기를 바라는 마음으로 등을 켰다가 껐다가 하면서.

'아귀'라는 이름으로 부르는 동물은 녹점술아귀, 노랑씬벵이, 전자리상어 등 대략 300종이며 낚싯대처럼 생긴 길고 유연한 돌기로 먹이를 유혹한다. 그 돌기는 대개 머리의 중앙에서 돋아나며 그 끝에는 꼬물거리는 지렁이가 아니라 '에스카esca'('먹이'를 뜻하는 라틴어)가 달려 있다. 에스카는 살아서 꼬물거리는 미끼를 흉내 낼 수 있다. 심해아귀의 에스카는 빛을 내는데, 그 빛은 거기에 붙어 사는 박테리아가 조절하는 화학반응에서 비롯된다. 박테리아가 빛을 주는 대가로 심해아귀는 박테리아에게 먹이를 준다. 에스카의

이아귀*Photocorynus spiniceps* 수컷은 지금까지 알려진 가장 작은 척추동물로 길이가 0.6센티미터이다. 암컷보다 10배 정도 작다.

모양은 심해아귀마다 다르다. 과거에는 제각각 다른 먹이를 유혹하려고 그렇다고 여겨졌지만, 오늘날 학자들은 심해아귀의 먹이가 다 비슷하다고 믿는다. 혹시 여러분의 머리에 크고 유연하고 반짝이는 막대가 달려 있다면, 그것은 아마 성적인 장식의 일종일 것이다.

심해아귀는 지구에서 가장 추하고 이색적인 생물에 속한다. 녀석은 몸 크기의 두 배로 부풀 수 있는 탄력적인 위를 지녔다.(그 위의 안벽은 반짝이는 물고기를 삼켰을 경우에 빛을 차단하기까지 한다.) 먹이가 탈출하지 못하도록 입에 있는 이빨은 안쪽으로 휘어졌으며 목구멍에도 이빨이 있다. 나무수염아귀*Linophryne arborifer* 암컷은 반짝이는 구근식물처럼 생겼다. 검고 불룩한 몸통에서 나무처럼 생긴 미끼 두 개가 돋아 현란한 빛을 낸다. 녀석의 라틴어 학명은 '그물로 물고기를 잡는 나무처럼 생긴 두꺼비'를 뜻한다. 보아귀*Caulophryne polynema*의 거대한 가시 같은 지느러미는 퇴폐적인 분위기를 연출한다. 녀석의 몸은 불쾌하고 창백한 털로 덮여 있으며, 녀석의 미끼는 비벼놓은 감초 대처럼 생겼다. 녀석의 측선(옆줄)은 모든 물고기 중에서 가장 예민한 편이다. 주위에 미세한 움직임만 있어도 녀석은 아가리를 여닫는다. 엘스만채찍코아귀*Gigantactis elsmani*는 미끼로 바닥을 긁으면서 배영을 한다. 늑대함정쥐가오리*Lasiognathus saccostoma*는 미끼의 끝에 반짝이는 갈고리 세 개가 달려 있는데, 녀석은 마치 플라이낚시를 하듯이 그 갈고리를 던진다. 악셀늑대함정아귀*Thaumatichthys axeli*는 위턱에서 돋아 아래로 늘어진 한 쌍의 반짝이는 미끼를 지녔다.

심해아귀 수컷은 암컷보다 훨씬 작으며 미끼가 없다. 녀석의 관심사는 낚시가 아니라 짝짓기이다. 녀석은 거대한 눈으로 적당한 암컷을 물색하고 엄청난 콧구멍으로 암컷의 페로몬을 탐지한다. 암컷을 발견하면 이빨로 물고 놓지 않는다. 그러고는 사라지기 시작한다. 비늘과 뼈와 혈관이 모두 암컷의 비늘과 뼈와 혈관과 융합한다. 몇 주가 지나면 암컷의 옆구리에 매달린 수컷의 고환만 남아 암컷에게 정자를 공급한다. 옆구리에 8개의 고환을 매단 암컷이 발견된 바 있다.

어둠 속에서 나누는 사랑의 대화

어떤 종의 경우에 암컷을 발견하지 못한 수컷은 결국 스스로 암컷이 되어 몸집을 대폭 키운다. 아귀끼리 다음과 같은 말을 주고받는다는 설이 있다. 아귀가 되는 것보다 나쁜 것이 딱 하나 있는데, 그것은 수컷 아귀가 되는 것이다.

T u a t a r a

옛도마뱀

세 눈 박 이 외 톨 이

'살아 있는 화석'이라고 부르는 종의 대부분은 그 호칭을 정당화하기 위해 애쓰지만, 옛도마뱀은 그럴 필요가 없다. 이 고대의 파충류는 이구아나처럼 생겼지만 도마뱀이 아니며 공룡도 아니다. 옛도마뱀이 거대한 파충류들의 시대 이래로 거의 변화하지 않았다는 것은 사실이지만 말이다. 옛도마뱀은 한때 지구를 뒤덮었던 옛도마뱀목('스페노돈 sphenodon'['쐐기 이빨'] 목)의 마지막 생존자이다. 옛도마뱀은 두 가지 이유 때문에 살아남았다. 첫째, 공교롭게도 녀석은 오늘날 뉴질랜드가 된 작은 땅덩어리에서 살았고, 그 땅덩어리는 포유류가 확고히 자리잡기 이전인 약 8000만 년 전에 남반구의 초대륙 곤드와나랜드에서 분리되었다. 둘째, 옛도마뱀은 시원해진 기후에 적응하는 법을 터득했다.

옛도마뱀의 영어 이름 '투아타라 tuatara'는 마오리어로 '가시 돋친 등'을 뜻한다. 과거에 마오리족은 옛도마뱀을 잡아서, 오직 남자만 먹었다. 그들은 여자가 규칙을 어기고 옛도마뱀을 먹으면 모든 옛도마뱀이 쫓아와 죽일 위험이 있다고 믿었다.

옛도마뱀목의 동물은 대부분 공룡과 함께 멸종했다. 그러나 옛도마뱀은 노를 젓는 포유동물, 곧 인간이 뉴질랜드에 들어올 때까지 수천만 년 동안 행복하게 살았다. 인간과 함께 개와 쥐를 비롯한 다른 포유동물도 들어왔다. 옛도마뱀은 점차 뉴질랜드 본토에서 쫓겨났고 지금은 인근에 점점이 흩어진 섬에서만 산다.

옛도마뱀의 물질대사 방식은 포유동물과 맞설 때 가장 큰 단점이다. 옛도마뱀은 생존하는 모든 파충류 중에서 가장 원시적이다. 녀석의 뇌는 매우 작아서 도마뱀의 뇌보다 양서류의 뇌를 닮았다. 게다가 심장과 순환계도 엉성해서 녀석은 극단적인 냉혈동물이다. 그런데 옛도마뱀은 바람이 많고 추운 섬에서 산다. 따라서 녀석의 좌우명은 '천천히'가 될 수밖에 없었다. 옛도마뱀은 모든 파충류 중에서 가장 느리게 성장한다. 새끼가 성적으로 성숙하기까지 15년이 걸리며, 암컷은 4년에 한 번 알을 낳고, 알이 부화하는 데 1년이 걸린다.

옛도마뱀의 사냥 방법은 밤에 굴 밖에 앉아서 딱정벌레, 지렁이, 귀뚜라미, 또는 어린 옛도마뱀이 지나가기를 기다리는 것이다. 옛도마뱀의 방어 방법은 굴 안에 앉아서 위험이 지나가기를 기다리는 것이다. 이 방법은 활발하기 이를 데 없는 쥐들을 상대할 때는 전혀 소용이 없다. 1981년 웨누아쿠라 섬의 옛도마뱀은 200마리였다. 1984년에 이르자 옛도마뱀은 씨가 말랐고 그 섬은 쥐의 차지가 되었다.

옛도마뱀은 사촌인 도마뱀과 여러 특징에서 차이가 난다. 녀석은 100년보다 훨씬 더 오래 살 수 있다. 또 이빨이 없는 대신에 턱뼈의 가장자리가 톱니처럼 생겼다. 늙은 옛도마뱀은 그 턱뼈 톱니가 닳아서 매끄럽기 때문에 달팽이와 지렁이만으로 연명한다. 더 나아가 도마뱀은 페니스가 두 개나 있는 반면, 옛도마뱀은 하나도 없다. 옛도마뱀은 새처럼 (또한 추측컨대 공룡처럼) 한 쌍이 서로 꽁무니를 맞대고 누르는 방식으로 섹스를 한다.

옛도마뱀 잡는 법

3. 옛도마뱀이 공을 물면 줄을 당겨라. 옛도마뱀이 공을 놓는 일은 절대로 없다.

2. 테니스 공을 줄에 매달아 갖다 대서 옛도마뱀을 귀찮게 하라.

1. 옛도마뱀이 들어 있는 굴을 찾아라.

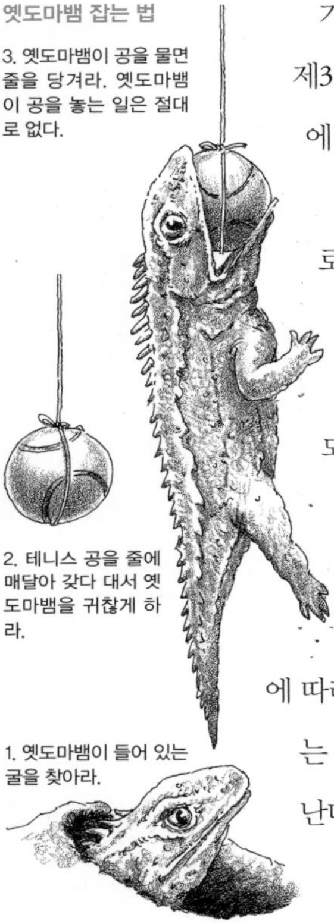

가장 특이한 것은 옛도마뱀의 이마 중앙에 있는 제3의 눈이다. 그 눈은 비록 생후 6개월 이전에 비늘에 덮이지만 수정체와 망막과 뇌로 연결된 신경을 갖춘 진짜 눈이다. 그 눈은 빛을 감각하는 것으로 보이며 체온 조절에 기여할 가능성이 있다. 온도는 옛도마뱀에게 매우 중요하다. 녀석은 대부분의 파충류가 동면에 들어갈 조건(섭씨 10도)에서 행복하게 사는 대신에 온도가 높아지면 죽을 수도 있다. 온도 상승은 더 심각한 문제도 일으킨다. 거북과 악어와 마찬가지로 알에서 부화하는 옛도마뱀 새끼의 성별은 알의 온도에 따라 결정된다. 비교적 따뜻한 뉴질랜드 북부에서는 현재 옛도마뱀 암컷보다 수컷이 두 배 많이 태어난다.

Quoll

주머니고양이

오스트레일리아의 귀여운 킬러

주머니고양이 다섯 종은 그 이름에도 불구하고 고양이의 친척이 아니다. 생김새도 고양이를 별로 닮지 않았다. 주머니고양이는 주둥이가 길쭉해서 몽구스나 페럿을 더 닮았고 몸에 점박이 무늬가 있으며 길고 텁수룩한 꼬리를 지녔다(녀석의 학명에 나오는 '다시우루스*Dasyurus*'는 '텁수룩한 꼬리'를 뜻한다). 그러나 녀석은 하는 짓이 고양이를 꼭 닮아서 유대류 세계의 고양이라고 할 만하다. 녀석은 야행성이며 외톨이 사냥꾼이고 무는 힘이 엄청나게 강하다. 덩치를 감안할 때 녀석보다 무는 힘이 강한 동물은 가까운 친척인 태즈메이니아데빌밖에 없다. 녀석의 킬러 본능은 섹스 도중에도 드러난다. 북부주머니고양이 암컷은 매년 겨울 같은 시기에 일제히 발정한다. 그러면 수컷은 최대한 많은 암컷과 교미를 시도하면서 난투를 벌인다. 수컷은 교미하는 동안 암컷의 목을 면도날처럼 날카로운 주둥이로 물고 질질 끌고 다닌다. 교미 시간은 평균

주머니고양이 암컷은 나무에 기어오를 때도 새끼들을 배에 매달고 다닌다. 조금 자란 새끼들은 어미의 등으로 자리를 옮긴다.

세 시간이지만, 때로는 무려 24시간이 걸리기도 한다. 이렇게 긴 시간이 걸리는 이유는, 수컷이 생산하는 정액이 많지 않아 확실한 임신을 위해서 사정을 거듭할 필요가 있기 때문이다. 암컷이 웅크리고 눈을 감은 채 다가올 봄을 상상하는 동안 곳곳에서 비명이 울리고 물어뜯기가 일어난다. 많은 암컷이 부상을 당한다. 심지어 몇몇은 짝에게 죽임을 당하고 부분적으로 먹힌다.

적어도 북부주머니고양이 수컷은 이 같은 만행의 대가를 치른다. 녀석은 흔히 발정기의 극심한 피로에서 회복하지 못하고 죽는다. 살아남은 수컷도 몸무게가 줄고 빈혈에 걸리고 음낭이 쪼그라들고 털이 빠지고 몸에 이가 들끓게 되어 1주일에서 2주일 내에 죽는다. 자신의 유전자를 위해 순교하는 셈이다. 이렇게 수컷이 집단으로 사망하면, 암컷과 새끼의 생존 확률이 높아지고 다음 발정기에 근친상간이 일어날 위험이 줄어든다.

북부주머니고양이는 주머니고양이 다섯 종 가운데 가장 작지만 기니피그보다는 훨씬 크다. 녀석은 대담하고 쥐와 뱀과 도마뱀 등의 다양한 동물을 잡아먹는다. 안타까운 일이지만, 녀석은 자기 영역에 기어든 사탕수수두꺼비도 위험한 독을 지녔는지 모르고 잡아먹는다. 현

재 북부주머니고양이의 개체수는 급격히 감소하는 중이다. 동물보호활동가와 오스트레일리아 북부의 토착민은 북부주머니고양이 소규모 집단을 사탕수수두꺼비가 없는

섬들로 옮겼다.

오스트레일리아 주머니고양이는 종을 막론하고 모두 멸종 위험에 처해 있다. 원인은 외래종 포식자와 녀석들 자신의 적응력 부족에 있다. 최근에 동부주머니고양이를 대상으로 행한 실험에서 녀석이 여우와 소의 울음소리를 구별하지 못한다는 것이 드러났다. 동부주머니고양이는 현재 태즈메이니아 섬에서만 발견된다. 녀석은 정기적으로 새끼 30마리를 낳지만, 6마리만 젖꼭지를 찾아 살아남는다.

주머니고양이의 영어 이름 '퀄quoll'은 1770년에 쿡 선장에 의해 처음으로 기록되었다. 이 이름은 퀸즐랜드 북부에 살던 구구 이미디르Guugu Yimidhirr족의 단어 '디갈dhigal'에서 나왔다. 쿡 선장은 이 단어를 '제-퀄Je-Quoll'로 적었다.

심지어 오스트레일리아 본토에서 가장 큰 육식동물인 호랑이주머니고양이(또는 얼룩꼬리주머니고양이)조차도 개체수가 1000마리 이하로 줄어 보호동물 목록에 올랐다. 녀석은 오지의 도로 한복판을 공동 배설 장소로 삼는 습성 때문에 흔히 목숨을 잃는다.

2001년 시드니 소재 오스트레일리아 박물관의 마이클 아처 관장은 주머니고양이의 멸종을 막으려면 사람들이 녀석을 애완동물로 거둬야 한다고 제안했다. '개와 고양이를 쓰다듬는 대신에 주머니고양이를 끌어안읍시다.'

10장

제발 그냥 놔둬

H e d g e h o g

고슴도치

사라져가는 잔디밭의 장난꾸러기

고슴도치는 1500만 년 동안 변함없이 어둠 속에서 코를 킁킁거리고 게걸스럽게 곤충을 먹어치웠다. 녀석은 영국인이 가장 친근감을 느끼는 동물로 꼽히지만, 현재 영국 고슴도치의 개체수는 급감하는 중이다! 지난 15년 동안 반으로 줄어 현재 100만 마리에 미치지 못한다. 이런 추세가 지속된다면 영국 고슴도치는 2030년이 되기 전에 멸종할 것이다.

영국 고슴도치의 절반은 돌이 되기 전에 죽는다. 100마리 중 한 마리만 5년을 넘기고, 매년 1만 5000마리가 도로에서 차에 치어 죽는다(1990년대에는 매년 10만 마리가 도로에서 죽었다). 도로에서의 대량살상, 강력한 살충제 사용, 고슴도치가 보금자리로 선호하는 풀밭의 파괴는 낙관적인 전망을 갖기 어렵게 만든다. '도시 고슴도치'는 여우처럼 도시에서의 삶에 익숙해지지 못했다. 녀석은 수영장에 빠지고, 잔디 깎는 기계에 토막이 나고, 식품 상자에 머리를 처박고 굶어죽는다.(맥도널드 사는 고슴도치의 접근을 막기 위해 '맥플러리' 상자의 디자인을 바꿨다.) 또 많은 고슴도치는 인간이 좋은 뜻으로 남겨둔 빵과 우유를 먹고 설사병으로 죽는다. 고슴도치를 돕는 최선의 방법은 먹이를 주는 것

> **여우는 많은 것을 안다. 고슴도치는 큰 것 하나만 안다. -에라스무스**

이 아니라 녀석을 여러분의 텃밭에 풀어놓는 것이다. 다 자란 고슴도치 한 마리는 하룻밤에 민달팽이 250마리를 먹을 수 있다.

가시를 곧추세우고 공처럼 몸을 마는 방어기술을 지닌 고슴도치는 자연적인 천적이 거의 없다. 몸을 만 고슴도치를 억지로 펼 수 있을 만큼 강한 발톱을 지닌 동물은 오소리밖에 없다. 물론 굶주린 여우가 고슴도치에게 오줌을 누어 몸을 펴게 만든다는 이야기가 있지만 말이다. 또 고슴도치는 독에 대한 면역력이 엄청나게 강하다. 클로로포름으로 고슴도치를 마취하려면 덩치가 같은 다른 동물을 마취할 때보다 더 많은 양이 필요하다. 고슴도치는 기니피그를 5분 내에 죽이는 살무사에게 물려도 살아남는다.

이 저항력에서 고슴도치가 하는 행동 가운데 가장 이상한 행동을 이해할 단서를 얻을 수 있다. 그 행동은 '침 바르기', 즉 몸을 비틀어 자기 등에 거품이 많은 침을 바르는 행동이다. 과학자들은 고슴도치가 독두꺼비의 피부를 씹은 후에 제 몸에 침을 바르는 것을 관찰했다. 그런 방법으로 제 가시에 독을 묻혀 포식자의 공격에 대비하는 것이다. 그러나 이 설명은 불충분하다. 고슴도치의 제 몸에 침 바르기 행동은 신발, 담배, 가구용 왁스, 크레오소트(방부제), 커피, 끓인 생선, 화장 크림, 증류수 등의 냄새에 의해서도 유발되기 때문이다.

고슴도치의 가시는 충격을 완충한다. 몸을 둥글게 만 고슴도치는 계단에서 굴러 떨어져도 아무 문제가 없다.

고슴도치를 뜻하는 '헤익호그heyghoge'는 1450년의 문헌에 처음 등장한다. 이 단어는 신속하게 지역별로 분화해 '히호그highogg', '헤지피그hedgepig', '혹호그hoghog',

'퍼지페그fuzzipegg' 등이 되었다. 더 과거에 앵글로색슨 사람들은 고슴도치를 '이글igl'이라고 불렀으며, 노르만 사람들은 고슴도치를 뜻하는 라틴어 '에리키우스ericius'를 받아들여 '어친urchin'이라고 불렀다. 라틴어 '에리키우스'는 고대의 어근 '게르gher-'에서 나왔다. '게르'는 '털을 곤두세우다'라는 뜻이다.(영어 '호러horror'도 같은 어근에서 나왔다.)

다 자란 고슴도치는 5000개가 넘는 가시를 곤두세운다. 녀석의 가시는 속이 빈 털인데 인간의 손톱과 발톱을 이루는 재료인 케라틴으로 보강되어 있어 엄청나게 강하다. 가시 하나만 잡고 고슴도치를 들어 올려도 가시가 부러지지 않을 정도이다. 이 물리적 장애물을 생각할 때 고슴도치 수컷과 암컷은 놀랍도록 난잡한 성생활을 한다고 할 수 있다. 녀석은 계절마다 10여 마리의 파트너와 교미하고, 때로는 하룻밤에 여러 마리와 교미한다. 아리스토텔레스는 고슴도치가 서로 마주 보고 섹스를 한다고 확신했지만, 그런 일은 결코 없다. 수컷은 몇 시간 동안 암컷 둘레를 돌며 크게 콧바람을 분다. 암컷이 뒷다리를 벌리고 가시를 눕히고 코를 위로 치켜들 때까지 그렇게 한다. 실제 삽입 단계는 매우 짧고 요란하다. 욕망을 채운 수컷은 암컷이나 미래의 새끼를 거들떠보지 않고 즉시 떠난다.

Crane

두루미

가장 늙었고, 가장 키가 크고, 가장 시끄럽고, 가장 높이 나는 새

두루미는 최고 기록을 다수 보유하고 있다. 관두루미(서아프리카관두루미와 동아프리카관두루미)는 우리가 아는 최고最古 조류의 직계후손이다. 그 조류의 화석은 5500만 년 전보다 더 이른 에오세 초기까지 거슬러 올라간다. 캐나다두루미는 현존하는 새 중에서 가장 먼저 등장했다. 네브라스카에서 900만 년 된 다리뼈가 발견되었는데, 그 다리뼈는 오늘날 캐나다두루미의 다리뼈와 다르지 않다. 최장수 기록을 보유한 새는 '울프'라는 시베리아흰두루미이다. 녀석은 1988년 위스콘신 국제두루미센터에서 83년의 생을 마감했다. 큰두루미는 키가 1.5미터로 나는 새들 중에서 가장 크고, 유라시아두루미는 어떤 새보다도 높이 날아 최고 9.8킬로미터 상공에 도달한다. 그 고도에서 나는 유라시아

두루미 나팔

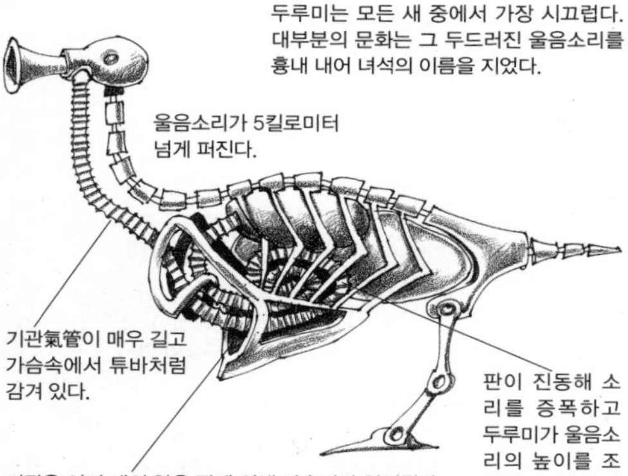

두루미는 지상에서 보이지 않지만 워낙 시끄럽게 울기 때문에 소리는 들을 수 있다.

두루미는 15종이 있으며 남아메리카와 남극을 제외한 모든 곳에서 볼 수 있다. 사람들은 문화의 차이를 막론하고 녀석의 아름다움과 우아함에 매료되었다. 선사시대의 동굴벽화에 두루미가 등장하며, 호메로스는 『일리아스』에서 두루미의 '쨍그랑거리는' 울음소리를 묘사했다. 헤르메스 신이 날아가는 두루미들의 대열에서 영감을 얻어 문자를 발명했다는 로마의 설화도 있다.

두루미는 거의 사람처럼 행동한다. 사교적이고, 대부분 일부일처제를 따르며, 새끼를 몇 년 동안 키운다. 먼 과거를 기억하며, 90가지가 넘는 몸짓과 소리를 써서 복잡하게 소통한다.

또한 녀석은 조류 세계 최고의 춤꾼이다. 어린 시절에는 사교를 위해서, 성숙한 다음에는 구애를 위해서 정교하게 안무한 춤을 춘다. 두루미 떼에서 한 녀석이 춤을 추기 시작하면 다른 녀석들도 동참해 절하는 동작, 뛰는 동작, 달리는 동작, 심지어 작은 물체를 부리로 집어 공중으로 던지는 동작을 한다.

이미 기원전 7000년에 사람들이 두루미의 동작을 흉내 내어 춤을 추었다는 증거가 있다. 고대 중국인과 일본인과 홋카이도의 아이누와 시베리아의 샤먼과 중앙아프리카의 트와족 피그미에게 두루미 춤은 중요한 풍습이었다. 심지어 플루타르크는 테세우스가 미노타우루스를 물리친 후 두루미 춤을 추며 자축했다고 썼다. 두루

쇠재두루미는 두루미 중에서 가장 작으며 18세기에 처음으로 러시아에서 프랑스로 들어왔다. 마리 앙투아네트는 쇠재두루미의 우아함에 반해서 녀석에게 '데무아젤demoiselle'이라는 이름을 붙였다. '데무아젤'은 '젊은 귀부인'을 뜻한다.

미는 언어에도 자취를 남겼다. 크랜베리cranberry는 줄기가 두루미의 부리를 닮아서 두루미를 뜻하는 영어 '크레인crane'이 들어간 이름을 얻었다. '제라늄'은 두루미를 뜻하는 그리스어 '게라노스'에서 유래했다. 제라늄의 꼬투리가 두루미의 머리를 닮았기 때문이다. 혈통을 뜻하는 영어 '페디그리pedigree'는 두루미의 발을 뜻하는 프랑스어 'pied de gru'에서 유래했는데, 이는 가계도의 생김새가 두루미의 발을 닮았기 때문이다.

15종의 두루미 가운데 8종은 멸종 위기에 처했고, 그중 2종은 심각한 멸종 위기종이다. 1941년 미국의 아메리카두루미 개체수는 20마리로 줄었으나 이후 450마리 이상으로 회복되었다. 두루미의 번식을 위한 프로그램 중에는 '격리 사육'도 있다. 두루미 분장을 한 사람이 녹음된 울음소리와 손 인형을 이용해 두루미 알을 부화시키고 키우는 프로그램이다.

두루미는 한때 영국에 널리 분포했다. 거의 모든 지방에 '크랜웰', '크랜번', '크랜리', '크랜퍼드'라는 지명이 있다는 것이 그 증거이다. 그러나 현재 두루미는 영국에서 번식하는 새 중에서 가장 희귀하다. 1980년대에 노퍽에 작은 집단이 생겼다. 350년 만에 처음 있는 일이었다. 그 집단의 정확한 위치는 철저히 비밀에 부쳐졌다.

B i s o n

들소

50년 동안 7천만 마리가 살해되다

북아메리카 대평원의 들소 떼는 지구의 역사에서 가장 큰 육지동물 집단이었다. 길이 80킬로미터 너비 30킬로미터에 달한 떼도 있었다. 그러나 1890년에 남은 들소는 고작 635마리였다.

아메리카들소*Bison bison bison*는 보통 버펄로라고 부르지만 진짜 버펄로와는 관계가 없다. 아메리카들소는 40만 년 전에 아시아에서 아메리카로 이주했고, 현재 북아메리카에서 가장 큰 포유동물이다. 다 자란 수컷은 몸무게 1톤에 몸길이 3미터, 혹이 달린 어깨까지의 높이가 1.8미터이다.

중세의 동물 우화에서 유럽들소는 '보나콘bonnacon' 또는 '빌데코우vilde kow'로 부른다. 녀석은 70미터 밖까지 배설물을 발사해 자신을 방어했다고 한다.

들소는 지금까지 등장한 풀 먹는 기계 중에서 가장 효율적이다. 녀석의 이빨은 넓적해서 매번 씹히는 양을 최대화하며 또한 길어서 빨리 닳아 없어지지 않는다. 들소 몸무게의 40퍼센트는 소화기관이 차지한다. 녀석의 네 번째 위는 340리터를 수용하지만, 한입거리의 풀이 소화되는 데는 최장 90시간이 걸린다. 녀석은 소와 마찬가지로 되새김질을 하지만, 소보다 영양분을 3분의 1배 더 많이 흡수한다.

마지막 빙하기가 끝난 이래로 들소를 잡아먹는 포식자는 곰과 늑대와 인간뿐이다. 오늘날 많은 고고학자들은 들소가 인간의 사냥 때문에 대규모 집단을 이루게 되었다고 믿는다. 집단이 크다는 것은 교미를 원하는 수컷이 경쟁에서 이겨야 한다는 것을 의미한다. 성공적인 수컷은 점점 더 큰 머리와 강한 앞발과 거무스름하고 풍성한 털로 뒤덮인 어깨를 진화시켰다. 발정한 수컷들은 서로에게 전속력으로 달려들어 머리를 부딪친다. 그 충돌의 소음은 1.2킬로미터까지 퍼진다.

들소의 오줌이 없었다면 대평원도 없었을 것이다. 그곳의 토양은 들소의 오줌 덕분에 비옥해졌다. 들소가 많으면 풀이 많아지고, 들소가 더욱 많아진다. 향모*Hierochloe odorata*(들소풀이라고도 함)는 향기가 좋아 보드카에 첨가하는 풀인데 들소의 오줌이 많은 곳에서 번성한다.

들소 학살은 철도 건설과 함께 시작되었다. 19세기 중반에 미국 횡단 철도를 건설한 노동자들은 먹을 고기가 필요했다. 같은 시기에 영국군은 '버펄로' 가죽이 장화의 재료로 최고라고 판단했다. 들소 가죽(일명 '로브robe') 한 장이 2달러, 들소 혀 한 개가 25센트에 거래되었다. '버펄로 빌' 코디나 와이어트 어프를 비롯한 전업 들소 사냥꾼은 한 시간에 100마리를 사냥할 수 있었다. 달리는 기차 안에서 재미로 들소를 사격하는 것은 인기 있는 오락이었다.

1890년에 이르자 모든 것이 끝났다. 살육된 들소 다섯 마리 가운데 한 마리만 상업적으로 이용되었고, 나머지는 땅 위에서 썩었다. 50년 동안의 '버펄로 거래'가 미국 경제에 기여한 총액은 2천만 달러, 그러니까 들소 한 마리에 고작 28센트 꼴이었다.

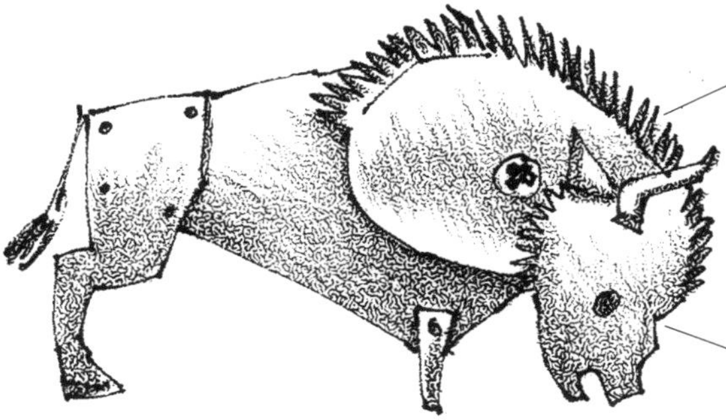

학살은 또 다른 대량 학살로 이어졌다. 토착 부족들은 생활의 모든 면에서 들소에게 의존했다. 미국 정부는 소중한 대평원을 인종적으로 청소하는 가장 간단한 방법으로 체계적인 들소 멸종을 부추겼다.

오늘날 북아메리카의 들소 개체수는 35만 마리로 회복되었다. 대부분은 관광용이거나 농장에서 식용으로 사육된다. 들소고기는 쇠고기보다 단백질이 30퍼센트 많고 지방이 90퍼센트 적다. 소와 들소를 교배해 얻은 개체도 식용으로 사육되는데, 그 녀석은 '캐털로cattalo'와 '비펄로beefalo'라고 부른다.

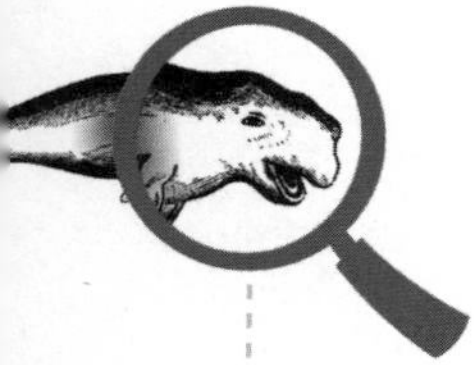

S e a C o w

바다소

느리고 유혹적인 녀석

바다소목은 듀공과 세 종의 매너티*Trichechus*('털이 난' 주둥이라는 뜻)로 이루어졌다. 바다소라는 명칭에서 짐작할 수 있듯이, 크고 온순한 이 녀석은 유일한 초식성 바다포유동물이다. 겉보기에는 엄니가 없는 회색 바다코끼리처럼 보이지만, 바다소의 가장 가까운 친척은 소나 바다코끼리나 고래가 아니라 또 다른 대형 초식동물인 코끼리이다.

바다소는 아주 느긋하게 산다. 따스한 열대의 바닷속을 어슬렁거리는 녀석은 먹이를 둘러싼 경쟁상대가 거의 없고 자연적인 천적도 없다. 그 결과 바다소의 물질대사는 매우 유유자적하다. 다 자라서 덩치가 가장 큰 놈은 몸무게가 1톤이 넘으며 하루에 8시간을 원통형 건초더미 6개 분량의 바다 식물을 우적우적 씹으며 보낸다. 그 정도 분량을 소화하는 데 걸리는 시간은 1주일 이상이다. 바다소는 워낙 느긋하게 살기 때문에 해조류와 따개비가 녀석의 피부에 붙어 살 수 있다. 몇몇 듀공은 70대의 나이까지 살면서 3~7년마다 새끼 한 마리만 낳았다는 기록이 있다.

매너티는 흔히 발전소 근처에 모인다. 그곳의 물이 따뜻하기 때문이다. 그 대가로 녀석은 발전소 주변 수로의 해초를 깨끗이 청소한다.

바다소는 먹거나 자지 않을 때 정기적으로 여러 마리가 모여 '흥청거린다.' 흔히 수컷과 수컷이 서로에게 주둥이를 맞대고 비비고 밀치면서 일종의 자위행위를 하지만, 때로는 성별과 상관 없이 최대 4마리가 모여서 여러 시간 동안 흥청거린다. 평소에 고요한 매너티는 흥청거릴 때 뚜렷하게 '킁킁, 찍찍' 소리를 낸다. 어떻게 그런 소리를 내는지는 아무도 모른다(왜 그런 소리를 내는지는 짐작할 수 있겠지만). 이처럼 쾌락으로 가득한 바다소의 삶과 암컷 듀공의 크고 정교한 클리토리스와 추처럼 흔들리는 '가슴'은 인어 신화에 중요하게 기여했다. 솔로몬 제도에서 '듀공'은 속어로 매춘부를 뜻한다.

듀공과 매너티는 멍청하다고들 한다. 녀석의 뇌는 덩치에 비해 작고 매끄럽다. 대략 인간에게 서양자두만 한 뇌가 있다고 보면 된다. 그러나 녀석의 뇌는 제 역할을 훌륭하게 하는 것으로 보이며, 심지어 어떤 녀석들은 먹이를 주면서 훈련시킨 결과 색과 패턴을 인지했다.

더 중요한 사실은 바다소가 낮은 물질대사율과 스트레스의 부재 등으로 다른 포유동물이 걸리는 병에 걸리지 않는다는 점이다. 그래서 녀석은 암과 에이즈를 연구하는 과학자들의 주목을 받는다.

바다소의 목뼈가 7개가 아니라 6개라는 사실도 주목할 만하다. 포유동물에서 척추뼈의 개수를 결정하는 유전자는 신경계와 세포의 성장도 통제한다. 이 유전 데이터에 변화가 일어나면 암에 걸릴 수 있다. 따라서 진화는 그 유전 데이터를 건드리지 않는 경향이 있다. 그러나 바다소처럼 물질대사율이 낮은 포유동물은 암에 걸릴 위험이 훨씬 적다. 이 때문에 바다소에서 척추뼈의 개수를 결정하는 유전자는 장기간에 걸쳐 변화할 수 있었을 것이다. 흥미롭게도 목뼈의 개수가 이례적인 포유동물이 오로지 하나 더 있는데, 그 녀석은 역시 게으르기로

'매너티'는 '가슴'을 뜻하는 카리브어가 스페인어를 거치면서 변형되어 생겼으며, '듀공'은 '바다의 귀부인'을 뜻하는 말레이어 '듀용duyung'에서 나왔다. 듀공은 코끼리처럼 가슴에 젖꼭지 두 개가 있어서, 선원들은 듀공을 인어로 착각하곤 했다.

유명한 나무늘보이다.

그러나 바다소의 느긋함은 단점이기도 하다. 느리면서 호기심이 많고 맛이 좋은 동물(듀공 구이는 송아지 구이와 맛이 비슷하다)이 호모 사피엔스를 만나면 비극이 일어나기 십상이다. 바다소목의 네 종은 모두 사냥과 오염과 스크루와 어망 때문에 멸종 위기에 처했다. 역사적인 전례는 참혹했다. 녀석의 친척이며 가장 큰 매너티보다 세 배 큰 스텔러바다소는 1741년 발견된 지 27년 만에 사냥으로 멸종했다.

"이봐요, 선원 나리들!"

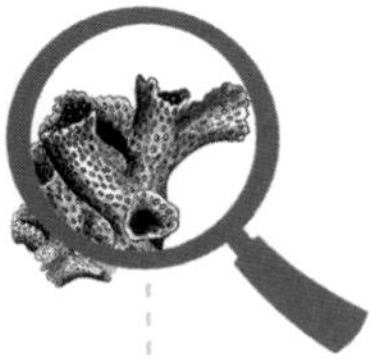

Coral

산호

바다의 골격

산호의 가장 가까운 친척은 해파리이다. 산호와 해파리처럼 서로 안 닮은 동물도 드물지만, 녀석들은 함께 자포동물문(자포동물을 뜻하는 영어 'cnidaria'는 '찌르는 가시'를 뜻하는 그리스어 'knide'에서 유래했다)에 속한다. 산호는 오색찬란하고 기묘한 해초처럼 보이지만 자세히 들여다보면 동물이라는 것을 알 수 있다. 정확히 말하면 동물의 집단이다. 원시적인 식물처럼 생긴 산호의 각 부분은 수천 마리의 작은 '폴립polyp'으로 이루어졌으며, 폴립은 작은 말미잘처럼 생겼다(말미잘도 산호의 친척이다). 각각의 폴립은 가장자리에 찌르는 촉수가 있으며 항문과 입이 같고 위를 지녔다. 그러나 산호 폴립은 다른 친척들이 하지 못하는 일을 한다. 녀석은 바다의 열대림이라고 할 만한 산호초를 짓는다.

폴립은 바닷물을 빨아들여 탄산칼슘으로 된 단단한 기반을 놓는 데 필요한 재료를 추출한다. 이 기반은 1년에 약 2.5센티미터씩 점진적으로 쌓여 각각의 폴립에게 컵 모양의 은신처를 제공하고 폴립이 빛을 향해 위로 올라갈 수 있게 해준다. 산호 폴립은 인체가 뼈를 키우는 것과 똑같은 방

산호는 우리처럼 늙지 않는다. 산호의 세포 대부분은 발생하는 인간 배아의 줄기세포와 동등하기 때문에, 산호 폴립의 아주 작은 부분을 떼어내도 폴립 전체로 재생할 수 있다. 일부 폴립의 나이는 100년이 넘을 수도 있다.

식으로 바위를 '키우는' 셈이다. 결국 수천 년이 흐르면 산호초가 형성된다. 산호초는 모든 바다생물의 3분의 2가 사는 해저도시이다. 전 세계의 산호초를 모두 모은다면 영국의 두 배만 한 면적을 덮을 수 있을 것이다.

산호는 혼자만의 힘으로 산호초를 만들지 않는다. 산호는 쌍편모조류dinoflagellates(이 영어 명칭은 '회전하는 채찍'을 뜻하는 그리스어에서 유래했다. 녀석의 이동 방법을 그렇게 표현한 것이다)라는 미세한 조류와 지구에서 가장 호혜적인 공생관계를 진화시켰다. 쌍편모조류는 산호의 피부 6.5제곱센티미터에 200만 마리가 살 수 있을 정도로 작다. 산호 폴립은 촉수로 그 미세한 유기체를 포획하고, 산호에서 나오는 폐기물(대부분 이산화탄소)은 쌍편모조류의 먹이가 된다. 그 대가로 쌍편모조류는 폴립에게 멋진 색을 주고 광합성으로 폴립이 필요로 하는 에너지의 대부분을 생산한다.

이 때문에 대부분의 산호는 얕고 맑고 환한 물속에 산다. 쌍편모조류는 심지어 햇빛을 차단해 산호 폴립이 하루 종일 일할 수 있게 해준다. 일은 고되다. 산호초를 짓는 산호가 쓰는 에너지는 휴식하는 인간이 쓰는 에너지의 2.5배에 달한다.

산호와 쌍편모조류 사이에도 갈등이 없지 않다. 조류가 다른 곳에서 더 쉽게 먹이를 구할 수 있을 경우, 그러니까 이를테면 산호초가 퇴적물로 덮이거나 물이 너무 따뜻해지거나 오염되면 조류는 떠난다. 그러면 폴립은 하얗게 '표백'되어 결국 죽음에 이른다. 1997년과 1998년의 기록적인 더위 속에서 전 세계 산호초의 6분의 1이 '표백'되었다. 현재 전 세계 산호초의 10분의 1은 죽었다고 추정되며, 바다의 탄소 농도가 이대로 상승한다면 나머지 산호초도 2030년 이전에 죽을 것이다. 산호초는 지구온난화의 직격탄을 맞는 중이다.

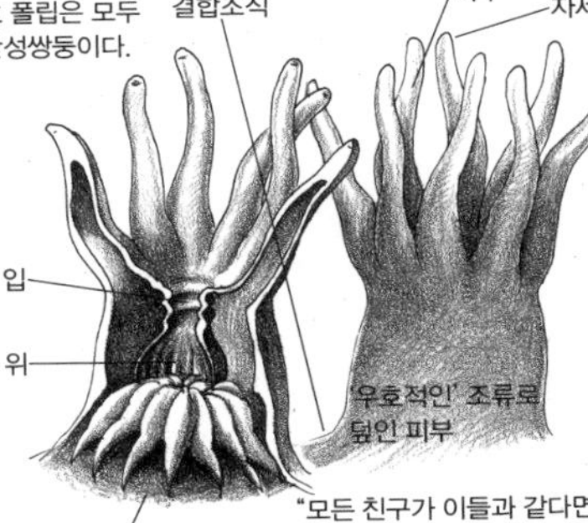

산호는 찰스 다윈이 진화에 대한 생각을 다듬는 데 간접적으로 공헌했다. 다윈은 비록 산호와 조류의 공생관계를 전혀 몰랐지만, 비글 호를 타고 여행한 후 돌아와 1842년에 출판한 그의 첫 과학 책은 산호초의 형성에 관한 내용이었다. 다윈은 바닷속에서 천천히 가라앉는 해저화산 주위에 고리 모양으로 분포한 산호는 여전히 빛을 향해 위로 성장할 수 있으므로 환상산호초가 형성된다는 (올바른) 이론을 내놓았다. 이 이론에 함축된 장기적인 지질학적 변화는 생물의 세계 전체에 끊임없는 변화가 일어난다는 다윈의 어렴풋한 깨달음에 힘을 실어주었다.

Giant Tortoise

코끼리거북

크고 느긋한 식량창고

2006년 로버트 클라이브(일명 '인도의 클라이브'. 1725~1774, 남인도와 벵골에서 동인도회사의 패권을 확립한 영국 군인—옮긴이)가 애완용으로 키웠던 '아드웨이타'라는 알다브라코끼리거북*Geochelone gigantes*이 캘커타 동물원에서 255살로 사망했다. 녀석은 우리가 아는 한에서 이 행성을 통틀어 가장 늙은 동물이었다. 모차르트와 프랑스혁명보다 먼저 시작되어 CNN의 보도로 마감된 녀석의 삶은 상상만으로도 감탄을 자아낸다.

거북은 활동이 느리기 때문에 오래 산다. 코끼리거북은 크고 피가 차가운 초식동물이며 물질대사를 굼뜨게 한다. 짝짓기를 할 만큼 성숙하는 데 최소한 30년이 걸린다. 다 자라면 자연적인 천적이 거의 없지만, 어린 시절은 그리 행복하지 않다. 고립된 섬도 안전한 피난처가 되지 못한다. 알이 성체 거북이 될 확률은 10분의 1에 지나지 않는다. 그러므로 수명이 길다는 것은 유전자를 남길 확률이 대폭 상승한다는 것을 의미한다.

거북 구명 보트

코끼리거북은 몸무게가 250킬로그램인데도 수영을 잘한다.

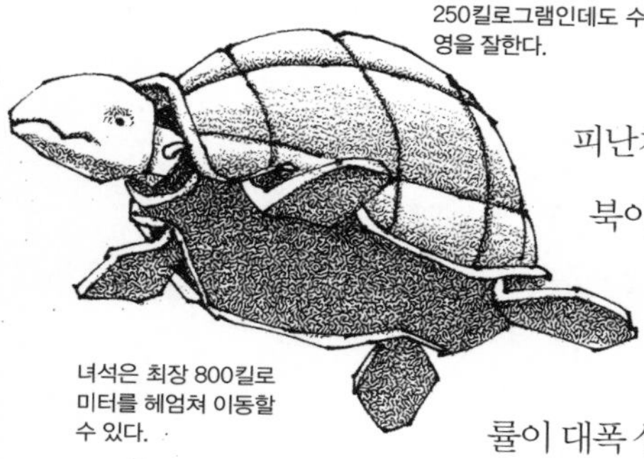

녀석은 최장 800킬로미터를 헤엄쳐 이동할 수 있다.

코끼리거북의 기원은 거북이 처음 뭍으로 올라온 5000만 년 전으로 거슬러 올라간다. 거북은 대형 초식공룡들이 남겨둔 터전에 정착했고 예상대로 덩치를 키우기 시작했다. 아틀라스 거북*Colossochelys atlas*이라는 코끼리거북은 덩치가 소형차만 했고 지구 전체로 퍼져 남극에까지 정착했다. 그러나 추워지는 기후와 인간의 재주는 녀석에게 재앙이었다(거북의 껍데기는 이빨과 발톱을 효과적으로 방어하지만 인간 사냥꾼에게는 내용물까지 들어 있는 즉석 냄비인 셈이다). 아드웨이타가 알에서 깨어난 1750년에는 대륙에 코끼리거북이 남아 있지 않았다. 하지만 포식자가 없는 섬에서는 250종의 코끼리거북이 행복하게 일광욕을 했다.

오늘날 코끼리거북은 12종만 존재하며 한 종만 빼고 모두 멸종 위기에 처했다. 코끼리거북의 머리는 점점 커져서 결국 껍데기 속으로 숨길 수 없게 되었다. 녀석은 그런 약점을 안고도 오랫동안 용케 살아남은 것이다. 맛이 좋다는 점도 녀석의 불운이었다. 다윈(다윈의 자연선택 이론은 갈라파고스 군도의 동물에게 많은 빚을 졌다)은 코끼리거북의 맛이 "그저 그렇다"고 생각했지만, 이른 시기에 녀석을 맛본 사람들은 거의 모두 황홀경에 빠졌다. 코끼리거북 한 마리면 여러 명이 배불리 먹을 수 있었다. 고기와 지방은 소화가 잘 됐으며 간은 비길 데 없는 진미였고 뼈에는 군침 도는 골수가 가득했다. 또 알이 있었다. 아무도 그렇게 맛있는 알을 먹어본 적이 없었다. 더구나 뱃사람들에게는 너무나 고맙게도, 코끼리거북은 산 채로 배에 실어도 물과 먹이 없이 최소 6개월 동안 생존했다. 코끼리거북을 뒤집어 쌓아놓고 언제든 필요할 때 잡아먹을 수 있었던 것이다. 심지어 코끼리거북은 엄청나게 많은 물을 한 번에 빨아들여 특수한 주머니에 저장하기 때문에, 녀석을 조심

코끼리거북의 기름은 맛이 아주 좋다고 평가되었다. 사람들은 그 기름을 써야만 도도새의 고기를 맛있게 요리할 수 있다고 생각했다.

스럽게 도살하면 시원한 식수를 얻을 수 있었다.

짐작하겠지만, 코끼리거북은 처음 발견되고 300년이 지나서야 과학적인 명칭을 얻었다. 모든 코끼리거북이 과학자들의 손에 들어오기 전에 뭇 사람들의 입으로 들어갔던 것이다. 더욱 심각하게도 코끼리거북은 고래잡이에 요긴하게 쓰였다. 19세기의 대규모 상업적 고래잡이는 오로지 코끼리거북 덕분에 배들이 여러 주 동안 바다에 머물 수 있었기 때문에 가능했다. 어느 배의 항해일지에는 선상에서 4일 동안 파티를 하며 살아 있는 코끼리거북 14톤을 먹었다는 기록이 있다.

실낱같으나마 희망이 있다면, 아드웨이타의 후손들에게 있다. 모리셔스 정부는 1875년 영국 박물관 소속 알버트 군터(독일 태생의 영국 동물학자—옮긴이)의 조언을 받아들여 알다브라코끼리거북을 세계 최초의 보호종으로 선포했다. 현재 15만 2000마리(전 세계 코끼리거북 개체수의 90퍼센트)의 알다브라코끼리거북이 모리셔스에 고립되어 행복하게 살고 있다. 녀석을 심각하게 위협하는 요인은 단 하나, 바로 우리다.

K o a l a

코알라

귀여운 최하위 초식동물

여러 포유동물이 자기 똥이나 새끼의 똥을 먹지만, 그것을 새끼에게 먹이는 놈은 코알라뿐이다. 코알라 어미는 '빵죽pap'이라는 수프를 만들어 4개월 된 새끼에게 먹인다. 새끼는 빵죽에 든 중요한 미생물을 섭취해 다 자랐을 때 소화기관이 오로지 유칼립투스 잎만 먹는 생활에 알맞도록 만든다.

대부분의 초식동물은 유칼립투스를 거들떠보지 않는다. 그 나무의 잎은 50퍼센트가 물이며 고약한 독소를 지녔다. 그러나 코알라의 소화기관은 그 잎을 소화할 수 있게 적응했다. 코알라는 오스트레일리아에 있는 유칼립투스 600종 가운데 오직 30종만 먹는다. 녀석은 냄새로 잎의 나이까지 알아낸다. 점심거리가 되려면 1년에서 18개월 사이의 잎이어야 한다. 왜냐하면 어린 잎은 영양가가 거의 없고 오래된 잎은 유독한 청산을 함유했기 때문이다. 코알라는 수분 함량이 높은 유칼립투스 잎을 먹기 때문에 물을 마실 필요가 거의 없다. 하지만 그 잎은 에너지가 워낙 낮아서,

'코알라'는 오스트레일리아 토착어인 다룩어darug로 '물 안 먹음'을 뜻한다. 시드니와 보터니만 근처에 살던 다룩인은 오래전에 멸종했다. '부메랑', '딩고dingo(오스트레일리아 들개—옮긴이)', '왈라비', '쿠이cooee!'('어이!' 하고 부르는 말—옮긴이)는 모두 다룩어에서 나온 단어이다.

코알라는 하루에 20시간 동안 잔다. 나무늘보와 다를 바 없다. 녀석이 모든 포유류 중에서 덩치 대비 뇌의 크기가 가장 작은 것도 식생활 때문일 수 있다. 뇌는 많은 에너지를 소모한다. 코알라의 뇌는 두개골 속의 공간을 절반만 차지하며 액체 속에서 말린 자두처럼 떠다닌다.

심지어 섹스도 코알라의 긴 잠을 방해하지 못한다. 코알라의 섹스는 튼튼한 가지 위에서 매우 소박하고 단순하게 이루어진다. 수컷이 뒤에서 올라타 암컷의 목을 깨물면서 끝이 두 갈래인 페니스를 20초 동안 약 40회 찔러 넣는 것이 전부이다.

포획 상태의 암컷 코알라는 이상하게도 동성애 행동에 탐닉한다. 어쩌면 수컷의 성의 없는 섹스가 그 원인일지도 모른다. 암컷이 최대 다섯 마리까지 뒤엉켜 동성애 놀이를 벌이는 일이 흔하며, 암컷의 동성애 행동이 암수의 섹스보다 세 배 많이 일어난다.

게다가 암컷의 동성애 행동은 암수의 섹스보다 두 배 오래 지속된다. 안타까운 일이지만 야생 코알라 암컷의 동성애는 클라미디아가 퍼지는 데 기여한다. 클라미디아는 성행위를 통해 전파되는 박테리아 감염병인데, 모든 코알라 암컷의 4분의 3이 클라미디아에 걸려 있다. 일명 '축축한 밑바닥'이라고 부르는 그 병은 악취와 불임을 일으킨다.

야생 코알라는 현재 공식적으로 멸종 위험이 비교적 낮은 '관심 필요종'으로 등재되어 있다. 오스트레일리아 토착민이 코알라를 가끔 잡아먹은 것은 사실이다. 하지만 과거에 제기되었던 주장과 달리, 토착민은 코알라를 거의 멸종할 정도로 사냥하지 않았다. 유럽인이 도착했을 때 코알라의 개체수는 1000만 마리였을 것으로 추정된다. 코알라를 멸종 위기로 몰아간 것은 모피 장사였다. 1927년에 금지될 때까지 매년 코알라 모피 수백만 점이 수출되었다. 오늘날 코알라는 오스트레일리아의 아이콘임에도 불구하고 가장 비관적인 추정에 따르면 개체수가 고작 10만 마리이다. 녀석이 죽는 주요 원인은 산불과 교통사고이다. 오스트레일리아 코알라 재단은 코알라의 자연적인 서식지 중 80퍼센트가 파괴되었다고 추정한다.

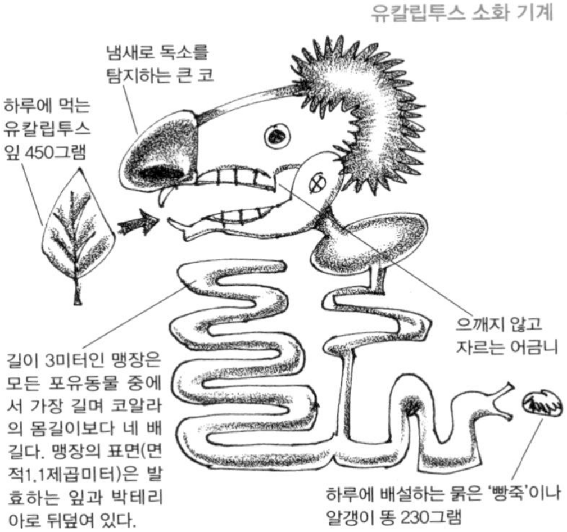

코알라의 학명인 '파스콜라륵토스 키네레우스*Phascolarctos cinereus*'는 '회색 주머니 곰'을 뜻하지만, 코알라는 곰이 아니다. 녀석은 유대동물이며 웜뱃의 가까운 친척이다.

코알라는 인간의 지문과 거의 구별할 수 없는 지문을 지녔다. 모든 영장류는 기어오르는 능력을 향상시키기 위해서 손가락 끝에 지문을 진화시켰다. 그러나 영장류와 유대동물은 1억 2500만 년 전에 갈라졌다. 그때는 코알라가 등장하기 훨씬 전이었다. 그럼에도 코알라가 영장류처럼 지문을 지녔다는 사실은 '수렴 진화'(계통이 다른 생물들이 유사한 형질을 각각 독자적으로 진화시키는 과정—옮긴이)의 좋은 예이다.

C a p e r c a i l l i e

큰뇌조

멍 청 한 　 투 덜 이

큰뇌조는 칠면조만큼 크다. 영어 이름 'capercaillie'는 '숲의 말'을 뜻하는 게일어(고대 아일랜드어)에서 유래했다. 아일랜드에는 뱀과 두더지뿐 아니라 큰뇌조도 없지만 말이다. 왕립조류보호협회에 따르면, 큰뇌조를 포괄적으로 가리키는 명사는 '토크tok'이다. 그런데 흥미롭게도 '토크'는 큰뇌조가 발견되는 지역의 언어인 게일어나 덴마크어, 노르웨이어 또는 핀란드어가 아니며, 옥스퍼드 영어사전을 보면 영어도 아니다.('tok'는 외국인 노동자의 영어에서 'talk'를 대신하며 중국인의 성姓이기도 하다. 또 알래스카에 'tok'라는 이름의 소도시가 있는데, 이 이름은 '토우크'라고 읽으며 애서배스카 인디언 언어에서 '평화로운 건널목'을 뜻하지만, 이건 별로 상관없는 이야기들이다.)

수컷 큰뇌조의 울음소리는 이른 봄에 냇물이 풀려 물방울이 떨어지는 소리를 닮았다. 처음엔 '투둑 투둑' 하는 소리로 시작해서 '투루룩투루룩'으로 빨라지다가, '뻑' 소리로 끝난다. 마지막 소리는 포도주병에서 코르크 마개를 따는 소리와 비슷하다. 덩치가 훨씬 작고 덜 화려한 암컷은 암

RSPB(영국의 동물보호단체—옮긴이)의 영웅적인 활동에도 불구하고 큰뇌조는 늦어도 2015년에 영국에서 멸종할 가능성이 높다. 그렇게 된다면, 큰뇌조는 영국에서 두 번 멸종한 유일한 새가 될 것이다.

닭처럼 '꼬꼬꼬꼬' 하는 정도로 만족한다. 수컷은 '레크lek'(고대 노르웨이어로 '춤'을 뜻한다)라고 하는 특이한 구애행동을 이른바 '레킹lekking' 장소에서 한다. 꼬리를 부채처럼 펴고 날개를 아래로 늘어뜨리고 이상한 소리를 내면서 으스대며 돌아다니는 행동이다. 그 이상한 소리는 목이 졸릴 때 나는 '꾸르르르' 소리, 천식환자처럼 '컥컥' 헐떡대는 소리, 코르크 마개를 딸 때 나는 '뽁' 소리 등이다. 일부 전문가들은 인간이 들을 수 없는 낮은 진동수의 소리도 섞여 있어서 멀리 떨어진 암컷에게 수컷의 매력을 알린다고 믿는다.

짝짓기를 원하는 암컷이 도착해 몸을 구부리고 유혹적인 소리를 내면, 수컷들 사이에서 치열한 싸움이 일어난다. 때때로 싸움의 결과는 부상이나 죽음이다. 거창한 노력으로도 짝을 구하지 못한 수컷은 때때로 극도로 절망해 움직이는 것이라면 가리지 않고 달려들어 엉뚱한 짓을 한다. 심지어 자동차를 상대로 삼기도 한다.

큰뇌조는 지나친 사냥과 숲 파괴로 인해 1785년 영국에서 멸종했다. 그 후 1830년대 스웨덴에서 몇 마리가 수입되었고, 1960년에는 스코틀랜드에 2만 마리가 살았다. 오늘날에는 겨우 1000마리가량만 산다. 지난 5년 사이에 개체수가 반으로 줄어 큰뇌조는 다시 멸종 위기

큰뇌조의 치열한 레크

수컷 두 마리가 레크를 하면서 벌이는 싸움은 '꾸르륵 컥컥 뽁뽁' 요란할 뿐 아니라 믿기 어려울 정도로 잔인해서 심각한 부상이나 죽음을 초래할 수 있다.

승자는 모든 암컷과 짝짓기를 한다. 패자는 물러나 다른 새나 자동차나 자연 다큐멘터리 촬영기사에게 달려든다.

에 처했다. 뇌조가 사망하는 원인의 3분의 1은 자동차와의 충돌이다. 자동차의 육중한 엉덩이가 녀석에게 매력적으로 보이는 게 분명하다.

가장 오래 산 뇌조는 9.3년 동안 살았다. 1992년 핀란드에서 성도착 증세가 있는 뇌조를 연구한 결과, 수컷 전체의 1퍼센트가 평균보다 다섯 배 높은 테스토스테론 수치로 인해 비정상 행동을 한다는 것이 드러났다. 어쩌면 뇌조가 블루베리만 먹고살기 때문일지도 모른다. 블루베리는 인간의 성욕을 증진하고 발기부전을 치료한다고 여겨지는 과일이다. 블루베리를 잔뜩 먹어 욕망에 휩싸인 핀란드 뇌조는 인간을 상대로 구애행동을 했고, 수컷 뇌조 박제를 공격했으며 암컷 뇌조 박제와 짝짓기를 했다. 1950년 핀란드에는 현재보다 세 배 많은 뇌조가 있었다. 그후 지금까지 과학적 용도로 박제가 되느라고 개체수가 줄었는지도 모르겠다.

꼬리

철학자 윌리엄 제임스는 만약에 우리가 게를 갑각류로 분류한다는 이야기를 게가 듣는다면 심한 모욕을 느낄 것이라고 썼다. 게는 "난 갑각류 따위가 아니야. 난 나 자신일 뿐이야"라고 말할 것이라고. 우리는 이 책에서 고의적으로 비방이나 왜곡이나 중상을 당한 동물은 없다고 선언하고 싶다.

이 책의 내용은 수많은 사람들이 숱한 연구에서 얻은 결실이다. 우리가 그 사람들과 연구들을 열거하지 않은 것은 단지 미적인 고려 때문이다. 그것들을 언급한다면 이 책의 겉모습과 느낌은 전혀 달라질 것이다. 우리가 의지한 정보 출처를 알고 싶거나 우리가 모은 정보를 수정·보완하고자 하는 독자는 www.qi.com/animalignorance를 방문해 의견을 남겨주시기 바란다.

모든 오류는 우리 자신에게서, 모든 최고의 정보는 퍼듀 대학의 조지프 가너 박사를 비롯한 과학자들과 〈QI〉를 만드는 분들의 지칠 줄 모르는 노력에서 비롯되었다. 특히 피어스 플레처, 저스틴 폴라드, 개릭 앨더, 산더 캔셀, 비탈리 비탈리에프, 그리고 항상 주도적인 조사와

현명한 조언으로 마치 지식특공대처럼 활동한 〈QI〉 자문위원들을 언급하지 않을 수 없다. 수지와 밥 박사에게 특별한 감사의 말을 전한다.

파버 출판사의 스티븐 페이지, 줄리언 루스, 데이비드 왓킨스와 여러 직원들의 신뢰와 인내심, 파울라 터너의 예리한 편집과 확실한 언어학 지식, 토크백 템스 텔레비전의 사라 샬로너, 베아트리스 그레이, 로레인 헤게시에게도 감사한다. 이 책은 텔레비전 프로그램과 직접적인 연관이 없는데도, 이들은 우리에게 책을 쓸 시간을 내주었다.

마지막으로 우리의 이야기를 듣고 조언했으며 우리가 정신없이 사냥하는 동안 식량을 조달해 먹이는 등의 활동으로 가족을 지탱한 레이첼, 사라, 헬렌에게 감사한다.

거북은 오로지 거북만 생각한다.
–랄프 왈도 에머슨–

옮긴이의 말
무정부주의 동물원

토머스 네이글이라는 철학자가 1974년에 「박쥐이기는 어떤 것일까 What is it like to be a bat?」라는 논문을 발표했다. 질문을 평범한 우리말에 가깝게 고치면 '박쥐로 산다는 것은 어떤 것일까?' 정도가 되겠는데, 네이글의 대답은 간단했다. "박쥐가 되어보지 않으면 모른다."

우리는 무엇을 보든 인간의 눈으로 본다. 객관적인 관점으로 본다는 것은 말이 쉽지, 엄밀히 따지면 불가능할 것이다. 인간의 눈이 편파적이라면, 박쥐의 눈은 뭐 다르겠는가? 누구나 각자 나름의 편파성을 벗어나지 못한다. 또한 대개는 편파성에 아랑곳없이, 편파성 안에서 편안하게 산다.

우리가 동물을 바라보면서 우리 자신을 떠올리는 것은 불가피한 일일 것이다. 우리가 침팬지나 땅돼지나 코끼리거북을 바라보는 동안, 인간적인 기준들이 마치 울타리처럼 동물을 에워싼다. 그래서 동물이 동물원에서처럼 가만히 갇혀 있으면 피차 편안하겠는데, 동물은 그 울타리를 가뿐히 뛰어넘어버린다. 우리는 나름대로 호의를 품고 동물과 교감하려다가 정나미가 떨어지고 날카로운 통찰력으로 동물을 이해하려다가 어리벙벙해지기 일쑤다.

이 책에는 동물들 자신에게는 아주 자연스러울지 몰라도 우리가 보기에는 엽기적이고 터무니없고 섬뜩하고 심지어 메스꺼운 행동들이 수두룩하게 나온다. 읽다보면 "박쥐가 되어보지 않으면 모른다."라는 고백이 절로 나온다. 진짜 자연은 이발소에 걸린 목가적인 풍경화가 아니라는 엄연한 사실을 되새기게 된다.

그래서 적잖이 불편한데 이상하게도 아주 재미있다. 아마 독자를 인간적인 기준 너머로 이끌기 때문일 것이다. 그럼으로써 달에 간 우주인들이 새삼 지구를 돌아보듯이 우리로 하여금 우리 자신을 새롭게 보도록 만들기 때문일 것이다. 이 책은 동물들을 재미나게 구경시켜주니 일종의 동물원인 셈인데, 참 특이하게도 관람객과 동물 사이에 울타리가 없는 동물원, 동물들과 우리 자신이 뒤섞여 있는 무정부주의적 동물원이다.

누구나 관심을 가질 만한 정보, 뛰어난 유머, 진솔한 시각, 역사와 문화와 언어에 대한 관심은 이 책의 특별한 장점이다. 굳이 과학책이라고 한정하고 싶지 않은 이 책을 야생과 인간을 너그럽게 품을 아량을 지닌 모든 이에게 권한다.

옮긴이 전대호
서울대학교 물리학과와 동대학원 철학과에서 박사과정을 수료했다. 독일 쾰른 대학교에서 철학을 공부했다. 1993년 조선일보 신춘문예 시 부문에 당선되어 등단했으며, 현재는 과학 및 철학 분야의 전문번역가로 활동 중이다. 저서로는 『가끔 중세를 꿈꾼다』『성찰』『철학은 뿔이다』가 있으며, 번역서로는 『로지코믹스』『위대한 설계』『스티븐 호킹의 청소년을 위한 시간의 역사』『기억을 찾아서』『생명이란 무엇인가』『수학의 언어』『산을 오른 조개껍질』『아인슈타인의 베일』『푸앵카레의 추측』『초월적 관념론 체계』 등이 있다.

동물 상식을 뒤집는 책

1판 1쇄　2011년 8월 29일
1판 5쇄　2016년 9월 21일

지은이　존 로이드 · 존 미친슨
옮긴이　전대호
펴낸이　김정순
책임편집　허영수 온현정
디자인　김진영
마케팅　김보미 임정진 전선경

펴낸곳　(주)북하우스 퍼블리셔스
출판등록　1997년 9월 23일 제406-2003-055호
주소　04043 서울시 마포구 양화로 12길 16-9 북앤드빌딩
전자우편　henamu@hotmail.com
홈페이지　www.bookhouse.co.kr
전화번호　02-3144-3123
팩스　02-3144-3121

ISBN　978-89-5605-539-8　03400

이 도서의 국립중앙도서관 출판도서목록(CIP)은 e-CIP 홈페이지(http://www.nl.go.kr/cip.php)에서 이용하실 수 있습니다. (CIP제어번호 : CIP2011003447)